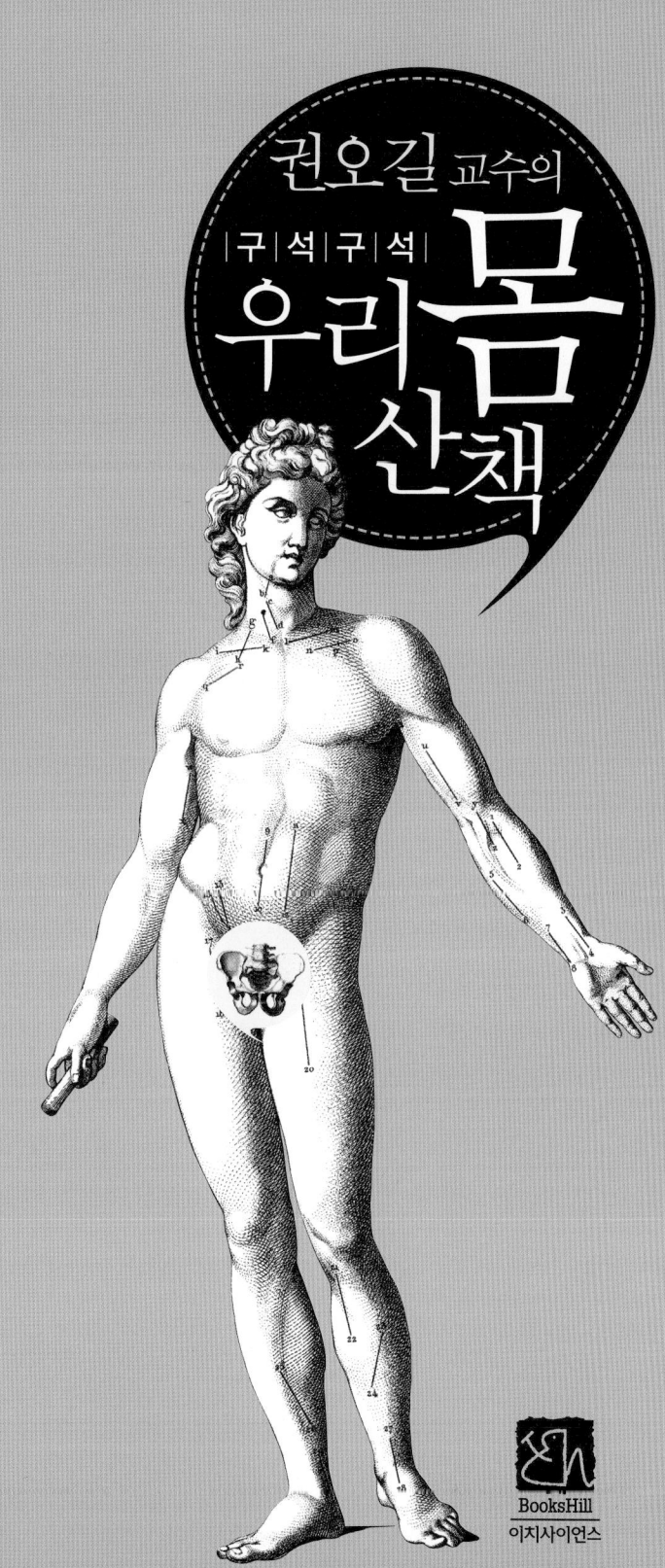

머리말

 "사람 적혈구赤血球(red blood cell, erythrocyte)는 지름이 7~8 μm이며 다른 포유류哺乳類처럼 가운데가 움푹 들어간 도넛(doughnut) 모양이다. 골수骨髓에서 만들어질 때는 핵核이 있었으나 세포가 성숙해서 핵을 잃고(무핵 세포임) 대신 그 자리에 산소를 운반하는 데 아주 중요한 단백질인 헤모글로빈이 들어차게 되었다. 그리고 적혈구의 수명은 약 120일이다. 평생 약 144 km를 돌아다닌 셈이며 전체 적혈구를 이어서 줄을 세워 보면 그 길이가 17만 km, 총면적은 3200 km²에 달한다. "세포는 우주다."라고 하더니만 우리 몸이 그리 간단치가 않다는 말이다. 그리고 피 한 방울에 3억 개의 적혈구가 들었으며, 전체 세포의 약 25 %를 적혈구가 차지하므로 적혈구는 25조 개에 가깝다. 그리고 적혈구에는 핵이 없지만 미토콘드리아도 없다. 즉, 산소를 운반하느라 죽을 고생을 하는 적혈구가 막상 본인은 그 산소를 쓰지 않는 유일한 세포이다! 그래서 산소가 없어도 죽지 않기 때문에 헌혈로 뽑은 적혈구를 35일 동안이나 보관할 수 있다."

 본문에 있는 '적혈구' 설명의 일부를 따와서 써 놓았다. 여기에는 이 책의 특성이 고스란히 들었다. 첫째로 짧은 글에도 많은 정보情報가 들어 있다. 물론 이 정보는 실제로 그것이 가지고 있는 것의 1%에도 지나지 않지만 말이다. 빙산일각氷山一角이란 말이 더 어울리는지 모르겠다. 정보를 '지식'이라 본다면, 두말할 필요 없이 지식 또한 중요한 것으로, 지식이 풍부한 사람 치고 지혜롭지 않은 사람이 없다.

둘째로 이 책은 다른 과학책과 아주 다르게 느껴지는 점이 있을 것이다. 즉, 한자와 영어가 많이 쓰여 있다는 것이다. 현대 과학의 뿌리가 서양에 있기에 영어를 알아야 '뿌리'를 정확히 알 수 있고, 보통 과학 용어들은 일본에서 사용하고 있는 것을 받아쓰기 때문에(일본은 한자를 많이 사용), 한자를 앎으로 원래의 의미를 더 깊게 이해할 수 있다. 그리고 어려운 우리말에도 한자를 달았으며, 부록의 '용어풀이'에도 한자를 붙여 문장이나 단어의 뜻을 이해하는 데 도움이 되도록 했다.

셋째로 보통 성인들을 위한 '사람의 몸' 이야기는 필자가 쓴 '인체기행(지성사)'이 있어 널리 읽히고 있고, 초등학생용으로는 '어린 과학자를 위한 몸 이야기(봄나무)'나 '놀라운 인체이야기(애플비)'들이 있으나, 중·고등학교 학생들이 읽을 것이 마땅치 않았다. 그래서 아무리 쉽게 써도 어려운 사람의 몸 이야기를 재미나게 읽을 수 있도록 그들의 수준에 맞게 풀어 썼다.

넷째로 아무리 어렵지 않게 쓴 글이라 해도 전문성이 깃든 글이라 읽다 보면 머리에 쥐가 난다. 글을 읽는 것은 음식을 먹는 것과 다르지 않다. 그때마다 '만두의 소'처럼 맛있고 구수한, 꼭꼭 씹지 않아도 되는 '수필隨筆성' 글들을 사이사이에 많이 넣어 여러분들의 머리를 식힐 수 있도록 배려하였다.

다섯째로 이 책은 절대 치료를 목적으로 하는 의학적인 글이 아님을 강조해 둔다. 순수 기초과학적인(생물학적인) 글로 응용과학(의학, 약학, 수의학 등)을 위한 기초 공부에 필요한 책이라 보면 되겠다. 무엇보다 내 몸을 아는 데 큰 도움이 되었으면 좋겠다. 그리고 이해를 돕기 위해 그림이나 도표, 사진들을 많이 넣었다.

책을 써 놓고 보면 언제나 느끼고 반성하는 일이지만, 한쪽으로는 기울어 치우치고, 다른 쪽은 설명이 빠졌거나 턱없이 부족하다. 나중에 채우고 고치겠다. 여러분들은 이 책을 읽으면서, 내 몸 하나가 이렇게 살아 움직이는 것이 기적奇蹟 같은 일임을 재삼 느끼리라! 끝으로 여러분의 많은 격려激勵(아낌없는 칭찬)와 질정叱正(꾸짖어 바로잡음)이 있길 바란다.

| 차 례 |

우리
몸
산책

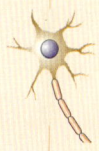

01 세포 *Cell* | 1

02 감각 기관(눈) *sensory organ* | 9

03 호흡 *respiration* | 29

04 배설 *excretion* | 42

05 혈액 및 순환 *blood and circulation* | 54

06 혈액형 *blood type* | 73

07 심장 *heart* | 79

08 호르몬 *hormone* | 87

09 신경계 *nervous system* | 105

10 귀(청각 기관) *ear* | 116

11 코(후각 기관) *nose* | 130

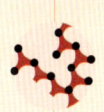

우리
몸
산책

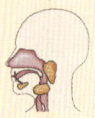

12 입술과 혀(미각 기관) *lip and tongue* | 137

13 피부 *skin* | 144

14 소화 기관 *alimentary organ* | 162

15 생식과 발생 *reproduction and development* | 221

16 운동 기관 *locomotive organ* | 262

17 비타민 *vitamin* | 280

18 노화와 죽음 *senility and death* | 294

19 사람의 유전 *human heredity* | 300

20 사람의 진화 *evolution* | 309

21 약물과 중독 *drug and addiction* | 326

■ 단원별 용어풀이 | 332

■ 찾아보기 | 349

01
세포

1665년에 영국인 후크(R. Hook)는 자신이 개량하여 만든 현미경 顯微鏡(microscope)으로 코르크(cork) 세포를 관찰하였다. 그런데 그 세포들이 벌집 같은 '작은 방房'처럼 보여서, 그것을 'cell'이라 이름 붙였으니 번역하여 '세포細胞'라 부르기에 이르렀다. 지금 우리도 생물들이 세포로 구성되었다는 것을 눈으로 볼 수 없으니 실감이 나지 않지만, 현미경으로 보면 "모든 생물(식물, 동물)은 세포로 구성되어 있다."는 '세포설細胞說'을 동의하기에 이른다. 이제는 현미경이 아닌 십만 배를 넘게 확대擴大하는 전자 현미경電子顯微鏡으로, 보통 광학 현미경으로 보지 못했던 세균이나 바이러스, 세포 안 구석구석에 들어 있는 것들도 '손금 들여다보듯' 상세하게 볼 수 있다.

생물에 따라 세포의 크기나 모양 등이 모두 다르다는 것을 우리는 알고 있다. 하나의 세포로 가장 큰 것이 타조 알로 170×135 mm, 달걀이 60×45 mm, 사람의 난자가 100 μm, 사람의 간세포는 20 μm, 사람

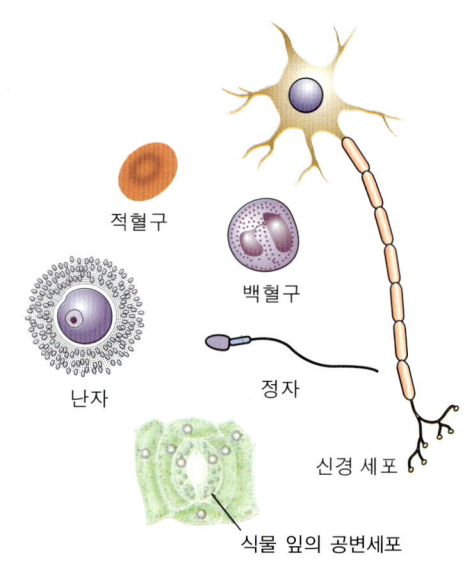

그림 1.1 세포의 종류.

의 백혈구 15 μm, 적혈구는 7 μm, 사람의 정자 5 μm, 대장균은 1×2 μm 정도의 크기들이다. 1 μm(마이크로미터, micrometer)는 1/1000 mm 이다.

여기에서 눈으로 볼 수 있는 것은 타조알과 달걀뿐이고 비교적 큰 세포에 해당하는 사람의 난자는 0.1 mm로 우리 눈이 겨우 볼 수 있는 크기다. 사람 눈의 해상력解像力인 0.1 mm와 같다. 그러므로 난자는 '보일 듯 말 듯'한 크기다. 세포들은 증식하는 시간도 다 달라서 아메바가 분열하는 데는 40시간이 걸리는데 대장균은 20분이면 너끈히 분열을 한다. 생물마다, 그것들을 구성하는 세포마다 모두 성질이 다르다.

이제 현미경이 등장해야 한다. 현미경의 얼개나 기능, 관찰에 유의할 점 등은 학교에서 생물 시간에 착실하게 배우게 된다. 참고로, 눈알을 대는 접안接眼 렌즈(lens)가 하나인 현미경을 관찰할 때 유의해야 할

점은 현미경을 왼쪽 눈으로 들여다봐야 하고, 그 눈을 떼지 말고 눈알만 살짝 돌려 오른쪽 눈으로(접안 렌즈에 왼쪽 눈을 그대로 댄 채) 스케치(sketch)한다. 이것이 원칙으로 오른손잡이들을 기준으로 본 것이다. 왼손잡이는 오른쪽 눈알을 접안 렌즈에 대고 왼쪽 눈으로 스케치를 해야 편하고 빠르다는 것을 이야기해 둔다. 그리고 현미경에서 '곰'자로 보이는 물체의 실제 모양은 '문'이라는 것도 현미경의 얼개를 공부하면서 알아보기 바란다.

세포는 밖에 세포막細胞膜(식물 세포는 세포벽도 있음)이 있고 제일 가운데 핵核이 있다. 또 그 사이에 들어 있는 물질을 세포질細胞質이라 하고, 세포질에는 여러 가지 기능을 하는 아주 작은 기관에 해당하는 것들이 있으니 그것을 '세포소기관細胞小器官(organelle)'이라 한다. 핵은 세포 중심으로 염색체(유전인자, DNA)를 가지고 있어 세포 전체의 대사를 조절한다. 세포질에 있는 세포소기관들 중에 리보솜(ribosome)은 단백질을 합성하고, 소포체小包體에서는 단백질의 합성과 이동, 골지체(Golgi apparatus)에서는 물질의 이동을 담당한다. 그리고 미토콘드리아(mitochondria)에서는 세포 호흡을 하여 열과 에너지(ATP)를 만들고, 리소좀(lysosome)에서는 소화 효소를 저장하며, 식물의 엽록체에서는 광합성을 한다. 다시 말해서 이런 것들을 세포소기관이라 하며 식물 세포와 동물 세포에 조금 차이가 있다. 이 설명은 커다란 사막에서 모래알 몇 톨을 이야기하는 것에 지나지 않으니, 세포는 얼마나 복잡한 구조인지 모른다. 그래서 흔히 "세포는 우주宇宙(cosmos)다."란 말이 나온 것이다. 사실 하나의 세포 속에는 지구의 진화 역사가 쓰여져 있다. 이 지구에 태어나 연연히 이어오면서 겪은 수많은 역사가 거기에 쓰여 있는 것이 아니겠는가?

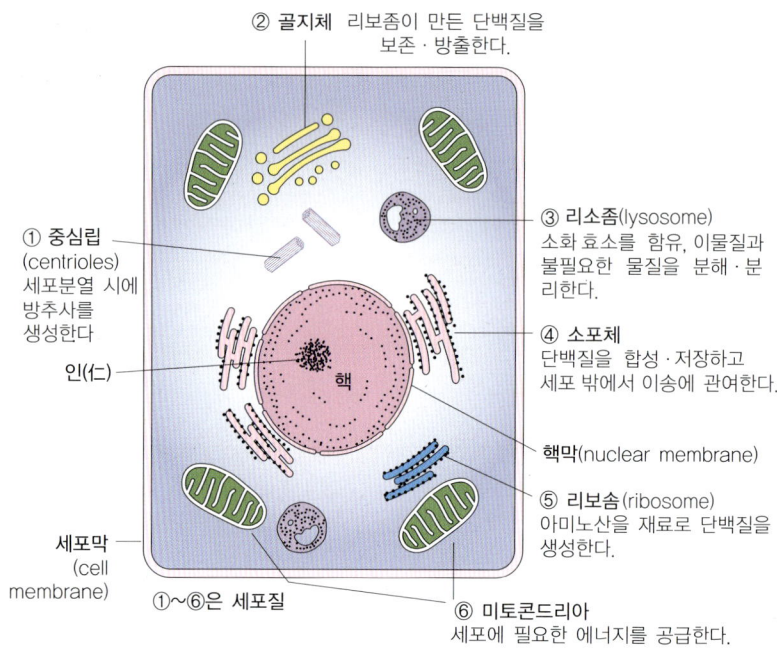

그림 1.2 세포 구조.

그렇다면 과연 우리 사람의 몸은 몇 개의 세포가 모여서 만들어졌을까? 궁금하지 않은가? 내 몸은 세포가 몇 개인지 말이다. 궁금증, 즉 호기심은 창조의 어머니다! 한 번 마음속으로 답을 해 보기 바란다.

만 개? 십만 개? 백만 개? 천만, 일 억, 십 억, 천 억 개? 답을 바로 이야기하기 전에, 피 한 방울에는 적혈구(붉은피톨, 적혈구 하나가 세포 하나임)가 몇 개 들어 있을까부터 보자. 피 한 방울에 물경(놀라지 않을 수 없다!) 3억 개의 적혈구가 들어 있다! 그리하고 몸 전체의 세포를 추정해 보자.

아직도 답은 숨어 있다. 몸무게가 많이 나가는 '돼지' 같은 사람과 말라깽이(몸이 바싹 마른 사람)를 비교하면 어느 편이 세포가 많을까? 불문가지, 물어볼 필요가 없다. 그래서 살찐 친구를 "돼지 같다." 하지 말고 "야, 넌 세포가 많군!" 하면 서로 기분 나쁘지 않고 좋지 않을까? "말 한마디에 천 냥 빚을 갚는다."고 하니 말이다. 좋은 말을 쓰는 사람의 마음이 맑고 밝은 탓이다.

뜸 그만 들이고 어서 정답을 알려 달라는 여러분들의 목소리가 들린다. 좋다. 그러면 조건이 하나 있다. "작은 것에 감동하라."고 말하고 싶다. 놀라운 사실에도(이야기를 듣고도) 표정 하나 바뀌지 않고 태연하고 무표정한 사람과는 말을 나누기 싫다. 그런 사람은 창조적이지 못한 사람이다. 어린이의 마음은 언제나 말하지만, 호기심이 넘치고, 작은(적은) 것에도 놀라워하고, 더 알고 싶어 하는 감동하는 마음이다. 그것이 곧 과학을 공부 하는 마음이기에 하는 소리다.

자, 준비! 한 사람의 몸은 100조 개의 세포로 구성되어 있다! 여러분들이 "정말요? 그렇게 많아요? 거짓말 아니에요? …… 100조 개의 세포가 내 몸을 구성하고 있다니!"라며 여기저기서 떠드는 목소리가 들리는 것 같다. 고맙다.

그런데, 여기에 문제가 하나 있다. '100조 개'라는 것은 미국의 생물 교과서에 쓰여 있는 숫자다. 여자가 평균 75 kg, 남자가 85 kg인 미국 사람들의 세포라는 이야기다. 그렇다면 우리나라 사람들은? 아마도 그들보다 세포 수가 좀 적을 것이다. 그래서 우리는 70~80조 개 정도라 보면 될 것 같다. 사실 몸집이 크거나 키가 큰 사람 앞에 서면 기가 눌린다. 그래서 우리도 더 많이 일하고 먹어서 덩치를 더 키워야 할 것이다. "삼대(할아버지에서 손자까지)를 잘 먹어야 장골(기운이 좋고 큼직하게 생긴 골격)이 된다."고 하니 말이다.

앞으로 여러분들은 세포가 모여서 만들어진 조직組織(tissue), 그것이 모인 기관器官(organ), 또 그것들이 모여서 된 개체個體(우리의 몸)를 공부하게 된다. 세포는 모양과 크기, 기능 등에 따라 약 260가지가 있지만 공통적인 특징은 세포에 핵이 들어 있고, 핵 둘레에 세포질이, 그것을 둘러싸고 있는 세포막이 있다는 점이다. 유유상종類類相從, 끼리끼리 모인다고 세포들도 비슷한 것끼리 만나니 그것을 '조직'이라 한다.

'발생'에서 배아와 줄기세포를 공부하였을 것이다. 줄기세포에서 조직의 분화分化가 일어나는데, 그 세포들 중에서 피부나 내장의 겉껍질(상피)을 만드는 '상피 조직', 흥분(자극)을 전달하는 '신경 조직', 뼈나 피를 형성하는 '결합 조직', 운동을 담당하는 '근육 조직' 등 크게 4가지로 나눠지기 시작한다. 신기한 일이 아닐 수 없다. 난자와 정자가 만나 수정한 수정란이 난할을 하다가 그 세포들 중에서 각각 다르게 분화를 한다니 말이다. 그리고 이런 네 가지 조직들이 모여 만드는 기관이 여러 가지가 있는데, 크게 보아 감각 기관, 호흡 기관, 순환 기관, 소

그림 1.3 생물의 구성 단계.

화 기관, 생식 기관, 비뇨 기관, 골격 기관, 근육 기관 등 11개의 기관이 있다. 소화 기관消化器官인 위를 한 번 보자. 거기에는 앞에서 말한 4가지 조직이 모여 이루어진 것을 알 수 있다. 당연히 위는 근육 덩어리로 안에는 상피로 덮여 있으며 피와 신경이 통하고 있다. 4가지 조직이 모여서 위라는 소화 기관을 만들고 있으며, 소화 기관에는 위 말고도 장, 간, 지라들이 있는데 이것들을 모두 묶어 소화 기관계消化器官系라 부르기도 한다. 이렇게 세포가 모여 조직, 조직이 모여 기관, 기관이 모여 기관계, 그것들이 모여 하나의 생명체인 개체個體를 만들어낸다.

이것들은 하나같이 독립적으로 행동하면서도 서로 협조하는 체제를 운영한다. 사람이라는 개체는 여러 기관이 모여 이루어진 너무나 복잡한, 그러면서도 통일되고 규칙적인 행동을 보이는 신비로운 생명체다. 공부를 해보면 얼마나 우리의 인체가 신비로운가를 재삼 느끼게 될 것이다. 자주 하는 말이지만, 내가 세상에 태어난 것만도 기적奇蹟(miracle) 같은 일이오, 밥 먹고 잠자고 일하며 살아가는 것은 더더욱 신기神奇로울 따름이다!

모든 기관은 2개 이상의 조직으로 구성된다. 위(밥통)라는 소화 기관 하나를 보자. 위는 튼튼한 근육으로 되어 있는 커다란 주머니다. 위 안(위벽)은 상피 조직으로 덮여 있으며, 위에는 자율 신경인 교감 신경과 부교감 신경 같은 신경 조직이 분포한다. 그리고 위에는 결합 조직인 피가 흘러서 양분을 공급하고 호르몬(내분비물)도 만들어낸다. 이렇게 한 개의 '기관'은 여러 가지의 '조직'이 모여서 된 것이다. 물론 그 조직들은 세포로 구성된다.

이렇게 기관들이 모여 하나의 개체를 만든다. 사람에 따라서도 키, 몸무게, 머리카락이나 피부의 색이 모두 다르고 지능까지도 차이가 난다. 그것은 모두 세포, 세포가 모인 조직, 조직이 결합한 기관들의 차이에 있다. 그리고 재미나는 것은 우리 몸도 '분업'을 철저히 이행하고 있다는 것이다. 눈은 보는 일, 코는 냄새 맡는 일, 위나 창자는 소화와 흡수, 피는 양분이나 산소, 노폐물들을 운반하는 일을 도맡아 한다. 절대로 남이 하는 일에 간섭하지 않고 자기가 할 일에만 최선을 다한다.

이제 우리는 우리 몸의 구석구석을 보러 떠난다. 신비로운 우리 몸 산책 출발!

02
감각 기관(눈)

생물이 살고 있는 주변 환경의 변화를 '자극'이라 하고, 그 자극을 알아차리는 것을 '감각'이라 하며, 그 감각을 받아들이는 기관을 '감각 기관'이라 한다. 눈, 코, 귀, 혀, 피부라는 감각 기관이 곧 시각, 후각, 청각, 미각, 촉각을 담당하는 '오관五官'이다. 오관 이외의 감각을 흔히 육감六感이라 일컫는다.

사람은 이들 감각 기관들 중에서 유별나게 눈이 모든 감각의 90% 정도를 맡는다. 개가 주로 코와 귀에 의존한다면 사람은 죽으나 사나 눈이다. 눈을 잃으면 얼마나 불편하고 애가 타겠는가. 그리고 사람은 서서(직립) 다니므로 눈이 공중에 놓이게 되었고, 따라서 먹이를 찾거나 천적天敵을 피하기 위해 항상 사방을 살펴보게 되었다. 그래서 눈의 쓸모가 늘었고, 때문에 안경 쓴 동물은 오직 너와 나, 우리 사람뿐이다! 내가 혹시 잘못 보고 하는 소리가 아닐까? "남 눈 속의 티는 봐도 제 눈의 들보는 보지 못한다."고 하는데 말이다.

나중에도 나오는 이야기지만, 빛이 각막, 눈동자, 수정체, 유리체를 지나 망막網膜에 상이 맺힌다. 그래서, 시세포가 흥분되어 시신경에 신호를 전달하면 그것을 대뇌의 뒤편에 있는 시각 중추(후두엽)에 전하고, 시각 중추는 두 눈에서 들어온 정보를 종합 분석하여 판단한다. 그리하여 꽃이라면 '냄새를 맡거나 즐겨라', 뱀이었다면 '도망'을 명령하기도 한다. 이렇게 쉽게 말하지만 사실은 그 구체적인 원리는 아직도 확실하게 알지 못한다.

여기에서 본 것처럼 눈은 바로 시신경을 통해 뇌와 연결되어 있다. 실은 어머니 자궁(아기집) 안 태아胎兒 때, 처음에 먼저 뇌가 생기고 거기에서 점점 눈이 자라 나온다. 눈의 뿌리는 바로 뇌다. 뇌는 모두 두개골이란 딱딱한 뼈로 둘러싸였는데, 앞쪽으로 커다랗고 동그란 창구멍이 두 개 뚫렸고, 그리로 눈알이 바깥을 내다보고 있다. 결론적으로 눈은 바로 뇌다! 눈을 보면 그 사람의 뇌를 볼 수 있는 것이다. 그 뇌에는 그 사람의 지능, 마음, 건강들이 들어 있다. 그래서 눈은 '마음의 창', 또는 '마음의 거울'이라고 하는 것이다. 게다가 한 사람의 희로애락喜怒哀樂을 다 담고 있는 것이 눈이렷다!

물기가 어린 촉촉한 눈은 더없이 아름답다. 사람을 싹 끌어들이는 눈 말이다. 매혹적인 그런 눈을 가지려면 어떻게 해야 할까? 바로 책을 많이 읽는 것이다. 독서를 많이 한 사람의 눈에서는 안광眼光, 눈의 정기가 빛난다. 사람들은 남에게 자기의 마음이 읽히는 것을 싫어한다. 그래서 눈 맞추기를 꺼린다. 그러나 자신만만한 사람은 해맑은 눈을 서슴없이 열어 보인다. 아름다운 눈은 영혼靈魂의 호수湖水다!

필자가 쓴 다음 글을 읽고 눈의 의미, 특성을 되살펴보자.

단도직입적으로 물어보자. 사람 눈알의 크기는 어느 정도일까? 어느 물체와 비슷할까? 답은 아주 간단하다. '탁구공'만하다. 통통 튀는 그 공만한 것이 양쪽 깊숙이 틀어박혀 있다. 사람 눈의 지름은 2.4 cm, 무게는 7 g이다. 사람 눈이 이 정도면 소의 눈은 얼마나 클까? 눈이 큰 사람은 마음이 넓다고 했던 것 같다.

어떤 사람의 눈을 보면 단번에 그 사람의 마음을 읽을 수가 있다. 그래서 '눈은 마음의 창窓'이라 부르는 것이다. 정이 담겨 있는 눈, 살기가 넘치는 눈, 덕기德氣가 녹아있는 눈 등 그래서 흔히 "눈으로 말한다."고 하지 않는가.

한편 눈은 도전을 위한 무기가 된다. 처음 만난 사람끼리도 무언의 눈싸움이 벌어진다. 결국 둘 중의 한 사람이 눈을 피하게 되는데, 나라를 대표하는 수상이나 대통령끼리도 이런 일이 벌어진다. 눈싸움에서 지면 그 회담도 끝장난다.

눈은 뇌이기 때문에 눈을 보면 그 사람의 지능(IQ)까지도 알 수 있다. 수리(음성)에도 지능이 묻어 나오는데 어찌 눈을 속일 수가 있겠는가.

그리고 눈이 만들어지는 발생 과정을 보면, 전뇌에서 시작하여 안포→안구→수정체→각막 순서로 만들어져 나간다.

이제 좀더 자세히 보자. 눈을 보면 제일 가운데에 눈동자가, 그 둘레에 인종마다 조금씩 다른 색을 띠는 홍채(눈조리개)가 있고, 그 바깥에 흰자위(공막)가 있다. 유독 우리나라 사람만이 흰자위가 희다는 것을 염두에 두고 다른 동물의 눈자위를 보자. 크게 보아 눈알의 가운데에 둥그렇게 색깔이 있고 밖에 흰색이 있다. 그 흰색 둘레에 검은 칠을 하면 눈이 훨씬 돋보이게 된다. 그래서 여성들이 눈알 둘레(눈두덩)에 '눈

그림자(eye shadow)'를 칠하는 것이다.

거울에 자기 눈동자를 비춰보자. 무슨 색인가? 물론 검다. 그러면 서양 사람들의 눈동자는 무슨 색깔인가를 볼 차례다. 역시 검지 않은가? 모든 인종은 눈동자의 색이 새까맣다. 눈알의 안쪽에 있는 망막(스크린에 해당함)이 검기 때문에 그것이 반사되어 나온 검은색이다. 그렇다면 '그대 갈색 눈동자(brown eyes)'란 말은 맞는 말인가? 어디 세상에 눈동자가 갈색인 돌연변이 인간이 있을까? '눈이 푸른 사람들'은 어디가 푸른지 유심히 보면 거기에 정답이 있다. 실은 눈동자의 외각을 둘러싸고 있는 홍채(눈조리개)가 푸르거나 갈색이다. 그래서 '그대 갈색 홍채'가 맞는 말이다. 재미나지 않은가? 뭐, 그들을 닮겠다고 푸른색 렌즈를 낀다고? 그런 사람들에게 농담처럼 유전인자를 바꾸라고 말하기도 한다.

우리는 눈을 쉼 없이 2~10초 간격으로 깜박인다. 그 현상은 눈물이 나오도록 하기 위함이다. 눈물은 단순한 0.9 %의 소금물이 아니다. 우리의 침, 콧물에도 있는 라이소자임(lysozyme)이라는 물질이 들어 있어서 다른 병원균을 죽인다. 그래서 벌레에 물리면 침을 쓱 발라둔다. 감기로 흘리는 콧물도 바이러스를 죽이고 씻어내는 것이다. 사람이 만드는 진물이 다른 동물에게는 무서운 독이라는 것을 알아두자. '침 먹은 지네'라는 속담이 있듯이, 무서운 지네도 침이라는 사람의 독을 무서워한다.

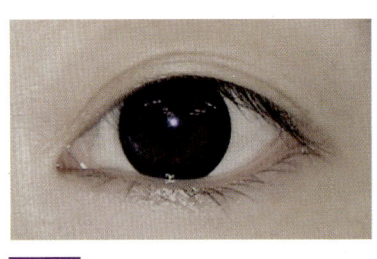

그림 2.1 누구나 눈동자는 검은색이다.

그리고 우리 눈은 0.1 mm 이하의 크기는 보지 못한다. 그것이 눈의 한계다. 눈이 아주 좋아서 공중의 먼지가 100배로 크게 보였다면 눈을 뜨지 못할 것이다. 콩알 만한 것이 둥둥 가득 떠 있으니 말이다. 냉면의 대장균이 올챙이만 했다면 누가 그 면을 먹겠는가. 그것보다 냉면 사리 한 가닥이 동아줄 만하니……. 필자가 좋아하는 말, 과유불급過猶不及이로다. 넘치는 것은 모자람만 못하다. 기막힌 우리 눈의 구조와 기능에 탄복하지 않을 수 없구나.

이제 그림 2.2를 보면서 사람의 눈알, 아니 내 눈망울을 구석구석 샅샅이 들여다보도록 한다. '각막角膜'은 눈알의 가장 바깥벽에 있는 '딱딱한 막'을 말하고, 그것은 투명하며 눈동자와 홍채를 덮고 있다. 각막은 우리의 피부처럼 눈망울 중에서 세균과 먼지, 온도와 습도들의 변화에 바로 노출되어 있어서, 그것들과 힘든 싸움을 해야 하는 부위다. 그래서 자주 염증이 생기니 그것이 '각막염'으로 희거나 붉은 점, 즉 삼이 생긴다하여 '삼 눈'이라고 한다. 각막에 우둘투둘 굴곡이 생기면 빛의 굴절이 고르지 못해 난시亂視가 될 수도 있다. 그리고 각막이 아주 좋지 않으면 '각막 이식'을 해야 한다. 각막에는 혈액이 통하지 않으므로 면역 반응(항원-항체 반응)이 일어나지 않아 누구에게나 서로 이식이 가능하다.

그리고 눈동자와 홍채 밖에 흰색의 흰자위가 둘러져 있는데, 그것이 그림의 '공막鞏膜'이다. 공막이란 '두꺼운 막'이란 뜻이며, 단백질의 일종인 콜라겐이

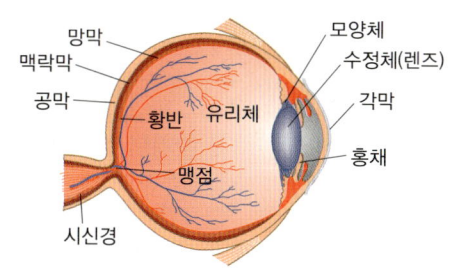

그림 2.2 눈알의 구조.

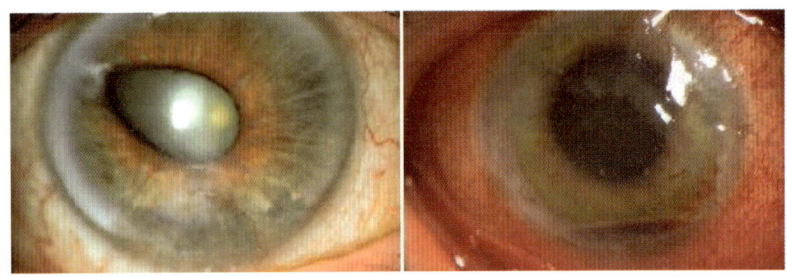
그림 2.3 각막염.

주성분인 그곳이 바로 흰자위이다. 눈꺼풀을 뒤집어 보면 그 안에도 흰색인 것을 볼 수 있을 것이다. 그런데 정신 차려서 눈여겨볼 것이 있다. 거의 모든 동물들은 공막, 즉 흰자위가 희지 않다. 개나 소, 고양이들은 모두 그 자리가 갈색에 가깝다. 우리 인간의 눈은, 검은 눈동자와 갈색의 홍채에 대비되는 하얀 흰자위 때문에 눈이 한결 두드러져 보인다는 말이다. 여성들은 또 다시 눈꺼풀에 검은 칠을 하여 검고-희고-검고, 더더욱 눈이 돋보인다! 게다가 속눈썹을 달고, 겉눈썹에도 검은 칠을 하고, 나이 먹으면 거기에 먹물을 집어넣는 문신까지 한다. 죽어도 빠지지 않고 영원히 변치 않는 시커먼 눈썹! 예뻐진다면 죽음을 마다않는 여인들의 마음! 그리도 예뻐지고 싶단 말인가? 누굴 위하여 종은 울리나!

그런데 한 번 깜박하는 데 아주 짧은 시간이 걸리니 말 그대로 '눈 깜짝할' 사이, 약 0.5초 정도다. 흥분하거나 놀라면 그 횟수가 늘고, 반대로 집중하여 독서를 하거나 컴퓨터에 매달릴 때는 훨씬 줄어든다. 이렇게 계속하여 눈꺼풀 여닫이 운동을 하지 않으면 각막이 말라 눈알이 뻑뻑해진다. 눈물을 만드는 눈물샘은 눈꺼풀 위쪽에 있으며, 늘 조금씩 흘러나오는 눈물은 각막을 축축이 적셔 보호하고 눈알(안구)의 움직임을 편하게 한다. 그런데, 슬퍼 흘린 눈물과 마늘이나 양파를 깔 때 흘린 눈물의 성분이 다르다고 한다. 믿어도 좋을까? 사랑하는 사람을 떠나 보내고 흘리는 마음 아픈 눈물의 농도가 더 짙다. 실컷 울고 나면 새 사람으로 다시 태어난다고 하니, 울고 싶을 때는 한껏 울어 버리자! 웃음 짓거나 슬퍼 눈물을 흘릴 수 있는 동물은 오직 사람뿐이라고 하니……, 웃고 우는 인생이 아니더냐!

그런데, "슬플 땐 손톱이 돋고 기쁠 땐 발톱이 돋는다."는 말이 있다. 활동을 많이 하는 손톱이 발톱 길어나는 속도보다 빠르다. 아, 그렇구나! 인생살이가 기쁨보다 슬픔이 더 많다는 말이로다!

눈에 생기는 눈곱은 어떻게 생기는 것일까? 눈곱은 양쪽 눈 안쪽 구석에 주로 생긴다. 거기를 잘 들여다보면 얇고 붉은 살점이 붙어 있을 것이다. 그것을 '순막瞬膜(깜박막)'이라 하는데, 옛날에는 그 막이 아주 커서 눈알을 덮었으나 지금은 퇴화하여 흔적만 남은 것으로, 이런 기관은 맹장盲腸, 동이근動耳筋과 함께 '흔적 기관'이라 한다. 낙타는 순막이 눈을 덮고 있어 모래 바람에도 사막을 뚜벅뚜벅 걷는다. 낙타가 느리게 걷는 것은 멀리 가겠다는 뜻임을 알자!

아무튼 활동하는 대낮에는 거의 없다가 왜 자고 나면 누런 옥수수 알갱이가 눈구석에 떡 하니 영그는 것일까? 낮에는 눈을 껌벅거려서 죽은 각막 세포, 먼지, 세균들을 눈구석에 모아 아래 위 눈꺼풀 가장자리에 있는 바늘 구멍 만한 '누점淚點'을 타고 들어가 '비루관'을 따라 코로 내려 보내는데, 잠을 자면 근육들도 모두 쉬는지라 찌꺼기가 내려가지 않고 한 자리에 모여 굳어져서 눈곱이 된다. 참고로 누점(눈물구멍)은 아래 거울 앞에서 눈꺼풀을 살짝 뒤집어 보면 작은 구멍이 보인다. 눈에 염증이 있으면 분비물이 더 많아져서 눈곱도 많아지고 커진다.

그런데 나이를 먹으면 코로 내려가는 누점, 비루관이 막혀 눈물이 코로 내려가지 못하고 그만 밖으로 흘러넘친다. 그래서 할아버지 할머니는 이유 없이 그렇게 눈물이 잦다. 그럴 때는 비루관을 뚫어주면 된다. 서럽게도 늙으면 눈물이 지나는 관도 막히는구나! 그리고 실컷 울면 눈물만이 아니라 콧물도 덩달아 흐른다. 울면서 닭똥 같은 눈물은 물론이고 킁킁 코까지 푸니, 그것은 결코 코에서 나온 콧물이 아니라 눈물이 관을 타고 흘러든 눈물이다. 그래 좋다, '코 눈물'이라 해두자.

다음은 '동공瞳孔(눈동자)' 차례다. 눈동자를 영어로는 'pupil'로 '학생'이란 뜻도 있다. 그럼, 그렇고 말고! 맑고 밝은 눈동자가 학생을 상징한다. 모름지기 총기 넘치는 귀여운 새까만 눈동자는 공부하는 사람들의 표상이다! 눈동자는 빛이 지나가는 작은 구멍으로 그 안에는 수정체가 있다. 다시 말하지만 눈동자는 빛이 들게 뻥 뚫린 구멍일 뿐이지, 절대로 어떤 구조라거나 조직이 아니다. 이야 말로 '마음의 창'인 셈이다. 사람이 흥분하거나 두려울 때는 교감 신경이 자극을 받아서 눈동자가 커진다. 그리고 보고 싶었던 사람을 만났을 때도 순간 크게 벌어진다. 어려서 아주 작던 동공이 청년기에 가장 커졌다가 나이를 먹으면 점점 작아진다고 한다. 이런, 늙으면 눈동자도 낡아 빠져 흐리터분해진다니, 늙음이 서럽도다!

그리고 눈동자는 인종에 관계없이 모두 검다. 눈알의 제일 안쪽에 망막網膜과 맥락막脈絡膜이 있다. 나중에 말하지만 망막은 상이 맺히는 곳이고, 맥락막은 멜라닌(melanin) 색소를 많이 가지고 있어 검은색이다. 눈동자가 새까맣게 검은 것은 바로 이 맥락막의 '검음'이 비춰 보여 그런 것이다. 덧붙이지만, 눈동자가 검게 보이는 것은 그 자체가 검은 것 때문이 아니고 맥락막이 검정색인 탓이다.

눈동자 주변을 둘러싼 갈색 원반, 달무리처럼 둥그스름하게 둘러싸고 있는 '홍채虹彩(눈조리개)'는 수축 이완하면서 눈동자를 작게 또는 크게 조절하여 빛의 양을 조절한다. 눈동자는 크게 지름 8 mm까지 늘고, 작게는 2 mm까지 좁아질 수 있다. 물론 밝은 곳에서는 홍채 근육이 이완(늘어남)하여 눈동자가 작아지고 어두운 곳에서는 홍채가 수축(줄다)하므로 눈동자가 커져 안으로 들어가는 빛의 양을 조절한다. 빛이 너무 많이 들어가면 눈이 부시기에 눈동자를 아주 작게 하고 어두운 곳에서는 크게 한다. 이 원리를 본 딴 것이 카메라의 조리개이다. 그리고 홍채의 구조는 사람에 따라 지문이 다르듯 다 달라서 그것을 인식하는 자물쇠를 만든다고 한다.

그리고 홍채는 사람마다, 인종에 따라, 거기에 분포하는 검은 멜라닌 색소의 양에 따라 색깔이 다르다. 홍채에 멜라닌 색소가 많으면 검정 혹은 갈색 눈이 되고, 적으면 청색 눈을 갖게 된다. 따라서 흑인종이나 황인종은 홍채가 검거나 갈색이고 백인종은 원래가 멜라닌이 적은 인종이라 푸른색을 띤다. 여기에서 이제 정리가 가능하다. '그대 갈색 눈동자'란 말에서 오류를 찾아보자. 이 말이 맞는가? 또 'blue eyes'를 '푸른 눈동자'라고 번역했다면? 그렇다. 세상에 검지 않은 눈동자가 없으매, '그대 갈색 눈조리개'라거나 '푸른 눈조리개'라야 맞다! 홍채의 색은 대개 유전인데 갈색 계통의 눈은 푸른색 계통의 색에 대하여 우성으로 작용한다. 한국인과 백인이 결혼하면 자식들의 홍채 색은?

그리고 시력이 가장 좋을 때는 17살쯤이다. 이때 시력은 최고에 이르러 눈의 근육이 최고의 탄력을 갖고, 눈동자도 최대로 커져서 최대한의 빛을 받아들일 수 있다. 그러나 20세가 되면 벌써 쇠퇴 현상이 일어나고, 70세가 되면 원거리 시력이 심하게 약해질 뿐더러 색깔도 달리

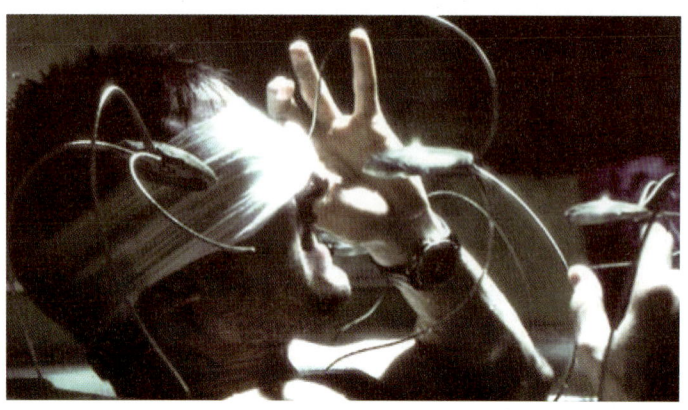
그림 2.4 영화 '마이너리티 리포트'에서 다른 사람의 홍채를 이식 받은 주인공.

보인다. 파랑색은 더욱 진한 파랑으로 보이나 노랑은 화려함이 줄어 보이고, 또 보라색을 보는 능력을 잃어버리게 된다. 그래서 늙은 화가들은 짙은 파랑색과 보라색을 잘 쓰지 않는 경향이 있다고 한다. 허허 그 참, 늙음이란 근육과 뼈만 문드러지는 것이 아니라는군! 색감까지 다르게 느껴진다니 말이다. 우리는 내일이면 안 들릴 사람처럼 새의 지저귐을 듣고, 내일이면 냄새를 맡지 못할 사람처럼 꽃냄새를 맡고, 내일이면 보지 못할 사람처럼 세상을 늘 보아야 한다!

필자는 '수정체 水晶體'하면 문득 떠오르는 일이 있다! 두 번째 경험하는 일이지만 긴장이 안 되는 것은 아니다. 속된 말로 '눈알을 빼는' 일인데 어찌 태연할 수 있단 말인가. 환자복으로 갈아입은 후 엉덩이에 주사 한 대를 맞고 초조하게 기다린다. 교감 신경이 잔뜩 팽팽해 있는데, 병원 침대가 드디어 도착! 필자가 아내의 손을 잡아주고 침대에 실려 간다. 들들들! 바퀴 구르는 소리에 맞춰 천장의 형광등 불빛이 '주마간산 走馬看山*'처럼 휙휙 스쳐간다. 그때의 심산한 마음은 경험한 사람만이 안다.

수술실에서 수술대 위로 옮겨 놓고, "좀 아플 겁니다."란 말이 떨어지기 무섭게 눈시울 위 아래쪽에 큰 주사기로 한 대, 또 한 대를 놓는다. 동안근動眼筋을 마비시켜 수술하는 동안에 눈알을 움직이지 못하게 하는 것이다. 아파도 어쩔 수 없이 참아야 한다. 이런 서러움을 당하지 않으려면 눈알을 잘 간수했어야지……. 드디어 눈알을 뺀다. 여기서 눈알이란 '수정체(렌즈, lens)'를 말하는 것으로, 레이저로 수정체를 녹여내는 것이다. 의사와 간호사는 날 안심시키기 위함인지 아니면 일상적으로 그러는지는 몰라도, 어제 밥 먹고 술 마신 이야기가 줄을 잇는다. 나도 모르는 사이에 그 이야기에 귀가 솔깃해진다. 눈알이 레이저의 열을 받아서 물인지 생리적 식염수인지를 계속 퍼붓는다. 얼마 있으니 "수고했습니다, 수술 잘 됐습니다." 하고 의사는 자리를 떴다. 수술은 끝이 났다. 눈을 두터운 안대로 가린지라 그만 '애꾸눈 잭'이 되어, 왔던 길로 되돌아간다. 여기까지가 '개 눈'을 박는 '백내장' 수술의 한 단면이었다. 이런 수술이 없었다면 나는 벌써 두 눈을 다 잃은 '당달봉사'가 되었을 것이다. 의학에 무한히 감사한다!

백내장白內障은 '흰 것이 안을 가로막는다.'는 눈병으로, 나이를 먹거나 당뇨병으로 눈이 노화하거나, 자외선을 많이 받아 수정체를 구성하는 단백질이 흐려져서(혼탁) 빛이 곧게 통과하지 못하고, 산란散亂하여 망막에 초점이 제대로 맺히지 못하는 병이다. 심하면 수정체 단백질이 하얗게 굳어져 빛이 통과하지 못하게 되어 결국은 시력을 완전히 잃

---

* 주마간산: 말을 타고 달리며 산천을 구경한다는 뜻으로, 자세히 살피지 아니하고 대충대충 보고 지나감을 이르는 말.

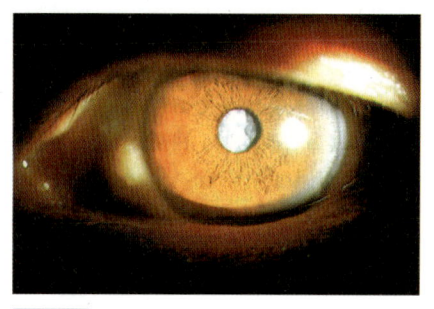
그림 2.5 백내장.

는다. 그림 2.5에서 보듯이 겉에서 보면 눈동자가 하얗게 되어 버리니(실은 수정체가 희게 됨) "미영(목화) 씨가 박혔다."고 한다.

사실 뱀을 보면 무서운 것은 긴 몸뚱이가 꿈틀거리는 것도 그렇지만 움직이지 않고 한 자리에 딱 박혀 있는 눈알 때문이다. '냉혈 동물의 움직이지 않는 눈알'뿐만 아니라 사람도 눈을 움직임이지 않고 빤히 노려보면 참 무섭다. 안구眼球를 움직이게 하는 데는 3쌍의 근육이 관여한다. 그것을 '동안근'이라 한다. 이 동안근의 수축과 이완 덕에 눈알이 움직이는 것이고, 그 운동량을 계산하면 하루에 움직이는 것이 80km를 걷는 거리에 해당한다고 한다. 굉장하지 않는가! 우리도 모르게 순간순간 눈알을 계속 빠르게 움직이고 있으니 그 순간 동작에 0.01~0.08초가 걸린다고 한다. 그리고 3쌍의 근육이 서로 팽팽하게 눈알을 사방으로 당기고 있어서 가운데 제자리에 박혀 있는 것인데, 만일 어느 하나가 힘을 잃었다면 반대쪽으로 끌려가 눈동자가 똑바로 향하지 못하고 한쪽으로 돌아가게 되니 이것이 사시(사팔뜨기, crossed eye)이다.

갓 태어난 아이의 시력視力은 0.05로 심한 원시遠視라고 한다. 그러니 눈앞의 것은 전혀 보지 못하고 20 cm 앞의 물체를 겨우 알아볼 정도다. 아직 엄마의 얼굴도 모르는 그 아이가 자라 소년, 청년, 장년, 노년기를 거친다.

이때는 눈이 아닌 후각, 냄새로 엄마를 알아본다고 한다. 눈도 점점 자라서 5~6살이 되어야 겨우 제대로 된 눈이 된다. 젖먹이 아이는 가까운 것을 보지 못하기에, 장난감을 저 멀리 천장에 달아 주는 것이고, 무엇이든 단번에 입으로 가져가서 혀로 확인하려 든다. 쭉쭉 빨면서 침을 흘리는 천사들 말이다! 5살이 되면 그때서야 매만지면서 눈으로 살펴 들여다보게 된다.

그리고 탁구공만 한 안구 속은 젤리(jelly) 상태의 유리체로 꽉 차 있어서 안구의 형태를 유지한다. 망막이라는 곳에는 상이 맺히면 시세포가 분포하고 있어 시신경에 신호를 전달한다. 그리고 대뇌의 후두엽後頭葉으로 보내 시각이 성립하는 것인데, 뒤통수를 세게 맞으면 별이 번쩍! 보일 때가 있다. 후두엽의 신경 전달 신호에 순간 이상이 생겼기 때문이다.

실제로 시각은 눈알의 제일 안쪽에 있는 '망막網膜'에서 일어난다. 망막에 맺히는 물체의 상은 거꾸로 물구나무 선 도립상倒立象인 것을 여러분도 잘 알고 있다. '곰'자가 '문'자로 보이는 현상말이다. 그런데 어떻게 '곰'자로 읽게 되는 것일까? 한 번 곰곰이 생각해 보자. 필자도 잘 몰라서 하는 말이니……. 현미경에서 '곰'자를 보면 우리 눈에 '문'로 보이는 것을 독자들은 이미 알고 있다. 이 망막에는 빛에 민감한 시세포가 1억 700여만 개가 분포하고 있는데, 1억 개는 막대기 모양을 하는 '간상 세포'이고 700여만 개는 원뿔 모양을 하는 '원추圓錐 세포'다. 간상桿狀 세포는 흐릿한 빛에 잘 반응하고 원추 세포는 색을 감지한다. 망막의 가운데 부위를 '황반黃斑'이라 하는데, 여기에 상이 맺히면 가장 선명하게 물체를 보게 된다. 그리고 망막의 시세포에서 나오는 시신경 다발이 모여서 뇌로 들어가는 자리인 '맹점盲點'에는 시세포가 없기 때문에 상(image)을 인식하지 못한다. 왼쪽 눈을 가리고 정면에 둔 연필 끝을 바른 눈으로 응시한다. 다음에는 오른쪽 눈은 처음 자리에 고정하고 연필 끝을 오른쪽으로 천천히 옮겨 보자. 20도가 벗어나면 연필 끝이 보이지 않는다. 상이 맹점에 맺힌 탓이다.

그리고 망막에서 1초에 만들 수 있는 상은 30~40개가 넘지 못한다고 한다. 그래서 불을 0.12초보다 더 짧은 간격으로 켰다 껐다 하면 계속 켜져 있는 것으로 느낀다. 즉, 0.12초보다 더 빠른 자극은 연속 동작으로 알게 되니, 이것을 이용한 것이 영화다. 그리고 어두운 곳에 있다가 밝은 곳으로 나오면 눈이 많이 부시다. 그럴때 눈동자를 좁게 하여 빛의 양을 줄여서 적응하니 그 시간은 대략 30~40초가 걸린다.

이제 그림 2.6을 참고하면서 눈의 구조와 각 조직의 하는 일을 살펴보자. 시각의 성립 과정을 잠시 보면 빛→각막→수정체→망막(시세포)→시신경→대뇌(시각 중추)가 된다. 눈의 구조와 명칭을 떠올리면 쉽게 알 수 있을 것이다. 정확한 눈의 구조를 알기 위해서는 실제 모형을 봐야 하는데 그러지 못하는 현실이기에 눈의 구조와 비슷한 기구인 카메라를 생각해 보자. 미리 말할 것은 카메라는 사람의 눈을 본떠 만든 것이지 눈이 그것을 닮은 것은 절대로 아니다. 과학은 자연을 모방한 것! 집에 카메라가 있다면 한번 가져와서 비교해 보자. 눈의 수정체는 카메라의 렌즈, 홍채는 조리개, 망막은 필름, 맥락막은 어둠상자, 눈꺼풀은 셔터에 비교할 수 있다. 다시 말하지만 우리 눈의 수정체는 두께 조절이 가능하다. 멀리 볼 때는 수정체가 얇아져서 굴절률이

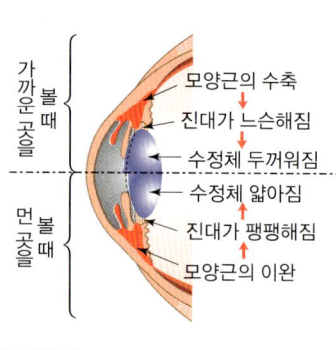

그림 2.6 눈의 원근 조절.

작아지고 가까이 볼 때는 수정체가 두꺼워져서 굴절률이 커진다. 카메라의 렌즈는 두께 조절이 되지 않기 때문에 줌을 써서 렌즈가 앞뒤로 왔다 갔다 한다.

상어의 눈이 그렇다. 수정체가 얇아지거나 두꺼워지려면 당겨주고 늘려주는 근육이 필요한데, 그것이 '모양체毛樣體'이고 '진(Zinn, 독일 의학자의 이름)대'이다. 모양체는 수정체를 둘러싸고 있는 고리 모양(환상)의 근육이고, 모양체와 수정체 사이를 진대가 연결하고 있다. 먼 곳의 물체를 볼 때는 모양체가 이완하고 뒤로 후퇴하여 진대를 당겨 팽팽하게 한다. 이때 진대와 연결된 수정체는 잡아당겨져서 얇아지게 되는 것이다. 가까운 곳의 물체를 볼 때는 모양체가 수축하면 앞으로 당겨져서 수정체를 중심으로 모이게 되고, 진대가 느슨하게 된다. 간단히 말하자면, 멀리 볼 때 모양체가 이완되고 진대가 수축되므로 수정체 얇아진다. 가까이 볼 때는 모양체가 수축되고 진대가 이완되어서 수정체가 두꺼워진다. 눈의 원근 조절을 앞의 그림에서 다시 보기 바란다.

이러한 작용에 이상이 생기거나 선천적으로 안구의 길이에 이상이 생기면 우리는 안경을 써야 한다. 옛날에는 사냥을 하고 먼 곳도 바라보며 살았는데 지금은 정보의 바다 속에서 늘 책을 읽어야 하고 컴퓨터를 다루어야 하니 눈이 견딜 수가 없다. 혹사당한다는 말이 맞다.

눈의 이상 현상에 근시近視가 있다. 가까운 것은 잘 보지만 멀리 있는 것이 잘 보이지 않는 눈이다. 각막에서 상이 맺히는 망막까지의 정상 거리는 2.4 cm인데 조금만(책받침 두께 만큼만) 눈알이 길어져도 상이 망막에 맺히지 못하고, 초점이 망막 앞에 맺혀 흐릿하게 보이는 것이다. 망막에 상이 정확히 맺히려면 외부에서 빛을 퍼트리는 오목 렌즈를 쓰면 된다.

다음은 원시遠視로 멀리 있는 것은 잘 보지만 가까이 있는 것이 보이지 않는 경우이다. 이것은 도리어 눈알이 짧아져서 초점이 망막 뒤에 맺혀 잘 안 보인다. 그래서 외부에서 빛을 미리 모아 망막에 제대로 상이 맺히도록 볼록 렌즈를 착용하는 것이다. 다음은 노안老眼이다. 눈도 세월의 무게를 이기지 못하고 늙고 낡아 간다고 했다. 나이가 들어 수정체의 탄력성 자체가 떨어지므로 원시와 비슷한 현상이 되어 볼록 렌즈를 착용해야 한다. 조부모님이나 부모님께서 신문이나 책을 볼 때 팔을 길게 뻗어 멀리 보시면 조용히 옆에 가서 어깨를 주물러 드리는 센스를 가지는 것이 어떨까? 눈병도 가지가지로다! 각막이나 수정체가 매끄러운 정상 굴절을 해야 하는데 울퉁불퉁할 때 어지럽게 보이는 현상이 난시亂視이다. 안과 기술이 발달하여 이런 눈에 맞는 안경도 척척 만들어낸다. "눈먼 자식이 효자 노릇하고, 눈이 제 아무리 밝아도 제 코는 못 본다."고 하던가. 이 세상에 눈 뜨고 태어나 얼마간 머물다가 눈 감으면 끝장이다. 잠깐 동안의 '소풍' 아니겠는가. 인생은 턱없이 짧다.

우리가 눈으로 감지하는 색깔은 가시광선可視光線 영역밖에 하지 못한다. 망막에 분포하는 시세포에는 간상 세포桿狀細胞와 원추 세포圓錐細胞가 있는데 원추 세포가 밝은 빛에서 형태와 색깔을 구분한다. 원추 세포에는 적赤원추 세포, 녹綠원추 세포, 청靑원추 세포가 있는데 빛의 삼원색과 똑같다. TV나 모니터에서 위 세 가지 색깔의 오묘한 조합으로 오색찬란한 색을 나타내고 있다. 우리의 눈도 그렇게 다양한 색깔을 감지한다. 빨간색이 눈에 잘 띄는 이유는 원추 세포의 비율이 적원추 세포 : 녹원추 세포 : 청원추 세포 = 40 : 20 : 1이기 때문이다. 세 가지 원추 세포가 전부 이상이 생기면 전색맹全色盲이 되어 세상을 흑백으로 보는 일이 생기고, 적원추 세포와 녹원추 세포에 약간 이상이 생긴 경우를 색약色弱이라 하고, 아주 많이 이상이 생긴 경우를 색맹色盲(color blind)이라고 한다. 색맹은 X염색체에 이상이 생겨 유전하므로 인위적으로 극복할 수가 없다. 그렇다면 색맹인 사람이 신호등의 빨간색과 초록색은 어찌 구분할까? 신호등의 빨간색 빛에 약간의 다른 색빛을 섞고 녹색 빛도 마찬가지로 다른 빛색을 조금 섞었기 때문에 색맹, 색약이 있는 사람들도 구분하게 만들었다고 한다.

그림 2.7은 시세포의 일종이고, 약한 빛에서도 민감하게 반응하며 간상 세포에서 일어나는 광화학 반응이다. 간상 세포의 감광색소단백질을 로돕신(rhodopsin, 시홍)이라고 하는데, 옵신(opsin)과 레티넨(retinene)으로 구성된 화합물이다. 로돕신은 빛을 받으면 옵신과 레티넨으로 분해되면서 에너지를 방출해 시신경을 자극하여 시각이 성립되게 한다. 분해된 레티넨과 옵신은 어두울 때 다시 로돕신으로 재합성된다. 이때 레티넨은 비타민 A의 유도체이며, 때문에 비타민 A가 로돕신

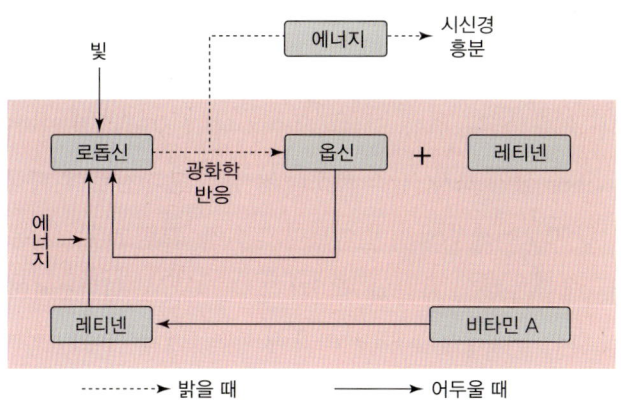

그림 2.7 간상 세포에서 일어나는 화학 반응.

의 합성을 도와준다. 그래서 비타민 A가 부족하면 밤에 잘 보지 못하는 야맹증夜盲症(night blindness)에 걸리는 것이다.

생물의 큰 특징의 하나는 자극에 반응한다는 것이다. 어디 무생물이 자극에 반응하던가. 작은 자극에도 큰 반응을 하는 사람들을 민감하다 하고 반대인 경우를 둔감하다고 한다. 자극에 의한 반응을 일으키는 감각기들은 처음 자극에 대해 일정 비율 이상으로 변화된 자극을 받아야 변화를 느낄 수 있다. 즉, 조용한 곳에서 휴대 전화(cellular phone, mobile) 벨소리는 금방 알아차리지만 애초부터 자극이 센 시끄러운 시장에서는 휴대 전화 벨소리를 잘 들을 수 없게 된다. 이것에 대한 연구를 독일의 생리학자 베버가 했기 때문에 '베버의 법칙'이라고 한다.

$$\frac{R_2(\text{나중 자극}) - R_1(\text{처음 자극})}{R_1(\text{처음 자극})} = \frac{\Delta R}{R_1} = K(\text{베버 상수})$$

갑은 K값이 $\frac{1}{10}$이고 을은 K값이 $\frac{1}{100}$이라고 하자. 갑은 10 kg의 물체를 들고 있는데 1 kg만 변해도 무겁고 가벼움을 느꼈다. 을은 100 kg의 물체를 힘들게 들고 있는데 1 kg이 변하니까 무겁거나 가벼움을 느낀다는 말이다. 즉, K값이 작을수록 더욱 예민한 반응이라는 것이다. 필자는 간지럼에 대한 베버 상수 값은 상당히 작다. 그래서 조금만 간질거려도 미친 소가 날뛰듯 한다. 그런데 늙어가니 그 값이 점점 커져만 간다.

그림 2.8을 잠깐 보자. 감각 세포(신경 섬유, 근육 섬유)에 자극을 1, 2, 3 증가시킬 때 2에서 반응이 일어났다고 하자. 그럼 2라는 값은 반응을 일으키는 데 최소한의 자극의 세기가 된다. 이것이 역치閾値이다. '역치'의 '閾'은 '문지방(threshold)'이란 뜻으로 '경계'란 의미가 있다. 그리고 단일 신경 섬유나 단일 근육 섬유에서는 역치 이상의 자극에서 반응의 크기가 일정하게 유지되는 것을 볼 수 있는데 그것이 실무율悉無

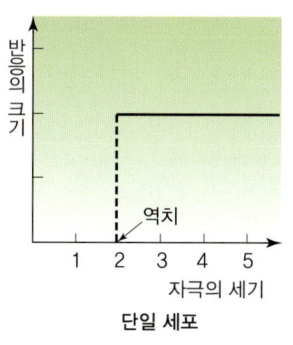
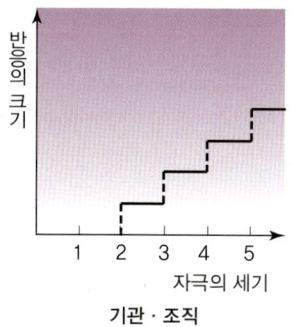

그림 2.8 자극에 대한 반응의 차이.

率(all or none law)이다. 참고로 한자 '悉'은 '모두'라는 의미고 '無'는 '없다'란 뜻으로, 실무란 영어로 'all or none'이다. 그러나 신경 섬유 다발이나 근육 섬유 다발에서는 각각 세포의 역치가 다르기 때문에 자극 세기가 커지면 반응하는 세포 수도 많아져 계단형의 그래프가 그려진다.

우리 눈이 감지하는 반응은 가시광선(400~700 nm) 영역뿐이라고 했다. 가시광선보다 파장이 짧은 자외선, X선 등과 가시광선보다 파장이 긴 적외선, 마이크로파, 전파 등은 감지하지 못한다. 그건 인간이 그런 것이지 몇몇 동물들은 자외선이나 적외선 형태의 빛을 감

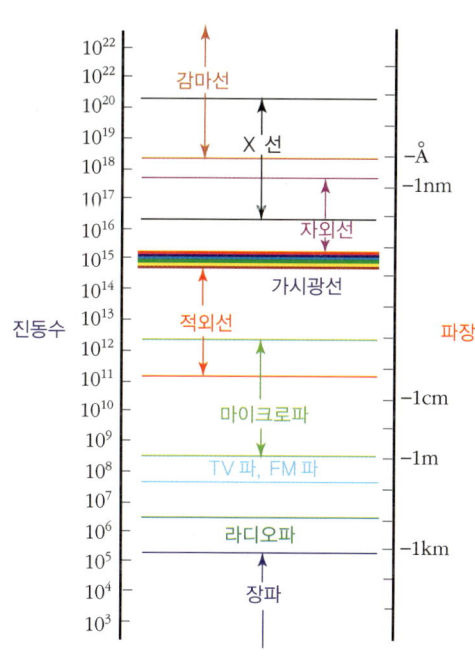

그림 2.9 가시광선이 차지하는 자리.

지한다. 인간이 가지지 못한 능력을 다른 동물들은 가지고 있는 것이다.

어느 동물이나 다 빛에 대한 반응을 일으키기 위한 장치를 가지고 있다. 원생동물인 유글레나가 '안점'을 가진 것을 시작으로 지렁이는 '시세포'가 전신에 퍼져 있어 빛을 감각하고, 곤충은 '홑눈'과 '겹눈'을, 문어나 오징어 같은 무척추동물은 아주 뛰어난 눈을 가지며, 척추동물이 되면 눈 같은 시각기視覺器를 갖는다. 일반적으로 진화하면 할수록 고등하고 발달한 시각기를 보유한다. 그런 점에서 사람의 눈은 아주 정교하다.

많이 들여다보라고 눈을 두 개 주었다는데……, "남의 눈에 눈물 나게 하면 제 눈엔 피눈물이 난다고 한다." 부디 고운 눈을 가지고 예쁜 말 쓰기에 애쓸지어다.

03 호흡

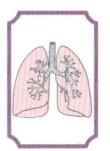
사람은 태어나 어머니 젖을 먹기 시작하여 죽음에 이르기까지 삼시 세끼를 먹고, 또 숨이 넘어가는 순간까지 숨을 쉰다. 왜 이렇게 끊임없이 먹고 숨을 쉬는가? 먹은 음식은 소화 기관에서 소화가 되어 세포로 가고, 코로 들어간 공기는 허파에서 피에 녹아 역시 세포로 간다. 그 둘의 종착역은 세포 細胞(cell)라는 곳이다. 세포에 가서 무슨 일이 일어나는 것일까? 소화 문제는 다른 곳에서 다루고, 여기에서는 산소(O_2)와 이산화탄소(CO_2)의 운반과 하는 일을 다룬다. 크게 말하면 호흡 呼吸이라는 것이다. 호흡은 다시 세 단계(과정)로 나눌 수가 있으니, 허파에서 일어나는 가스 교환인 '외호흡 外呼吸', 피를 타고 간 산소와 조직 세포 사이에서 일어나는 가스 교환인 '내호흡 內呼吸', 그리고 세포 안에서 일어나는 '세포 호흡 細胞呼吸'이다.

순서를 바꿔서, 마지막에 일어나는 호흡 현상인 세포 호흡부터 보자. 한 사람의 몸을 구성하는 세포 수는 100조 개나 된다. 물론 사람에 따라 그 수는 달라서 키가 크고 체중이 무거운 사람은 더 크고 많다.

먹어 소화된 양분(포도당, 아미노산, 지방산 등)은 물에 녹아 세포로 들어가고, 피의 적혈구가 잡아서 온 산소 역시 세포에 들어온다. 세포 안에는 여러 '세포소기관'들이 있으니, 그중에서도 미토콘드리아(mitochondria)에 이것들이 모두 들어간다. 결국 양분과 산소가 여기서 만나 양분의 산화酸化가 일어난다. 천천히 양분이 타서(일종의 연소) 열과 에너지(energy), 이산화탄소를 내게 되니 이를 세포 호흡이라 하는 것이다. 다시 말하면 양분은 세포에서 산화하여 열을 내어 우리의 체온을 유지하고, 에너지를 내니 그것으로 운동하고(그림 3.1 참조) 여러 대사 기능을 한다. 물론 세포 호흡 때 나오는 부산물인 이산화탄소는 피를 타고 허파로 가서 밖으로 나간다.

사람도 세포로 뭉쳐진 생물이다. 사람의 덩치가 크다는 것은 세포 수가 많고 또 세포 하나하나의 크기가 크다는 것을 의미한다.

한편, 모든 세포 속에는 미토콘드리아라는 것이 들어 있다. 미토콘

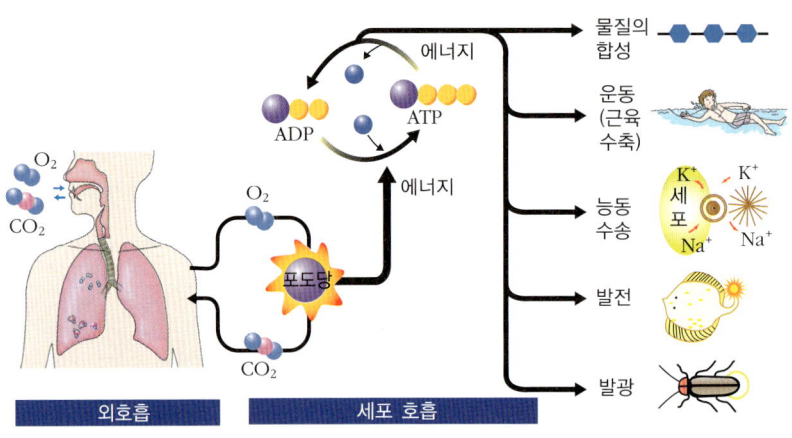

그림 3.1 외호흡과 세포 호흡.

드리아는 세포의 핵보다 훨씬 작은 알갱이 모양을 하고(확대하여 보면 소시지 꼴임) 세포 하나에 여러 개가 들었다. 생리 기능이 아주 활발한 간 肝(liver)세포 하나에 미토콘드리아가 무려 2,000~3,000개나 들어있고, 운동(일)을 열심히 하면 그것의 수가 증가한다. 운동이 심폐 기능, 근육의 탄력성뿐만 아니라 세포의 미토콘드리아 수에까지 영향을 미친다고 하니, 늙어서도 부지런히 몸을 움직이는 것이 옳다는 이유가 여기에도 있다(참고로 필자는 1940년생임).

우리 몸에서 나오는 힘(에너지)과 체온을 유지하는 열은 모두 이 미토콘드리아에서 나온다. 우리가 먹은 음식물이 창자에서 소화되어 모든 세포에 들어가 그 안의 미토콘드리아에 도달하고, 양분은 거기에서 숨쉬어 온 산소와 결합(산화라 함)하여 에너지와 열을 낸다. 그래서 미토콘드리아를 '세포의 발전소'라거나 '세포의 난로'라 부른다. 에너지(ATP)를 만들어내는 곳이기에 '발전소', 열이 나는 세포소기관이라 '난로'라고 부르는 것이므로 매우 타당하다 하겠다.

그런데 여러분들 눈에 '에이티피(ATP)'라는 단어가 무척 낯설 것이다. 언젠가는 상식으로 쓰게 되는 말이니 너무 낯설게 여기지 말고 가까워지기 바란다. "낯선 것을 두려워 말라!"고 하지 않는가. 적극적이고 창조적으로 사는 사람들은 여태 들어 보지 않은 것, 먹어 보지 않은 것에 흥미를 느끼고 가까이 다가간다. "피할 수 없는 일이면 마냥 즐겨라."고 한다. 어렵다고 피해서 도망가지 말고 용감하게 부딪쳐라!

그림 3.2를 참조하면서, ATP(아데노신 3인산)라는 물질은 아데노신(아데닌+리보오스)에 3개의 인산이 붙어 있는 구조로 인산 하나가 떨어지면서 7.3 kcal(Cal) 에너지를 내게 된다. 마치 충전지와 같은 역할을 하기에 화학적인 에너지 저장고라고 보면 된다. 다시 말하지만 ATP는 에

너지의 대명사다. "아, 힘들다!"란 말은 "아, ATP를 다 썼다!"라고 해도 된다. 일을 하거나 운동을 하면 ATP가 ADP(아데노신 2인산), AMP(아데노신 1인산)로 바뀌면서 에너지가 나오지만, 음식을 먹고 푹 쉬면 다시 ADP가 ATP로 합성된다. 허참, 에너지라는 눈에 보이지도 않는 것이 저런 구조를 하고 있었다니!? 나에게 힘을 다오! 나에게 ATP를 다오! 무기염류의 하나인 인산(phosphate)이 에너지대사에 중요한 몫을 한다!

ATP에 저장된 에너지는 각종 물질의 합성, 물질의 분해, 근육 운동 등 다양하게 이용된다. 충전지를 전구에 연결하면 빛이 나오고 전동기에 연결하면 회전 운동을 하는 것처럼 말이다. 어쨌거나 산소가 없으면 음식물이 산화하지 못하기에 열과 에너지가 나오지 못한다. 이제 여러분들은 왜 살아 있는 동안에는 먹고 숨 쉬는 지를 어렴풋이나마 알았다. '그림 3.2'가 에너지라니 신기한 일이 아닌가? 손가락을 오므렸다 펴 보아라. ATP가 ADP로 바뀌면서 나오는 힘, 에너지가 그렇게 운동을 하게 한다. '아~'하고 소리를 질러 보아라. 그 소리도 그렇게 나온 에너지다! 신통하다!

다음은 보통 말하는 호흡인 외호흡으로 넘어가자. 호흡呼吸이란? '호'는 공기를 내뱉는 소리요, '흡'은 들이쉬는 소리가 아닌가. 따라서

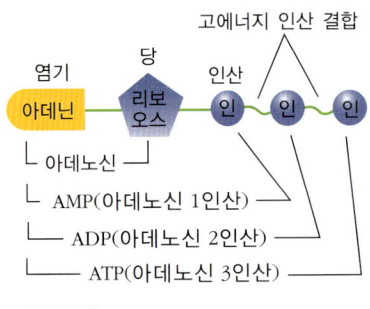

그림 3.2 ATP의 구조.

'호흡'하고 소리를 내어 보기 바란다. 한자는 사물의 모양을 본 딴 '상형문자象形文字'라고 하는데, 호흡은 소리를 따서 만든 '상성문자象聲文字'란 말인가. 숨 쉬는 종류를 보면 어깨 호흡, 흉식 호흡(가슴 호흡), 복식 호흡(배호흡), 혼식 호흡(가슴과 배호흡)이 있는데 일반적으로 여자들은 흉식 호흡, 남자들은 복식 호흡을 주로 한다. 복식 호흡은 가슴(흉강)과 배(복강)를 가로로 나누는 가로막, 즉 횡격막橫隔膜의 움직임을 최대한 증가시키는 호흡법이고, 흉식 호흡은 늑골이 주로 작용한다.

우리의 폐肺(허파, lung)는 근육이 없어 스스로 움직이지 못한다. 그래서 횡격막과 늑골肋骨(갈비뼈)의 움직임으로 공기가 들락날락한다. 공기가 들어올 때는 횡격막이 아래로, 늑골이 위로 올라가 흉강(가슴의 빈 공간)의 압력이 낮아져 공기가 들어오게 하고(들숨), 횡격막이 아래로 내려가니 소장, 대장을 눌러 배가 나오게 된다. 공기가 나갈 때(날숨)는 반대 현상이 일어난다(표 3.1과 그림 3.3 참조).

하루에 10,000 l 넘는 공기(78 %의 질소와 21 %의 산소가 합쳐 99 %를 차지함)가 우리의 코를 드나든다고 한다! 일반적으로 1분에 15~16회 정도 숨을 쉬게 되는데, 한 번에 약 0.5 l 의 공기가 드나든다. 최대한으로 공기를 들이마셨다가 내쉬면 5~6 l 정도가 되니 이것을 폐활량肺活量이라고 하며, 때문에 보통 우리가 숨을 쉴 때는 폐활량의 1/10 정도만

표 3.1 호기와 흡기

	늑골	횡격막	흉강	폐	압력	외늑간근	공기 이동
호기 (날숨)	하강	상승	축소	축소	내부>외부	이완	유출
흡기 (들숨)	상승	하강	확대	확대	내부<외부	수축	유입

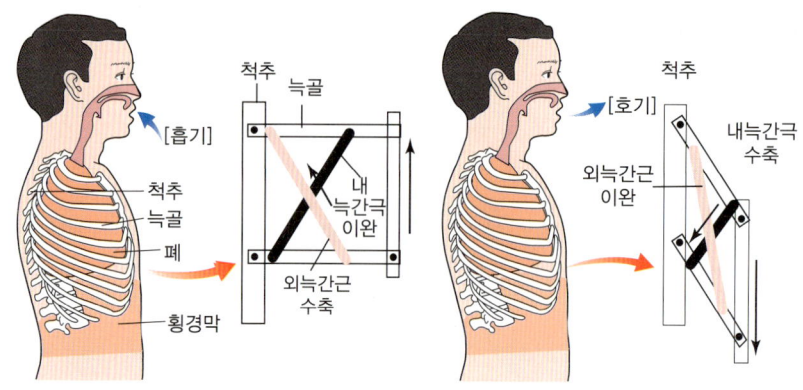

그림 3.3 횡격막과 늑간근.

사용하는 셈이다. 그러므로 가끔 심호흡을 하여 남아있는 공기(잔기殘氣)를 빼 주는 것이 좋다. 마라토너 이봉주는 폐활량이 보통 사람의 1.7배라 하고, 박지성 선수도 폐활량이 커서 달려도 지치지 않는 '산소 탱크'란 별명이 붙었다. 두 선수의 폐활량은 모두 훈련을 통해 커졌다기보다 타고난 선천적인 것이다. 그리고 일반적인 마라토너들의 호흡법은 2번 코로 들이쉬고 2번 입으로 내쉰다고 한다(2-2). 또한 그들은 코스의 후반부에서는 2번 들이쉬고 1번 내쉬거나(2-1) 1번 들이쉬고 2번 내쉬는(1-2) 호흡법으로 바꾸면서 페이스(pace)를 조절한다.

이렇듯 공기가 들락날락하면서 세포에 산소 공급이 원활하게 이루어지도록 하는 것이 폐인데, 폐는 무수히 많은 폐포肺胞(허파꽈리)로 구성되어 있다. 한쪽 폐에 약 3억 개의 폐포가 들었으니 양쪽에 모두 약 6억 개가 넘는다. 마치 포도송이가 여러 개 모여 있는 모양인데, 작은 비눗방울이 3억 개가 모여 있다고 보면 된다(그림 3.4 참조). 이렇듯 수많은 폐포로 되어 있는 탓에 표면적을 넓게 해 효율적인 가스 교환을 할 수 있다. 폐포 하나는 지름이 0.1~0.2 mm로 둘레에는 모세혈관(실핏

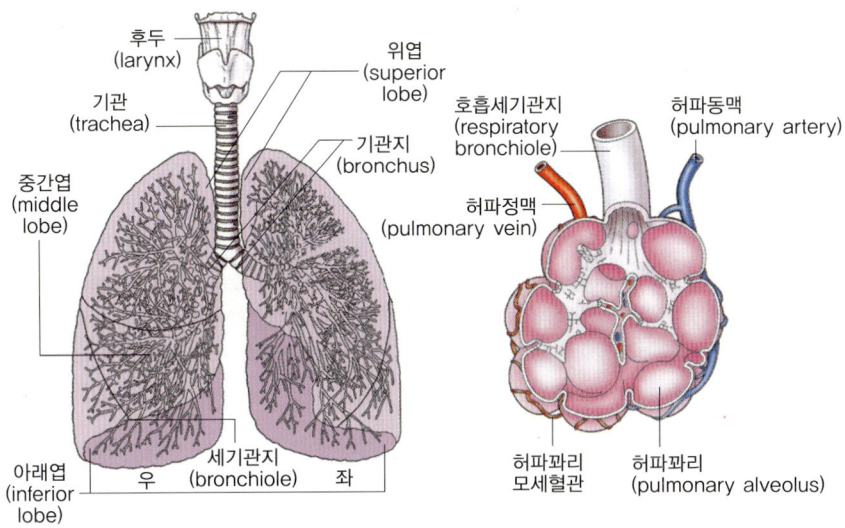

그림 3.4 허파와 허파꽈리.

줄)이 둘러싸고, 0.1초 사이에 산소와 이산화탄소의 교환이 일어나니 이것이 바로 외호흡이다. 폐포를 모두 펼쳐보면 그 표면적이 70~80 m^2로 테니스 코트 하나의 넓이와 맞먹는다고 하니 경이롭다 하지 않을 수 없다. 그리고 또 몸 표면(2~3 m^2)의 근 30배에 달한다! 내 작은 가슴에 드넓은 정구장 하나가 들어 있다!

그러면 딸꾹질이란 무엇일까? 술이나 담배, 매운 음식들을 먹었을 때 식도와 위가 만나는 부위의 '가로막신경'이 자극을 받아 횡격막이 순간적으로 수축하기 때문이다. 숨을 들이쉰 다음에 힘을 쓰며 오래 숨을 참으면 낫는다. 딸꾹질을 오래하면 위액이 식도로 역류(거꾸로 흐름)하여 식도에 염증이 생길 수도 있다.

그럼 하품이란? 몸 안에 이산화탄소의 양이 늘면, 이산화탄소가 뇌의 호흡 중추를 자극하여 숨을 크게 쉬는 것이 하품이다. 일종의 전염성이 있어 옆 사람이 하품을 하면 따라한다. 하품을 하면 얼굴의 근육이 긴장하여 피가 뇌로 빠르게 흘러 산소 공급을 많이 하게 되는 것이다. 하품이 나면 방문이나 창문을 열어 맑은 새 공기로 바꾸는 것이 좋다. 그래서 공부방은 자주 환기를 해야 한다.

또한 운동을 심하게 하면 헐떡헐떡 호흡이 빨라진다. 역시 혈중 이산화탄소가 늘어나 그것이 숨골(연수)을 자극하여 호흡 횟수를 증가시키는 것이다.

사람의 호흡 기관은 코와 인두, 후두, 기관, 기관지, 폐인데 단순히 공기만 들락날락 하는 게 아니라 라디에이터(radiator), 가습기, 먼지나 세균 등 이물질을 막는 역할도 한다. 외호흡은 일단 콧구멍에서 시작한다. 코 안에는 끈적끈적한 털이 많이 나 있는데, 숨을 들이쉴 때 공기에 묻어 들어오는 세균이나 커다란 먼지를 달라붙이고, 그것이 말라붙어 코딱지가 된다. "코딱지 두면 살이 되랴." 이미 다 그릇된 것을 둔다 한들 절대로 잘 되지 않는다. 어린 아이들이 가진 돈을 "코 묻은 돈."이라 하고, 남의 말에 들은 체 만 체 대꾸도 안 할 때 "콧방귀만 뀐다."고 한다. 그리고 무슨 일에 너무 애를 태울 때, "코에서 단내가 난다."라거나 "코털이 세다."고 한다.

그리고 코는 뭐니 해도 냄새를 맡는 후각기嗅覺器다. 사람은 90%를 눈이라는 시각기視覺器로 판단하고 감각하지만 다른 동물은 거의 이 예민한 코와 귀에 의존하여 산다. 코는 절대 멋으로 있는 것이 아니다!

코를 통과한 공기는 인두咽頭(식도의 입구)와 후두喉頭(기관의 입구)를 거쳐 기관氣管(숨관)으로 들어가는데, 인두에는 연구개軟口蓋(물렁입천장, 뒤 끝 중앙에 목젖이 붙음)가, 후두에는 후두개喉頭蓋가 있어 음식물을 먹을 때는 연구개가 코(비강) 쪽을 닫고 후두개가 기관을 막아 음식물이 식도로만 내려가게 한다. 여기서 한자의 '蓋'는 뚜껑, 덮개란 뜻을 가진다. 음식을 먹을 때 이 기능이 잘못되면 사래가 들려 캑캑거리는 것이다. 코로 밥풀이 나오고 기관의 음식이 튀어 밥상을 뒤덮는다. 호흡할 때는 연구개와 후두개가 열려 비강鼻腔을 통과한 공기가 기관으로 들어가도록 하며, 두 뚜껑이 열리고 닫히는 것은 자율 신경이 자동으로 조절한다. 아무튼 숨을 쉬면서 음식을 넘길 수 없다. 또 음식을 먹으면서 숨을 쉴 수 없다. 독자들은 침을 삼키면서 숨을 쉬어 보자. 또 숨을 쉬면서 침을 삼켜 보자. 어떤가? 이제야 내 몸의 일부 기능을 알았을 것이다. 신기하다! 모름지기 알면 알수록 기쁘다. 아는 것의 희열喜悅에는 그 어느 것도 대적할 것이 없다.

그러면 기침이란 무엇일까? 기관지에 쌓인 찌꺼기를 밀어내기 위한 것으로, 기침을 할 때 공기의 흐름 속도는(기류 속도) 1초에 200~300 m 속도로 빠르다. 입 밖에 나오면 40 m/초(1초에 40 m)로 태풍의 속도와 같다. 기관과 기관지氣管支, 허파를 잘 들여다보면 꼭 나무를 닮았다. 기관은 나무의 밑동에 해당하고, 기관지나 세기관지細氣管支는 나무의 가지, 그리고 폐포는 거기에 달려 있는 무수히 많은 이파리가 그것이다! 그렇다, 기관과 허파는 거꾸로 세운 큰 나무를 닮았다. 기관지는 가지치기를 무려 25회나 넘게 하여 마지막에는 폐포를 만난다. 이들 작은 가지에 염증이 생기면 기관지염이고 폐포에 염증이 생기면 그것이 폐렴肺炎이다.

기관은 지름이 2 cm, 길이 10 cm 가량의 연골로 된 원통이며, 그것이 가지를 친 기관지들에는 현미경적인 털인 섬모纖毛가 수없이 많이 나 있다. 기관지벽(섬모 상피)에 분비된 점액에 달라붙은 여러 물질들은 섬모 운동으로 위로 끊임없이 밀어 올려 보내니 그것이 모인 것이 가래

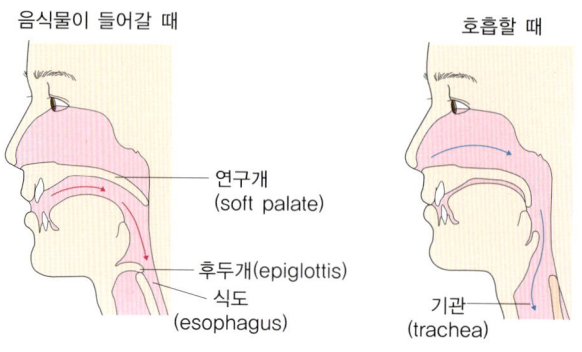

음식을 삼킬 때 연구개는 비강으로 가는 길을 막고 후두개는 기관으로 가는 길을 막는다.

숨을 쉴 때는 연구개가 아래로 내려가고 후두개가 혀에 붙어 기관으로 가는 길을 확보한다.

그림 3.5 인두와 후두의 구조.

요, 그것을 뱉는 행위가 기침이다. 그런데 섬모는 1분에 1,000여 번이나 움직여(빗질을 하여) 1분당 1~2 cm 속도로 점액을 밀어낸다. 그런데 폐(허파)도 나이 25살부터 늙어가기 시작한다. 어디 늙지 않는 기관이 있겠는가? 오랫동안 담배를 피우셨던 할아버지께서 아침 담배를 한 대 피우시고는 마른기침을 하신다. 긴 세월에 섬모 상피의 섬모들이 죽어 버려 가래 이동이 제대로 되지 못해 그러시는 것이다. 기관지들을 억지로 쪼그라트려 가래를 짜고 계시는 할아버지, 어서 담배 끊으세요!

남자의 목에는 앞으로 툭 튀어 나온 것이 있다. 갑상연골 甲狀軟骨이라는 것으로 흔히 '아담의 사과(Adam's apple)'라 한다. 남자만이 갖는 남성 2차 성징이다. 바로 그 안에 성대가 있다. 성대는 부드러운 점막이 덮고 있는 얇은 근육으로 호흡을 할 때는 두 근육이 벌어져 있고 말을 한다거나 노래를 할 때에는 두 근육이 달라붙으며, 그 틈으로 나가는 공기가 근육을 떨게 하여(진동) 소리가 난다. 목이 쉬는 것은 성대 근육이 피로해진 것으로 피로 회복이 되면 원래의 제 소리를 낸다. 그리고 남자(♂)의 성대 근육은 두껍고 짧은 데 비해 여자(♀)의 것은 얇고 가늘어서 소리가 다르게 나는 것이다. 변성기가 되면 남자들의 성대 근육은 더욱 두꺼워지고 짧아진다. 한 사람의 소리 색깔인 음색音色은 모전여전母傳女傳 부전자전父傳子傳 하는 것은 물론이고, 소리를 들어 보면 그 사람의 지능이 들려오는 것은 무슨 까닭일까? 눈에 그 사람의 지능, 감성들이 들어 있는 것과 같은 말이다.

참고로, 암수를 나타내는 이 두 부호 '♀, ♂'는 무엇을 의미하는 것일까? 그냥 관심 없이 지나치면 과학을 공부하는 자세가 아니다. 왜(why)? 하고 의문과 호기심을 갖는 태도가 꼭 필요하다. ♂은 '군신軍神(God of army)의 창槍'을 상징하고 ♀는 '비너스의 거울(mirror of Venus)'을 상징한다. 이 부호는 세균에서부터 사람에게까지 공통으로 쓴다.

호흡 운동 중추는 목 뒤에 있는 연수延髓(숨골)이다. 잠을 자도 숨쉬기는 쉬지 않으니 대뇌가 조절하지 않고 자율 신경이 하는 것이다. 혈액 중의 이산화탄소 농도가 증가하면 연수에서 감지하여 교감 신경을 통해 호흡 운동을 촉진하고 이산화탄소의 농도가 감소하면 부교감 신경을 통해 호흡 운동을 억제시킨다. 물론 연수는 심장 박동도 조절하기에 연수를 '생명중추'라고 하는 것이다. 도살장에서 600 kg이 넘게 나가는 소를 어떻게 잡을까? 바로 뿔 사이에 자리하고 있는 연수를 망치로 때려 고꾸라뜨린다고 한다.

폐 속으로 들어온 공기는 질소(78 %), 산소(21 %), 이산화탄소(0.03 %) 및 다양한 기체들이 포함되어 있지만 우리 몸에 유용한 산소를 이용하고 이산화탄소를 내보낸다. 공기 중에는 산소가 21 %인 데 비해 조직 세포를 지나온, 날숨에 든 산소는 15 % 정도로 모든 산소가 조직에 쓰

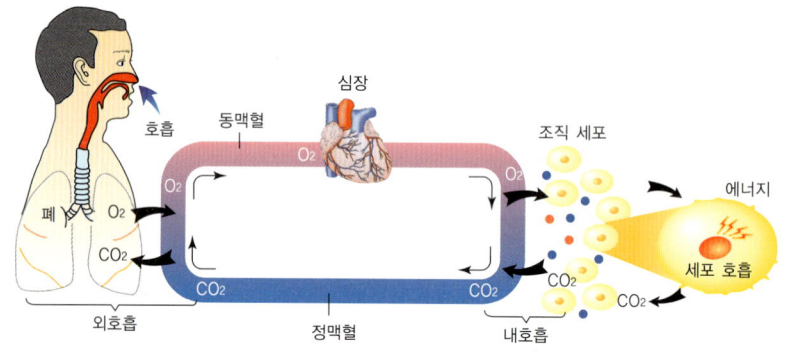

그림 3.6 외호흡과 내호흡.

이는 것이 아니다. 그리고 대기 중의 이산화탄소는 0.03 %이지만 내뱉는 공기에는 아주 짙은 공기의 100배 농도인 3 %가 된다. 그림 3.6에서 보는 것처럼 허파에서 가스 교환이 일어나는 것을 외호흡이라 하고, 피와 조직 세포 사이의 가스 교환을 내호흡이라 한다. 산소의 농도가 높은 모세혈관에서 조직 세포로, 또 이산화탄소가 높은 조직 세포에서 모세혈관으로 기체가 이동하니 이것은 모두 기압의 차이에 따른 확산擴散 현상이다. 참고로, 모든 교과서에도 위의 그림과 같이 동맥은 붉게, 정맥은 푸르게 칠을 한다. 그러나 절대로 정맥의 피가 푸르지 않으며 동맥보다 조금 덜 붉을 따름이다. 사실 우리 육안으로 그것을 구별하기는 쉽지 않다. 이해를 돕기 위해 붉고 푸르게 색칠을 한 것이니 잘못된 선입관을 갖지 말아야 할 것이다.

숨을 쉬지 않는 생물은 없다. 식물은 잎의 숨구멍(기공)을 통해 산소나 이산화탄소를 흡수한다. 동물의 경우 하등한 동물은 거의 전부, 지렁이까지도 피부를 통해 확산 현상으로 산소를 받고 이산화탄소를 내보낸다. 곤충 무리는 배에 있는 기문氣門으로 산소가 들어가고, 어류는 아가미, 파충류 이상의 고등 척추동물은 모두 허파로 숨을 쉰다. 생물과 산소와의 관계를 여태 논했다고 봐도 큰 모순은 없다. 산소는 생물의 생명을 담보하고 있는 것. 그리하여 '산소 같은 남자'란 말이 생겨난 것이리라!

04
배설

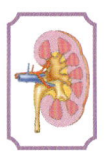내 강의는 언제나 두 시간 연속으로 진행되기 때문에 첫 시간 강의를 시작하기 전에 언제나 "자네들, 수업 중간에 '삼투압 조절'이 필요할 때는 아무 말 없이 다녀오길 바란다."는 다짐을 잊지 않는다. 삼투압 滲透壓은 다른 말로 '농도 濃度'라 해도 좋다. 대소변이 마렵거든 조용히 다녀오라는 말을 생물학적으로 표현했을 따름이다. 우리 몸은 피의 농도나 온도가 조금 변해도 즉각적으로 반응하여 원상태로 되돌려 놓으려 한다. 이것은 몸의 '환경'을 항상 일정하게 유지하려 드는 '항상성 恒常性(homeostasis)'을 조절하는 일이다. 혈당이나 산 알칼리성(pH, 수소 이온 농도)이 조금만 변해도 병이 되기에 서둘러 정상으로 돌려야 한다. 그런가 하면 물질대사로 생겨난 부산물, 즉 노폐물이 쌓여도 재빨리 반응하여 체외로 내보내니 이것을 배설 排泄이라 하는데, 이것 또한 몸의 항상성을 유지하기 위한 생리 현상이다. 암튼 비싸고 맛깔스런 음식을 먹었는데 어느새 대소변이라는 배설

물로 변해 나오는 것을 보면……, 부디 우리가 '똥오줌 만드는 기계'로 남아서는 안 된다. 모름지기 학생은 학생다워야 하고, 사람답게 살아야 할 것이다. 소년은 늙기 쉽고 학문은 이루기 어려우니 짧은 시간도 가벼이 여기지 말라! (소년이노학난성 일촌광음불가경 少年易老學難成 一寸光陰不可輕!)

그러면 우리 몸에 노폐물이 왜, 어떻게 생기는지 알아보자. 3대 영양소인 탄수화물, 지방, 단백질이 공통으로 갖는 원소는 탄소(C, Carbon), 수소(H, Hydrogen) 산소(O, Oxygen)이다. 이것의 산화 작용(산소와 결합)으로 CO_2, H_2O가 생성되어 코로 또 소변으로 나간다. 이들 배설물들은 우리의 몸에 치명적이지 않다. 그런데 단백질은 다른 영양소가 갖지 않는 질소(N, Nitrogen) 원소를 가진다. 이 질소화합물은 산화 작용을 거쳐 암모니아(NH_3)를 생성하니 이는 세포에 아주 유해하다. 여러분들도 암모니아 냄새를 맡아봐서 알겠지만 상당히 유독한 가스다. 그래서 그것이 우리의 몸속에서도 독성을 나타낸다. 독성을 내는 암모니아를 우리 몸이 그냥 둘리가 없다. 간肝에서 오르니틴회로(ornithine cycle)를 거쳐 암모니아보다는 약한 독성 물질인 요소$CO(NH_2)_2$를 형성한다. 화장실의 지린내는 소변에 든 요소尿素(urea)를 세균들이 암모니아로 바꿔 나는 냄새다. 물속에 사는 어류魚類들은 암모니아 형태 그대로 배설하고, 조류鳥類들은 요산尿酸이라는 고체 상태의 물질로 배설을 한다. 새똥을 보면 하얀 물질인 것을 볼 수 있을 것이다. 그것이 바로 요산이다. 어쨌거나 이렇게 생성된 요소는 신장으로 오면 복잡한 과정을 거쳐 배설한다. 다시 말하지만 소변에 묻어나가는 요소는 콩팥에서 만든 것이 아니라 간에서 만들어진 것이다. 배설 기관도 동물에 따라 다른데, 원생동물은 '수축포收縮胞', 편형동물은 '원신관原腎管', 환형동물은 '신관腎

管', 전지동물은 '말피기관', 척추동물은 '신장腎臟(콩팥, kidney)'이다.

동물만 배설을 하는 것이 아니다. 식물도 배설을 한다. 그 이야기를 다음 글에서 확인해 보자.

만산홍엽滿山紅葉*이다! 산들이 울긋불긋 가을 단풍 옷을 끼어 입기 시작한다. 저렇게 비틀어지고 메말라 떨어지는 낙엽은 과연 무엇을 남기고 가는 것일까? 낙엽귀근落葉歸根**, 낙엽은 뿌리에서 생긴 것이니 다시 제자리로 돌아가는 것인데 우리가 너무 호들갑 떨고 큰 의미를 붙이는 것은 아닐까. 하긴 그래야 가을 철학이 있고 또 시심詩心이 우러난다.

식물도 물질대사를 하기 때문에 노폐물이 생긴다. 하지만 우리처럼 따로 신장 같은 배설 기관이 없어서 각각의 세포에 들어 있는 액포液胞라는 작은 주머니에 배설물을 담아두고 잎이 떨어질 때 같이 버린다. 낙엽은 다름 아닌 식물의 배설인 것이고, 때문에 늙은 세포일수록 액포가 더 크다. 식물은 똥오줌을 제 이파리에다 버린다니 참으로 우습다. 허나 저 식물은 '똥 만드는 기계'인 우리를 보고 괴짜 생물이라 할 것이다. 이 세상을 너무 자기중심적으로 인간중심으로 보지 말자. 내가 다른 생물이 되어 거꾸로 자연을 보면 못 보던 것이 보인다. 반면교사反面敎師***라고나 할까.

식물의 액포 속에 아름다운 단풍이 들어 있다면 여러분은 믿겠는

---

* **만산홍엽**: 단풍이 들어 온 산의 나뭇잎이 붉게 물들어 있음.
** **낙엽귀근**: 잎이 떨어져 뿌리로 돌아간다는 뜻으로, 결국은 자기가 본래 났거나 자랐던 곳으로 되돌아감을 이르는 말.
*** **반면교사**: 다른 사람이나 사물의 부정적인 측면에서 가르침을 얻는다는 뜻.

가? 터질 듯 부푼 액포 안에는 카로틴·크산토필 같은 색소는 물론이고, 화청소 花靑素(안토시아닌, anthocyanin)와 달콤한 당분도 녹아 들어 있다. 사탕수수나 사탕단풍은 유별나게 당분이 많이 들어 있는 식물이라 거기에서 설탕을 뽑아내지 않는가. 아무튼 이것들이 단풍잎을 물들이는 것이다.

우리 눈을 황홀하게 하는 잎의 붉은색은 주로 단풍 丹楓나무 과 科이다. 우리나라에는 단풍나무 과 科 식물이 5종이 있다. 다음 연쇄에 맞춰 단풍나무를 분류해 보자. 잎 둘레가 갈라진 작은 잎(열편 裂片, 소엽)이 11개면 섬단풍, 9개는 당단풍, 7개를 단풍, 5개 고로쇠, 3개가 신나무다. 그중에서 당단풍이 가장 붉은색을 띤다.

단풍의 색깔은 꽤나 복잡하게 얽혀 결정된다. 카로틴(carotene)은 잎사귀를 당근처럼 붉고 누르스름한 색을 내게 하고, 크산토필(xanthophyll)은 은행잎처럼 샛노랗게 하는 색소다. 그리고 화청소는 액포(세포)가 산성이면 빨간색을, 알칼리성이면 파란색을 내게 한다. 단풍의 색깔은 주로 화청소가 결정하지만, 앞의 여러 색소가 복합적으로 반응하여 식물마다 모두 다른 색을 띤다. 물론 이런 색소는 가을에 새로 생겨난 것이 아니다. 여름 내내 짙은 엽록소에 가려 있다가 온도가 떨어져 엽록소가 파괴되면서 겉으로 드러난 것이다.

그런데 액포에 당분이 많으면 많을수록(화청소와 당이 결합하여) 단풍의 발색 發色이 훨씬 더 맑고 밝다. 가을에 청명한 날이 많으면 당이 더 많이 만들어져서 단풍이 더 예쁘다. 제 아무리 눈을 홀리는 단풍도 당분의 양과 산성도(산성, 알칼리성)의 차이에서 오는 것이다.

만약 가을에 나무들이 이파리를 떨어뜨리지 않으면 어떤 일이 일어날까? 차가워진 날씨에 온도가 떨어져서 물이 얼면, 물은 물관을 타고

그림 4.1 단풍나무의 분류.

올라가지 못하는데 잎에서는 물이 쉴 없이 날아(증산)가니 결국 나무는 바싹 말라 죽고 만다. 영리한 나무는 그것을 미리 알고, 아쉽고 아프지만 잎을 온통 떨어뜨려 버린다. 다가올 따뜻한 봄을 기다리면서 말이다.

독자 여러분은 이 글에 너무 한눈팔지 말고, 다시 못 올 '천년의 이 가을'을 한껏 즐겨보시라. 우리의 어머니(mother), 자연(nature)은 정녕 말 없이 아름답다. 자연은 언제나 우리를 포근히 품어주니 고마운 어머니다.

그런데 가만히 살펴보면 우리가 마신 물보다 내보내는 소변 양이 더 많지 않던가? 앞에서 양분이 산화되면서 물과 이산화탄소라는 노폐물이 생겨난다고 했다. 그렇다! 사막에 사는 동물들이나 쥐, 토끼 같은 설치류齧齒類(쥐류라고도 하며, '설치'란 '이로 갉는다.'는 뜻임)는 물을 전혀 먹지 않고 산다. 어떻게 견뎌내는 것일까? 그리고 낙타(camel)는 마실 물이 없으면 등에 있는 기름덩어리 육봉肉峰을 녹여 물로 공급한다고 한다. 결론은 탄수화물 1 g (그램, gram)이 세포의 미토콘드리아에서 분해할 때 0.6 g, 지방은 0.8 g, 단백질은 0.3 g의 물이 나온다. 쉽게 말하면 먹은 음식물이 분해되면서 물을 내놓으니 그 물을 물질대사에 쓴다는 말이다. 그리고 이런 동물은, 세뇨관이 아주 길어서 물의 재흡수가 아주 활발하게 일어난다. 그래서 쥐나 토끼의 오줌이 진하고, 지린내가 아주 지독한 것이다.

　미리 말하지만 콩팥은 오직 배설에만 관여하는 것이 아니라 체액의 항상성 유지(pH 7.2~7.4, 삼투압 0.9 %), 혈압 조절, 비타민 D의 활성화 등 다양한 일을 한다. 신장(그림 4.2 참조)은 강낭콩 모양(그래서 '콩팥'이라 부름)으로 등쪽, 척추 양편 좌우에 붙어 있으며 길이 11 cm, 폭 6 cm, 두께 약 2.5 cm이며, 남자는 약 150 g, 여자는 130 g 정도다. 신장의 표면은 아주 매끈하고 붉은색을 띠는데, 혈액 순환이 활발하게 일어나는 탓이다. 더불어 간이나 지라(비장)도 그 색이 아주 붉다.

　콩팥은 100만 개가 넘는 신단위腎單位라 부르는 '네프론(nephron)'으로 구성되어 있다(그림 4.2 참조). 네프론 하나는 지름이 0.1~0.2 mm로 우리 육안으로 겨우 보일 정도의 크기며, 보먼주머니(Bowman capsule)와 그 주머니 안에 든 모세혈관 뭉치인 사구체絲球體, 그리고 보먼주머니에 연결된 가는 관인 세뇨관細尿管을 묶어 부르고, 그림에서 보듯이 세뇨관은 U자 모양의 긴 루프(loop) 꼴이다(네프론 = 사구체+보먼

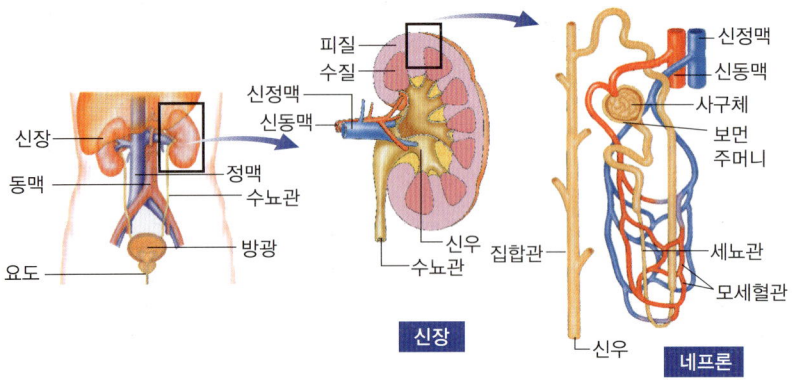

그림 4.2 신장의 구조.

주머니+세뇨관). 보먼주머니는 피의 성분이 거의 다 통과하여 세뇨관으로 내려가지만 적혈구나 단백질과 같은 큰 것은 통과하지 못한다. 만일 소변에 피가 나오거나 단백질(요단백)이 묻어 나온다면 그건 분명히 보먼주머니에 구멍이 크게 났거나 거기에 세균 감염이 있다는 증거다. 신장염腎臟炎이라고 부르는 병이다.

하루에 모든 네프론을 여과濾過하는 액체의 양은(이때 여과된 물질을 '원뇨'라 함) 150~180 l나 되지만 (180 l는 한 드럼-drum-에 해당함) 세뇨관에서 거의 대부분(99 %)은 재흡수再吸收되고 나머지 1 % (1~2 l)만이 소변으로 내려간다.

네프론에서 일어나는 여과와 재흡수를 조금 더 보자. 신동맥으로 오는 혈액은 각종 노폐물(암모니아, 요소, 크레아틴)들이 포함된 혈액이다. 혈액이 처음으로 모세혈관 뭉치를 만나는데 이곳이 신장의 피질(바깥부분)에 있는 사구체라는 곳이다. 덩치 큰 적혈구와 단백질 물질들은 빠져나가지 못하고 나머지 작은 물질들은 모두가 보먼주머니로 빠져나가니 이를 여과라 한다. 여과는 사구체의 혈액이 가하는 혈압과 원뇨原

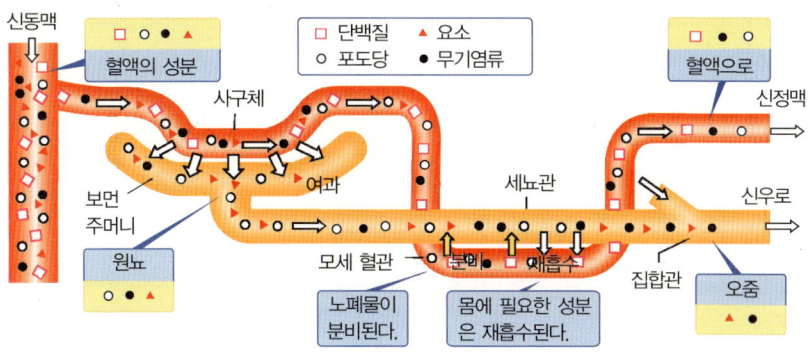

그림 4.3 세뇨관의 여과와 재흡수.

尿(보먼주머니로 여과된 액체)가 보먼주머니의 벽에 가하는 압력의 차이만큼 일어난다.

이렇게 여과된 원뇨는 세뇨관으로 이동하는데, 원뇨의 성분 중에는 우리 몸에 필요한 영양소들이 고스란히 포함되어 있다. 음식물을 분해하여 영양소를 얻기 위해 얼마나 복잡한 과정을 거치고, 또 얼마나 많은 에너지를 소비하였던가? 그런 영양소를 몸 밖으로 내보낸다면 아깝다. 그래서 수질(신장의 안쪽 부분)의 세뇨관에서 모세혈관으로 재흡수라는 과정이 있다. 재흡수되는 영양소는 포도당, 아미노산, 무기염류, 물 등이고, 포도당, 아미노산은 100 % 능동 수송(에너지를 소비하여)으로 재흡수되며, 무기염류는 96 %, 물은 99 % 정도 흡수된다. 여기서 배설의 주목적 중 하나인 요소도 40 % 정도 재흡수되니, 그것이 몽땅 소변으로 내려가지 못한다.

물의 재흡수는 뇌하수체 후엽에서 분비되는 항이뇨抗利尿(소변을 억제하는) 호르몬에 의해 조절되는데, 항이뇨호르몬(ADH, 바소프레신, vasopressin)이 많이 분비되면 세뇨관에서 재흡수가 세게 일어나 오줌의 양이 적어져 농도가 짙은 노란 오줌이 된다. 이렇게 체내에 수분이 적을 때는 최대한 물을 재흡수한다. 운동으로 땀을 많이 흘리고 나면 소변량이 아주 적어지고 소변 색깔이 샛노랗지 않던가. 그러나 술(알코올)이나 커피를 많이 마시면 항이뇨 호르몬의 양이 적게 분비되어 오줌을 많이 내보내게 하는데 이런 물질은 일종의 이뇨제利尿劑(소변 많이 나오게 하는 약) 역할을 한다. 고혈압에 먹는 약들도 역시 이뇨제로 피에서 물을 뽑아내어 혈압을 낮춘다. 만일 뇌하수체 후엽에 이상이 생겨 바소프레신이 제대로 분비되지 못하면 어떻게 될까? 세뇨관에서 물이 제대로 재흡수되지 않으니, 소변이 지나치게 나와 넘쳐흐르는 '요붕증尿崩症'이라는 병에 걸린다.

그런데 재흡수와는 반대로 세뇨관을 둘러싸고 모세혈관에서 세뇨관으로 물질의 이동이 일어나기도 한다. 이를 '분비分泌'라고 하며, 능동수송으로 요소, 요산, 크레아틴 등이 이동하게 된다. 이리하여 여과, 재흡수, 분비 과정을 마친 노폐물과 소량의 무기염류, 비타민 등은 오줌의 성분으로 농축되어 집합관(세뇨관들이 모인 관)에 모여 신우腎盂, 수뇨관輸尿管(요관)을 거쳐 방광膀胱에 모였다가 요도尿道를 통해 몸 밖으로 배설된다. 수뇨관은 평균 길이가 25~30 cm로 그 끝은 방광과 만나며, 1분에 1~5회 규칙적인 연동운동(꿈틀운동)을 하여 오줌을 방광으로 내려보낸다. 방광(오줌보)은 단단한 근육성주머니로 평균 용량은 0.4~5 *l*이며 0.15 *l*만 차도 오줌이 마렵다. 그리고 남자의 요도는 길어서 15~20 cm이지만 여자는 4 cm로 아주 짧다.

지금까지 본 배설 기관 말고도, 땀으로도 노폐물과 수분을 배설한다. 땀샘은 피부의 진피眞皮 속에 자리 잡고 있으며, 끝은 실타래처럼 꼬여 하나의 긴 관이 연결되어 있고 그 끝이 피부 표면에 열리니 그것이 땀

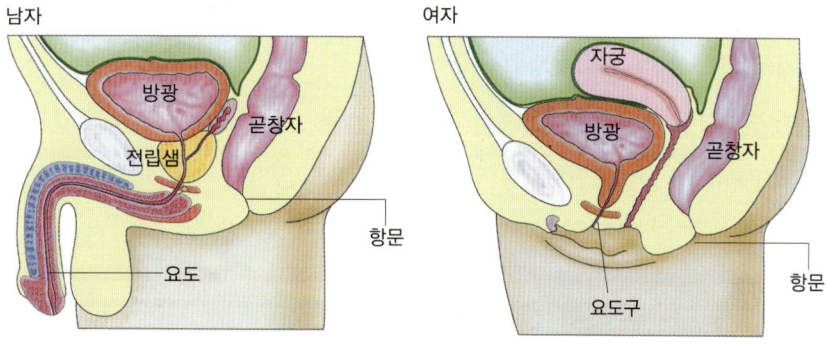

그림 4.4 남녀 방광과 요도.

구멍이다. 땀샘을 둘러싸고 있는 모세혈관에서 땀샘으로 물과 노폐물이 여과되어 몸 밖으로 배설된다. 신장에서처럼 재흡수는 일어나지 않지만 물, 염분, 요소, 크레아틴 등이 녹아 있어 오줌과 성분이 비슷하며, 농도는 오줌에 비해 옅다. 그래도 땀의 주된 역할은 체온 조절이다. 땀이 피부 표면에서 증발하면서 주변의 열을 흡수하는 기화열氣化熱 때문에 체온을 낮추게 한다. 하지만 땀에도 불안, 긴장, 흥분 시에 흘리는 땀, 시고 매운 음식 먹을 때 흘리는 땀 등이 있다.

여러분들은 탈 없이 오줌을 누면서 감사한 적이 있는가? 먹는 것(input)도 중요하지만 그것을 배설, 배출하는(output) 대소변 하나 잘 보는 것도 무한한 행복이다. 복 중의 복이다! 신장 기능에 이상이 생긴 사람들의 아픔을 생각해 보자.

그리고 늙으면 남자만이 갖는 전립선이 퉁퉁 부어올라(전립선비대증) 요도를 막으니 소변을 제대로 보지 못 한다. 그 고통은 당해 본 사람만이 안다고 한다. 신장병의 종류로는 신장염, 신장결석, 신부전, 요로감염 등이 있다. 신장염은 일반적으로 사구체에 염증이 생긴 것을 말하는

데, 심하면 혈액단백질이 오줌으로 빠져나와 피의 단백질 농도가 낮아지고 따라서 혈액의 삼투압이 낮아진다. 신장결석腎臟結石은 햇빛을 많이 받아 비타민 D가 많아져서 칼슘, 옥살산, 요산 등 오줌 성분이 결정화結晶化되어 발생한다. 결석이 요로를 막으면 통증과 혈뇨, 발열, 구토, 식은땀 등이 나타나며, 작은 결석은 자연스레 밖으로 나가지만 큰 결석은 수술로 제거해야 한다.

신장결석, 담석증(간에 돌이 생기는 병)은 아기를 낳을 때 아픈 산통産痛에 버금가는 통증을 일으킨다고 한다. 신부전腎不全은 각종 신장병으로 신장의 기능이 저하되어 체액의 항상성을 유지할 수 없게 된 상태를 말한다. 급성 신부전증은 큰 외상이나 화상, 탈수, 수혈 부적합, 독물질의 쇼크를 일으킨 후에 주로 나타나며, 오줌이 감소하여 무뇨無尿가 되기도 한다. 만성 신부전은 만성 신장병 때문에 신장 기능이 점차 저하되는데, 회복이 잘 되지 않기 때문에 근본적인 치료를 위해서는 신장 이식腎臟移植을 받아야 한다. 하지만 일시적이나마 증상을 억제하기 위해 혈액 투석血液透析을 해야 한다. 혈액 투석은 환자의 혈액을 인공 신장기(그림 4.5 참조)를 통과시켜 노폐물과 여분의 수분 및 염분을 제거하고 다시 혈액을 환자에게 넣어주는 방법이다. 한 번 치료에 4~5시간 정도 걸리며 일주일에 2~3회를 해야 한다. 그런 사람은 얼마나 힘든 고통 속에서 살아가겠는가?

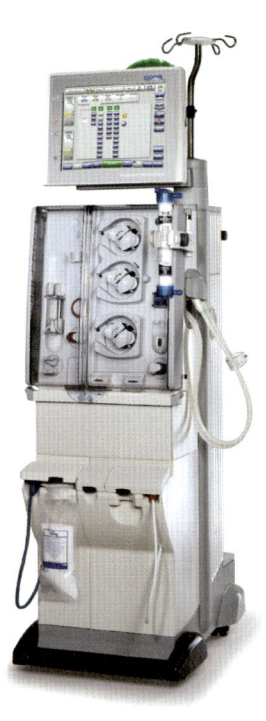

그림 4.5 혈액투석기.

요로감염은 오줌이 지나는 통로에 세균이 감염되어 염증을 일으키는 것이다. 여자가 남자에 비해 요도가 짧고 요도 입구가 항문에 가까이 있어 훨씬 자주 감염된다.

콩팥이 약한 것도 집안의 내림이 있다. 그런가 하면 어떤 집안은 간이 약하고, 또 다른 집안은 위가 약하다. 우리 몸의 기관들도 DNA, 즉 유전인자의 영향을 받는다는 말이다. 내림(유전)이란 참으로 무서운 것이다.

05
혈액 및 순환

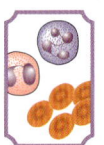"피는 물보다 짙다(blood is more dense than water)."고 한다. 맞는 말이다. 물의 비중比重은 1인 데 비해 피는 1.06이 아닌가. 사실은 가족이나 겨레붙이가 남보다 또 다른 민족보다 더 가깝다는 의미요, 여기서 피는 유전인자遺傳因子(gene)를 말하기도 한다. 암튼 "피로 피를 씻는다."는 말은 혈족끼리 다툰다는 뜻이고, "피를 나누다."란 골육骨肉의 관계라는 의미며, "피에 운다."고 하면 몹시 슬픔을 일컫는다. 어쨌거나 피는 못 속인다.

피(혈액)는 한 사람 체중의 약 8 %를 차지하므로 체중이 70 kg인 사람은 약 5.6 *l*(리터, liter)가 되며, 피는 물에 비해서 5배나 점도粘度가 높아 매우 끈적끈적하다. 다쳐서 피가 나거든 그냥 닦아버리지 말고 손으로 만지작거려 보는 것도 나쁘지 않다. 또 호기심이 발동할지도 모른다.

그리고 피는 붉다. 나중에 상세한 설명이 나오지만, 피를 구성하는 적혈구가 붉은 탓인데, 실은 적혈구의 구성 성분인 헤모글로빈의 헴 안에 철이 들었고, 그 철이 산화와 결합하여 산화철이 되어서 피가 붉은 것이다. 어쨌거나 피는 진하고 끈적거리며 붉다.

우리의 몸을 돌고 도는 빨간 액체인 피(혈血)는 우리 몸 구석구석의 세포들에게 영양소와 산소를 가져다주고, 노폐물과 이산화탄소들을 가지고 나와 버리는 역할을 한다. 마치 전국을 연결한 도로가 혈관(핏줄)이라면 그 위를 달리는 자동차가 적혈구요, 백혈구다. 자동차들은 사람뿐만 아니라 짐을 가득가득 싣고 다니므로 그것이 영양소요, 노폐물이다. 대동맥과 대정맥이 고속도로라면 소동맥과 소정맥이 국도이고, 모세혈관(실핏줄)은 지방도나 비포장도로에 해당한다(그림 5.1 참조).

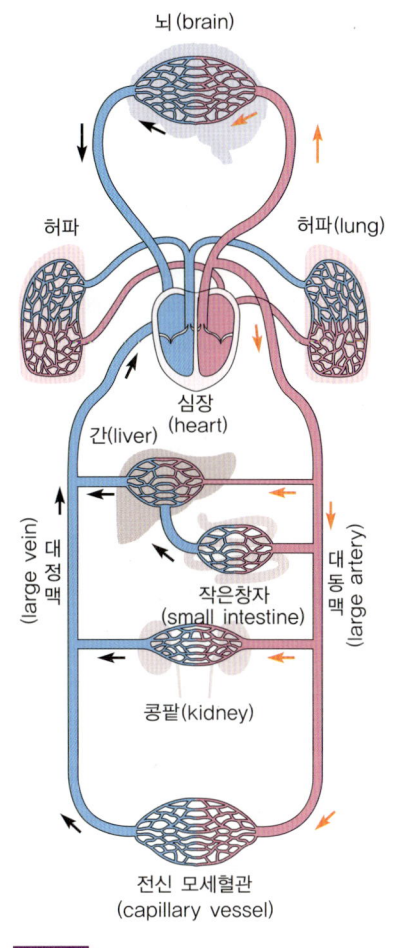

그림 5.1 혈액 순환.

서울이 심장이라면 모든 지방으로 내려가는 도로는 동맥이요, 올라오는 길은 정맥이다. 고속도로 위를 달리는 그 많은 혈구들! '물류物流'가 국가 경제에 얼마나 중요한 것인가를 우리는 잘 안다. 몸에 피가 술술 잘 돌아야 몸이 건강하다는 말이다. 도로를 달리는 자동차는 산소, 이산화탄소, 영양소, 물, 이온, 호르몬, 항체, 대사 노폐물 등을 운반하

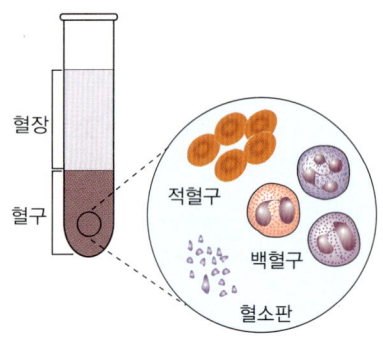

그림 5.2 사람 혈액의 성분.

면서, 세균이나 바이러스에 대한 면역 작용, 체내의 삼투압(농도) 유지 등 수많은 일들을 한다. 그러기에 동물의 기관 발생 과정에서 심장과 혈액이 가장 먼저 생성된다고 하지 않는가.

혈액을 뽑아 원심분리를 하거나 시험관(test tube)에 담아 두면 아래쪽에 붉은 건더기 성분이 가라앉고, 위에 말간 국물이 뜨면서 두 부분으로 나눠진다(그림 5.2 참조). 아래 붉은 곳(시험관의 42~45 %를 차지함)은 혈구血球가 모인 것으로, 적혈구, 백혈구, 혈소판 세 가지가 들어 있다. 그리고 윗부분을 혈장血漿이라 하며 거기에는 물과 각종 무기염류, 영양소, 노폐물, 항원, 항체 등 수많은 물질들이 녹아 들어 있다. 즉, 혈장은 이러한 물질들을 녹여 운반한다.

① 적혈구부터 보도록 하자. 적혈구赤血球(red blood cell, erythrocyte)는 지름이 7~8 μm이며 가운데가 움푹 들어간 도넛(doughnut) 모양으로, 모든 포유류哺乳類의 적혈구가 다 그렇다. 골수骨髓에서 만들어질 때는 핵核이 있었으나 세포가 성숙해서 핵을 잃고(그래서 적혈구는 무핵세포임) 대신 그 자리에 헤모글로빈이 들어차게 되었다. 헤모글로빈은 산소를 운반하는 데 아주 중요한 단백질이기 때문에, 결국 핵이 없어진 것은 유리한 적응適應이다. 그리고 적혈구는 골수에서 만들어져서 간이나 지라에서 죽는데 파괴될 때까지 약 120일을 산다. 심장을 떠난 피가 팔다리에 산소를 전달하고 다시 제자리로 돌아오는 데 약 23초가 걸린다. 그래서 적혈구 하나가 평생(120일) 약 144 km를 돌아다닌 셈이

다. 그리고 몸에 있는 전체 적혈구를 이어서 줄을 세워보면 그 길이가 17만 km이고, 전체의 넓이는 3200 km²에 달한다고 한다. 우리 몸이 그리 간단치가 않다는 말이다. "세포는 우주다."라는 말처럼 그 세포 100조 개가 모인 우리 몸은 100조 개의 우주가 모인 것이다?!

그렇다면 피 한 방울에 적혈구는 과연 몇 개나 들었을까? 물경 3억 개의 적혈구가 거기에 들었다고 한다. 그리고 한 사람이 가지고 있는 세포를 100조 개로 치면 그것의 약 25 %가 적혈구이다(그러므로 적혈구는 25조 개임). 남자는 보통 1 mm³에 500만 개, 여자는 450만 개가 들었다. 그런데 여기서 단위부피에 남녀 적혈구 수가 차이 나는 것은 선천적이라기보다는 후천적이라 보는 것이 옳다. 즉, 일반적으로 남자들이 활동을 많이 하기 때문에 적혈구가 많지만, 도리어 몸을 많이 움직이는 여자 운동선수는 보통 남자보다 훨씬 적혈구 수가 많다. 적혈구가 많아야 조직 세포에 산소를 잘 공급할 수 있기 때문이다. 공기가 희박한 고산지대에서 운동선수들이 적응 훈련을 하는 것도 적혈구 수를 늘리기 위함이다. 운동선수들의 지구력은 결국 산소를 얼마나 세포에 잘 공급하느냐에 달린 것이며, 결과적으로 적혈구와 산소를 연관 지어 떠올리게 된다.

그리고 적혈구에 핵이 없는 것이 특징이지만 미토콘드리아가 없는 것 또한 유별나다. 산소를 운반하느라 죽을 고생을 하는 적혈구가 막상 본인은 그 산소를 쓰지 않는다. 그래서 헌혈로 뽑은 적혈구를 35일 동안이나 보관할 수 있다.

다음에는 왜 피가 붉게 보이는지를 상세하게 보자. 적혈구는 헤모글로빈(hemoglobin, $C_{3032}H_{4816}O_{872}N_{780}S_8Fe_4$)이라는 색소단백질을 가지고 있는데, 이 단백질에는 헴(heme)이 들어 있고, 거기에는 철(Fe) 원자가 포

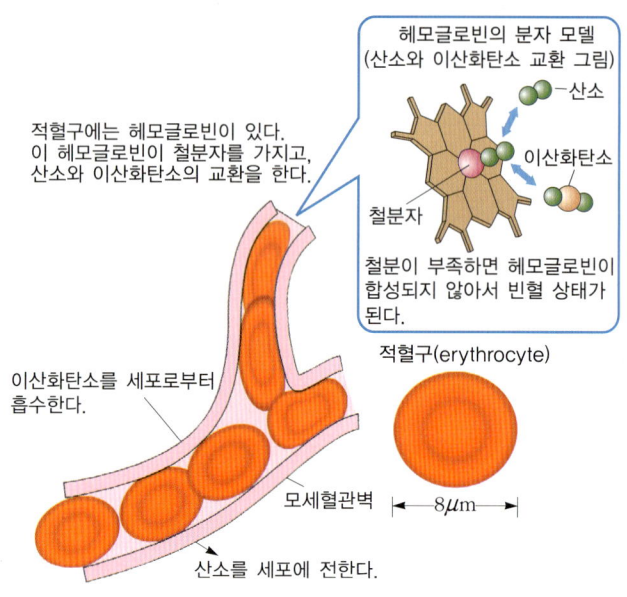

그림 5.3 적혈구와 헤모글로빈.

함되어 있다. 피가 붉은 것은 궁극적으로 이 철분이 산화(일종의 녹이 슨 것)된 탓이다(그림 5.3 참조). 즉, 산화철이 붉기 때문에 피가 붉은 것! 동물의 헤모글로빈(철)은 산소가 붙었다가 떨어졌다가를 쉽게 반복할 수 있는 데 반해서 녹슨 쇠는 그렇지 않다는 것이 큰 차이다. 인간의 몸에는 약 4 g 정도의 철이 들었는데 그 중 60 %는 헤모글로빈에 들어 있다고 한다.

그러면 어떻게 적혈구와 산소가 붙었다(산소포화) 떨어지는가를(산소해리) 보자. 우선 헤모글로빈 한 분자가 최대한(산소 농도가 아주 짙으면) 산소 4분자를 운반할 수 있다는 것을 알아두자[Hb+ 4O$_2$ $\rightleftarrows$ Hb(O$_2$)$_4$]. 단순히 산소가 많은(산소분압이 높은) 환경(폐포)에서는 적혈구(헤모글로빈)에 산소가 달라붙고 산소가 적은(산소분압이 낮은) 환경(조직 세포)에

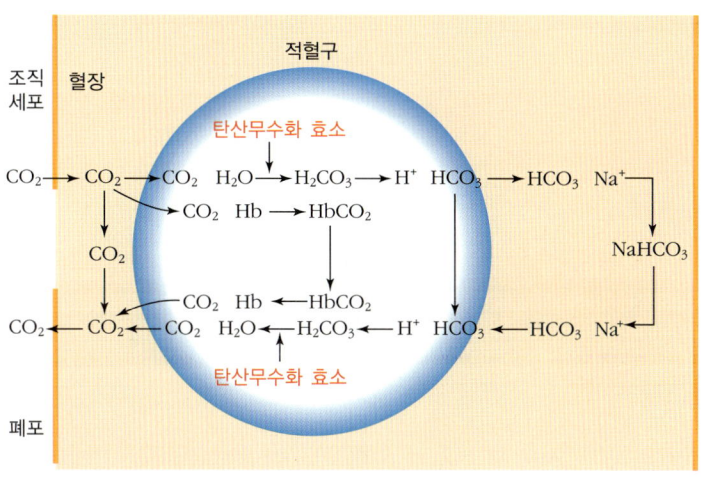

그림 5.4 이산화탄소의 운반.

서는 산소가 떨어진다. 들숨과 날숨이 압력 차에 따라 일어나듯이 이것도 일종의 물리적인 현상이다.

그리고 이산화탄소 또한 적혈구에 의해 대부분이 이루어진다(그림 5.4 참조). 조직에서 짙은 농도의 이산화탄소는 일단 혈장 속에 들어와 물과 만나 탄산이 된다. 이것은 자연스러운 반응으로 좀 느리게 일어난다(혈장도 이산화탄소를 일부 운반함). 이산화탄소가 적혈구 안으로 들어오면 똑같이 탄산(H_2CO_3)이 형성되는데 이때 특별한 효소(탄산무수화효소)에 의해 빠르게 화학 반응이 일어난다. 그리고 탄산은 수소이온(H^+)과 탄산이온(HCO_3^-)으로 해리(분리)되고 탄산이온은 적혈구 밖으로 이동해 혈장 속의 나트륨이온(Na^+)과 결합하여 탄산수소나트륨($NaHCO_3$) 형태로 이동하다가 반대로 역반응 逆反應이 일어나면서 허파(폐포) 쪽으로 이산화탄소가 운반된다.

다음 필자의 글을 통해서 대소변의 색깔이 누르스름한 이유와 그 특성을 알아보자.

　인간이 별 것인가. 대자연 속에서 꿈틀거리는 초개草芥*, 작은 지푸라기에 지나지 않는다. 그래서 그 미물이 쏟아내는 대소변도 '자연이야기'의 글감이 될 수 있다. 소크라테스는 "너 스스로를 알라."고 했다. 내가 무엇이며 누군가를 생각해 봐야 하고 자기 분수에 넘치지 않게 살아야 한다는 뜻이 들어 있다. 나 스스로를 알기 위해서는 내 몸에 대해 의문을 가져 보는 것도 좋을 듯하다. 내 간肝덩이는 어디에 붙어 있고, 눈알은 얼마나 크며, 핏줄을 다 모아 이으면 과연 얼마나 길까? 똥과 오줌은 왜 누르스름한가?
　또 이 조직이 모여서 많은 기관(눈, 위, 간 등)과 우리 몸의 얼개를 만든다. 복잡하기 짝이 없는 몸체가 생명을 유지하고 살아 있는 것이 정녕 기적에 가깝다.
　'과학'이란 말에 너무 알레르기 일으킬 필요가 없다. 시작이 어렵지 조금 알고 나면 눈덩이를 굴리듯 척척 눈송이들이 달라붙어 지식이 늘어나게 된다. 문제는 호기심이다. 어린이의 마음, 즉 동심童心에서 우러나는 그 많은 호기심이야말로 최고의 '과학의 싹'인 것이다. 선입관과 편견이 없는 그 해맑은 눈을 영원히 간직해야 과학을 느낄 수 있다.
　본론으로, 대소변이 누르스름한 것은 적혈구(붉은피톨)가 죽어서 파괴된 부산물 때문이다. 즉, 적혈구의 헤모글로빈(hemoglobin)이 파괴될 때 철(Fe)과 담즙 색소인 빌리루빈(bilirubin)이란 물질이 생기는데, 후자의 색깔이 노란 '똥색'을 띤다. 우리 몸에도 물리학과 화학이 들어 있

---

* 초개: 지푸라기라는 뜻으로, 쓸모없고 하찮은 것을 비유하여 이르는 말.

는 것이다!

좀더 구체적으로 보면, 적혈구는 우리 몸속의 큰 뼈다귀(주로 척추, 골반, 갈비뼈, 가슴뼈)의 골수에서 만들어지고, 그것이 120여 일간 산소와 이산화탄소를 운반하고 나면 죽어 간과 지라(비장)에서 파괴되고 만다. 물론 없어진 적혈구만큼 곧 뼈에서 생성된다(1초에 무려 200여 만 개가 죽고 그만큼 생긴다). 좀 어리둥절해 하는 독자가 있었으면 좋겠다. 우리 몸은 살아있는 데도 몸을 구성하는 세포들은 죽고 생기기를 반복한다. 사실 우리 몸에서 근육(힘살)과 신경을 제외하고 거의 모든 조직의 세포는 일정한 기간이 지나면 죽고, 새로 생겨난다. 그래서 80일이 지나고 나면 우리 몸의 약 반(1/2)은 새로운 세포로 바뀐다고 하지 않는가. 끊임없이 생멸生滅을 반복한다!

지금 이 순간에도 간과 지라에서는 적혈구가 파괴되고 있다. 죽은 세포는 그냥 두면 독성을 띠기 때문에 분해하여 몸 밖으로 내보낸다. 파괴된 적혈구에서 나온 노란 빌리루빈은 일단 쓸개(담낭)에 모였다가 샘창자(십이지장)로 빠져나가 음식에 섞여서 대변에 묻어 나가고, 피를 돌다가 콩팥에서 걸러진 빌리루빈은 방광에 고였다가 소변에 녹아 나간다. 빌리루빈을 설명하는 데는 황달이 제격이다. 간이나 쓸개가 고장 나서 쓸개액(담즙)이 쓸개관(담관)을 타고 샘창자에 술술 내려가지 못하고 되레 몸 안을 돌게 되는 것이 황달이고, 그렇게 되면 얼굴이나 피부색이 누르스름한 '똥색'이 된다.

대소변 색깔은 그렇다치고 적혈구의 헤모글로빈이 산소와 결합하는 성질이 조금씩 다르다. 고산지대에 사는 사람들의 헤모글로빈은 낮은 곳의 사람 것보다 훨씬 산소와 잘 결합한다. 공기가 적은 곳에 살아온 결과 생긴 적응 현상이다. 태아와 산모의 헤모글로빈은 어느 쪽이 산소

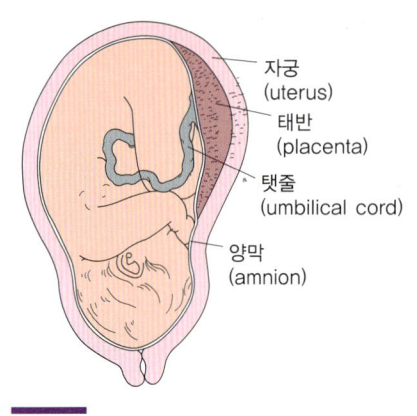

그림 5.5 자궁 속의 태아와 태반.

와 더 잘 결합할까?

태아와 산모 사이에는 태반이라는 경계가 있어서, 피의 다른 물질은 다 통과하지만 적혈구는 지나가지 못한다. 그렇다면 태아에게 산소는 어떻게 전달할까? 태아의 헤모글로빈이 산모의 것보다 산소결합력이 아주 크기 때문에 적혈구가 지나가지 않아도 산소가 빨려 들어간다. 참 오묘한 일이 아닐 수 없다. 다시 말하지만 태아와 산모의 적혈구는 서로 섞이지 않는다.

그리고 옛날에는 연탄가스 중독이 다반사茶飯事로 일어나 수많은 사람의 목숨을 빼앗아갔는데, 요즘은 가스 중독이 빈번하게 일어난다. 여기서 말하는 '가스'는 일산화탄소(CO)를 말한다. 그런데 일산화탄소는 산소보다 적혈구(헤모글로빈)와의 결합력이 200배나 더 강하다. 그래서 방에 산소가 있어도 그것과는 결합하지 않고 모조리 일산화탄소와 결합해버려 몸에 산소가 부족해지는 현상으로 심하면 생명을 앗아간다. 언제나 방문과 창문의 환기에 신경을 써야 할 것이다.

척추동물의 피는 모두 헤모글로빈이라는 혈색소血色素를 가지고 있어 붉다. 그러나 모든 동물의 피가 다 붉은 것은 아니다. 새우나 가재(절지동물의 갑각류), 조개나 오징어(연체동물) 같은 무척추동물의 혈색소는 헤모시아닌(hemocyanin)으로 구리(Cu)를 가지고 있으며, 구리에 산소가 붙으면 푸른색을 띤다. 산 낙지를 먹어보면, 녀석의 눈에 파란 핏발이 선 것을 볼 수 있을 것이다.

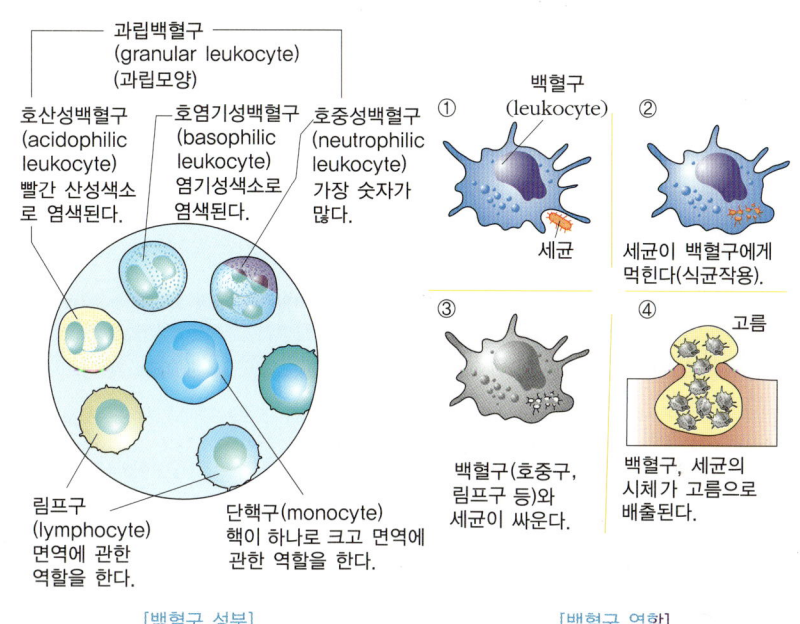

[백혈구 성분]   [백혈구 역할]

그림 5.6 백혈구의 종류 및 역할.

② 다음은 백혈구 이야기다. 백혈구 白血球 (white blood cell, leukocyte) 는 적혈구와 달리 모양과 크기가 일정하지 않고 아메바(ameba) 운동을 한다. 백혈구 세포는 아메바처럼 헛발(허족)을 내어 세균을 잡아넣고 세포 안에 있는 세포소기관인 리소좀(lysosome)에 만드는 가수 분해 효소, 단백질 분해 효소, 과산화수소(H_2O_2) 등을 분비하여 녹여(죽여) 버리는 식균 작용 食菌作用 을 한다. 그리고 백혈구는 크기가 8~15 μm로 적혈구의 두 배 크기요, 적혈구보다 훨씬 숫자가 적어서 1 mm^3에 8,000여 개가 들었다. 적혈구와 마찬가지로 골수에서 만들고 간과 지라에서 파괴된다. 골수란 단단한 뼈 안에 있는 공간을 말하며 한 사람의 골수를 다 합치면 약 2.5 kg이 된다고 한다. 백혈구는 수명이 평균 1~2일로 아

주 짧으며 어떤 것은 겨우 30분 동안 살다 죽는 것도 있다.

백혈구는 과립구, 단핵구, 림프구 셋으로 나눌 수 있다(그림 5.6 참조). 과립구顆粒球(여러 개의 핵을 가짐)는 백혈구의 대부분을 차지하며, 백혈구 안에 작은 알갱이(과립, 핵)를 가지고 있어서 붙은 이름이다. 그리고 세균을 잡아먹으며 식균 작용을 하는 대표적인 것이 백혈구다. 과립구에는 호산성백혈구, 호염기성백혈구, 호중성백혈구 세 종류가 있다. 세균을 잡아먹는 백혈구에는 단핵구單核球(핵이 하나 있음)도 있는데, 이것이 성숙하여 거대 세포巨大細胞(macrophage), 즉 대식 세포大食細胞가 되며 이것은 단번에 세균 100여 마리를 잡아먹는다고 한다. 아무튼 앞에서 말했듯이 몸 안에 있는 적혈구의 총 개수는 25조 개인데 백혈구는 약 350억 개로 적혈구의 1/700에 해당한다.

다음은 림프(lymph)다. 흔히 임파구淋巴球라고도 부른다. 백혈구의 약 1/3을 차지하며 면역免疫의 주체가 되는 것으로, 림프구의 70 %는 T림프구(T세포)이고 나머지는 B림프구(B세포)이다.

T림프구는 세균을 직접 죽일 수도 있고, B세포를 돕기도 한다. 항원抗原(세균, 바이러스 등)이 들어와 T세포 표면에 달라붙으면 그것을 느끼고 대식 세포를 유인하여 세균을 죽이게 하니, 이런 세포를 다른 말로 '살해 세포(killer cell)'라 한다. 조직 이식을 했을 때 '거부 반응'을 일으킨다는 것은 곧 이 세포가 유전 형질이 다른 세포를 죽이는 일을 말한다. 그리고 AIDS(후천성면역결핍증, acquired immune deficiency syndrome)도 바로 이 세포와 관련 있는데 에이즈 바이러스(HIV, human immuno-deficiency virus)가 T세포를 공격하여 죽여 버리므로 면역성을 잃어버리는 병이다.

B세포는 항원(antigen)을 만나면 세포가 커지고 분화하여 항원에 맞

는 항체抗體(antibody)를 만들어내며, 다시 같은 종류의 항원이 들어오면 바로 항체를 만들어내는 '기억 세포記憶細胞(memory cell)'가 되기도 한다. 우리 몸은 믿을 수 없을 만큼 정교하기 짝이 없으니, 병원균의 종류에 따라 수백만 가지의 항체를 만들어낸다. 병에 걸려 자동으로 항체가 생기는 자연 면역과, 백신(vaccine) 주사를 일부러 맞아서 몸에 항체를 만들기도 한다. 그것이 바로 감기 등의 예방접종인 것이다. 몸에 생긴 항체는 항원이 들어오면 항원을 녹여 침전沈澱시키고, 꼭꼭 얽어매어 꼼짝 못하게 응집凝集 반응을 일으키며, 항원 자체를 녹여버리는 용균溶菌 작용도 한다. 병원균이 피부나 음식으로 들어오면 땀이나 위액 등으로 죽이고, 거기를 통과한 것은 백혈구가, 그리고 백혈구가 못다 처리한 것은 마지막으로 항체가 책임을 진다. 항체도 막지 못하면 병에 걸리게 되는데 그래서 항체는 우리 몸의 최후의 보루堡壘인 것이다. "몸에 면역력이 떨어졌다."는 말의 의미를 이제는 알 수 있다. 언제나 건강은 건강할 때 지켜야 한다. 돈도 있을 때 절약하고 말이다.

　항체는 그 주성분이 단백질로 '면역글로불린(IG, immunoglobulin)'이라 부른다. 단백질이 부족하면 면역력이 떨어지는 이유도 알았을 것이다. 이것이 단백질의 중요성이다. 후진국의 어린이들이 병에 약한 이유가 바로 항체를 만드는 단백질이 부족한 것(결핍)에 있다. 그리고 영양 외에도 면역력을 떨어뜨리는 것이 있으니 스트레스(stress)다. 시험에 시달리거나 배우자를 잃는 등의 힘든 일을 당하면 T림프구가 줄어들고 면역계의 세포들이 힘을 잃어 병약病弱해진다. 그러므로 피로는 그때그때 풀어야 건강을 유지한다.

　③ 혈소판血小板(blood platelet)은 혈액 응고 인자를 가지고 있어서 상처 부위에 피가 응고되어 더 이상 출혈을 막고 상처를 통해 세균이

몸속으로 침입하는 것을 막아주는 방어 작용을 한다. 혈소판은 지름이 2~4 μm로 혈구 중에서 가장 작으며, 1 mm³에 약 40만 개가 들어있고, 90여 일 활동하다가 간이나 지라에서 파괴된다. 동물의 피가 응고하는 것이나 식물이 분비한 액즙이 굳는 것과 다르지 않다. 예를 들어 소나무가 상처를 입으면 당장에 송진松津을 쏟아내고 그것이 곧 굳어지면서 상처 난 자리를 틀어막는다.

앞에서 말했듯이 혈액을 시험관에 놓아두면 건더기 성분인 혈구와 국물 성분인 혈장으로 구분된다. 더 오랫동안 두면 시험관 아래쪽에는 검붉은 피떡(혈병血餠)이 생기고 위에는 혈청血淸이 뜬다. 혈청과 혈장을 혼돈하지 말자. 혈청은 혈장에서 피브리노겐이 피브린으로 바뀌어 빠져나가 버린 액체이다. 다음의 혈액 응고과정을 잘 살펴보면 그 뜻을 이해할 것이다. 한자 '餠'은 '떡'이란 뜻으로 '화중지병畵中之餠'이란 '그림의 떡'으로 번역한다. 중국 사람들이 즐겨 먹는 떡에는 달을 닮은 '월병月餠'이 있다.

혈액 응고血液凝固에 대해 그림 5.7을 보면서 알아보자. 혈구의 하나인 혈소판이 파괴되면서 분비하는 트롬보키나아제(thrombokinase,

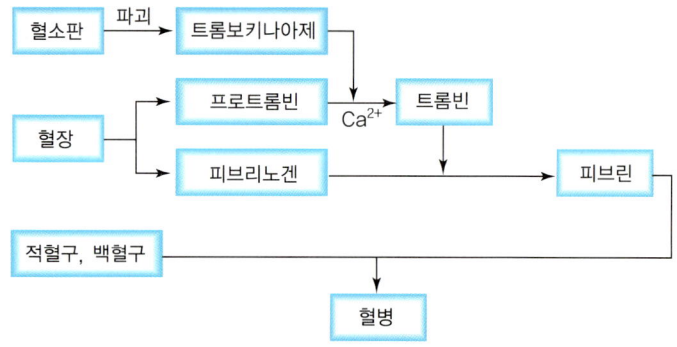

그림 5.7 혈액 응고 과정.

thromboplastin)에 의해 혈장 속의 프로트롬빈(prothrombin)을 칼슘이온과 함께 트롬빈(thrombin)으로 바꾼다. 트롬빈은 혈장 안에 들어 있는 피브리노겐(fibrinogen)과 피브린(fibrin)을 형성하게 하여 적혈구나 백혈구를 얽어매고 혈병을 형성한다. 결국 혈장에서 트롬빈이나 피브린이 혈액 응고에 쓰이고 남은 맑은 액체가 혈청이다. 여기 설명한 피의 응고 과정은 실제 일어나는 과정의 극히 일부일 뿐이고, 실은 그 과정이 아주 복잡하다.

그런데 피는 꼭 응고해야 하지만 응고해서는 안 되기도 한다. 몸 밖에서는 빨리 엉겨 붙어야 하지만 혈관 안에서 엉키면 핏줄을 막아 흐름을 방해한다. 이것이 피의 진퇴양난進退兩難*, 딜레마(dilemma)다. 어쩌다가 우리 몸 내부에서도 혈소판이 파괴되어 혈액 응고가 일어나는 경우, 그것을 혈전血栓이라 한다. 혈관에 핏덩이가 생겨 뇌나 허파에 피가 통하지 않으면 큰 탈이다. 그러나 보통 건강할 때 이런 불상사를 막아주기 위하여 간에서 생성되는 헤파린(heparin)이 트롬빈 형성을 억제하여 혈액 응고를 예방한다. 참으로 인체의 신비는 엄청난 것이라 할 수 있다. 트롬빈 작용을 억제하여 교묘(?)하게 살아가는 녀석들이 있으니 바로 환형동물인 거머리다. 거머리에게 물려본 적이 있는가? 거머리는 침샘에서 히루딘(hirudin)이라는 혈액 응고 방지 물질을 분비하여 혈액 응고를 막아 피를 쉽게 빤다. 그리고 또 손발가락의 봉합수술한 자리에 거머리를 올려놓아 피를 빨린다고 한다.

다음 글을 읽고 거머리의 흡혈吸血을 더 알아보자.

---

* **진퇴양난**: 이러지도 저러지도 못하는 어려운 처지.

"말이 났으니 말이지 정분치고 우리 것처럼 끈끈한 놈은 다 없으리라. 미우면 미울수록 싸울수록 잠시를 떨어지기가 아깝도록 정이 착착 붙는다. 부부의 정이란 이런 건지 모르나 하여튼 영문 모를 찰거머리 정이다."

김유정金裕貞의 '아내'에 나오는 한 토막글이다. 부부란 예나 지금이나 미워하고 싸우면서 살아간다. 사랑하므로 미워하노라! 미운 정 고운 정이라서 애증일로愛憎一路라 한다. 사랑과 미움은 한 길을 걸어간다. 어쨌거나 무관심은 증오보다 무서운 것이니······.

지긋지긋 끈덕지게 달라붙어 남을 괴롭게 구는 사람을 '거머리 같은 놈'이라고 한다. 거머리는 지렁이나 갯지렁이와 함께 환형동물環形動物이다. 그리고 종種(species)이 달라도 모두 몸마디(체절)가 34개며, 특별히 다른 환형동물에 없는 3~5쌍의 눈이 있고 앞뒤에 두 개의 빨판(흡판)을 가졌다.

필자는 지리산 자락(경남 산청)에서 자란 촌놈이라 벼 논도 많이 맸었다. 정신없이 어른들 뒤꽁무니를 따라다니며 논바닥을 훑고 있는데, 갑자기 장딴지가 근질근질 가려워 온다. 만지는 순간 손끝에서 느껴지는 미끈한 그 무엇(?)에 등골이 오싹하고 섬뜩하다. 순간 거머리라는 것을 단방에 알아차린다. 오늘 재수 없다는 생각을 하면서 논두렁으로 나가 풀을 한줌 뜯어 흙탕물로 쓱 문질러 닦고, 조심스럽게 거머리를 잡아뗀다. 요놈을 그냥 둘 수 없기에 원한의 복수를 해야 한다. 보통은 돌멩이로 콩콩 찧어 버리지만 장난기가 발동하면 뾰족한 꼬챙이로 똥구멍을 푹 끼워 양지 바른 곳에 꽂아 세워둔다. 이 독하고 끈질긴 놈이 뙤약볕에 며칠을 둬도 죽지 않는다. 아직도 다리엔 유혈이 낭자하다. 거머리의 침샘에서 분비하는 히루딘(hirudin) 물질은 피의 응고를 억제하기 때문에 거머리에 물린 자국에서는 얼마 동안 멎지 않고 피가 흐르며, 응고 물질이 피에 다 씻겨 나가야 드디어 피가 굳는다. 찌들게도 못 먹던 시절, 너무나 아까운 적혈구가 아니었던가!

그림 5.8 거머리.

그런데 거머리가 항상 나쁜 것은 아니다. 거머리의 피 빠는 성질을 이용하여 19세기 유럽에서는 울혈증(피가 너무 많아 정맥이 충혈되는 증세)에 거머리를 썼다고 한다. 커다란 대야에 여러 마리를 잡아넣고 퉁퉁 부은 발을 담가 피를 빨게 했다니 생각만 해도 시원해지는 느낌이 든다. 때문에 그때 그 시절엔 거머리 채집과 사육이 크게 유행하였고, 낭만시인 워즈워스(Words Worth)가 쓴 '거머리 잡이'(leech gatherer)라는 시가 있을 정도다.

거머리가 사람의 피 냄새(맛)를 맡고 온다는 것은 상식 밖의 이야기다. 거머리는 영명英明*한 녀석이라 논에서 일할 때 철벙철벙, 물장구에서 생기는 물의 파동을 느끼고 온다. 그러니 물에 들어갈 필요 없이 밖에서 앉아 장대로 찰싹찰싹 물만 두들기기면 된다. 얇은 풀 이파리 같은 놈이 할랑할랑 물살을 가르며 스치듯 떠오는 것(파상 운동)을 보면 귀엽고 예쁘다.

40년이 더 지난 옛날, 저자가 수도여고에서 교편을 잡을 때 일이 생각난다. 봄 학기가 되면 걸스카우트 학생들이 언제나 수집하는 것이 있

---

* 영명: 뛰어나게 지혜롭고 총명하다.

었으니 신다 해진 스타킹(stocking)이었고, 그것이 거머리(물리는 것) 예방용으로 쓰였던 것이다. 그런데 이젠 뼈 빠지게 논을 매지 않는다. 제초제除草劑가 대신 해주니 말이다. 논바닥도 빠르게 진화를 한다?

그리고 모기 또한 다르지 않아서, 피를 빨 때 그 자리에 혈액 응고 방지 물질 말고도 진통제까지 분비한다. 그래서 모기가 피를 빠는 동안에는 아프거나 가렵지도 않다가 피를 다 빨고 난 다음에야 그런 증상이 나타난다. 그렇지 않으면 모기는 잡히고 말 것이니 말이다. 역시 영민英敏하기 짝이 없구나!

모기 이야기 한 토막 읽고 다음으로 넘어가자.

한낮의 더위에 녹초가 되어서 밤잠을 청하려는데 앵! 하는 모기 소리에 반사적으로 손바닥을 휘둘러 내리쳤으나 허탕이다. 제 뺨만 아플 뿐 모기는 내빼고 만다. 몇 번을 이렇게 당하면 드디어 교감 신경이 바짝 팽팽해지기 시작한다. 견문발검見蚊拔劍*, 모기 보고 칼을 뽑는다? 비슷한 말에 우도할계牛刀割鷄**란 말이 있다. 닭 잡을 일에 소 잡는 칼을 들이댈 수 없지 않는가!

아무튼 모기가 우리를 괴롭힌다. 그래서 별의 별 수단을 다 써서 잡으려 들지만 어디 모기가 바보인가? 수놈 모기를 불임不姙으로 만들고 풀어 놓은 후 짝짓기를 해도 새끼를 낳지 못하도록 해봤고, 근래 들어선 모기를 유전자 재조합을 하여 사람을 물지 않는 녀석들로 만들어 보

---

* **견문발검**: 모기를 보고 칼을 뺀다는 뜻으로, 사소한 일에 크게 성내어 덤비는 것을 이르는 말.
** **우도할계**: 소 잡는 칼로 닭을 잡는다는 뜻으로, 작은 일에 어울리지 않게 큰 도구를 쓸 때 하는 말.

려고도 한다. 모기들이 매년 세계적으로 100만 명이 넘는 생명을 앗아가는 학질(말라리아)을 옮기기에 더욱 연구에 박차를 가한다. 그러나 모기가 호락호락 넘어가지 않는다. 한 여름 지나면 제풀에 지쳐 사라지더라도 그냥 지내는 것은 안 될 일이다.

모기는 날개가 몇 장(개)일까? 그렇다. 모기가 손등을 물려고 하면 당장 때려잡아 죽이지 말고 녀석이 어떻게 깨무는가를 들여다보면서 모기의 생태를 알아보면 어떨까? 그리고 날개가 몇 개인지도 알아보고 말이다. 모기 날개는 두 장이다. 파리 무리도 마찬가지로 두 장이다. 그래서 이들을 날개가 두 장이라고 쌍시류雙翅類라 한다. 그림에 날개가 네 장인 파리나 모기가 있다면 그것은 편견과 선입관이 만든 오류다. "곤충은 날개가 네 장이다."라는 선입관 말이다. 누가 뭐래도 모기 날개는 두 장이다.

그 날개의 떨림이 앵! 하는 모기 소리요, 잠들려는 사람에겐 우뢰, 천둥소리로 들린다. "모기도 모이면 천둥소리 낸다."고 했던가? 모기는 날개의 진동(1초에 약 500번을 떤다)으로 말을 하는데 알고 보면 그 소리는 같은 종끼리, 또 암수가 서로 소통하는 사랑의 신호다. 그리고 지구상에 2,000종이 넘는 모기가 살고 있는데 종에 따라서 모기 소리가 다르다.

모기 녀석들은 귀신들이다. 모기가 물고 간 다음에야 물린 자리가 가려워지고, 물렸다고 느끼지 않는가? 모기가 물 때는 진통제와 항혈액 응고제를 혈관에 집어넣는다. 물론 침에 그 물질들이 들어 있다. 진통제 때문에 무는 데도 아픈 줄 몰랐고, 피를 빨아도 굳지 않고 술술 모기 목으로 잘도 넘어간다. 나중에서야 물린 자리에 백혈구들이 달려와서 히스타민(histamine)을 분비하여 혈관을 확장시킨다. 때문에 물린 자리가 가려워지고 부어오르면서 피의 흐름이 늘어난다. 결국 백혈구 항

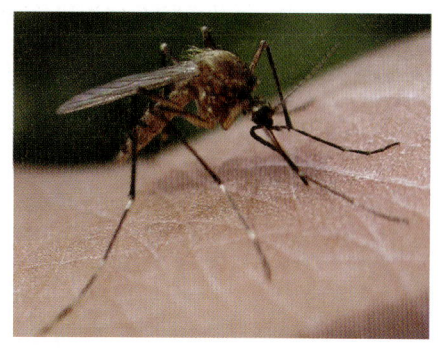

그림 5.9 사람의 피를 빠는 모기.

체가 더 많이 와서 상처를 빨리 낫게 하는 것이다.

그리고 모기는 어찌 사람이 있는 줄을 알고 찾아들까? 양성주화성陽性走化性이라는 것이 있다. 화학 물질이 있는 곳으로 동물이 이동하는 성질을 말하는데, 모기는 사람이 내뿜는 열기, 습도, 이산화탄소, 땀에 들어 있는 지방산, 유기산, 체온 등의 화학 물질이 자극되어서 모기를 부르는 셈이다. 때문에 어른보다는 대사 기능이 활발한 어린이들, 그리고 건강한 사람에게 잘 달려든다. 모기 탄다고 하는데, 유독 나만 모기에 더 잘 물린다고 불평하지 말자. 그것은 당신이 매우 건강하다는 증거이다.

모기는 방에 들어올 때 문(창문)의 위쪽으로 들어온다는 것을 알아야 한다. 대류對流의 원리가 여기에 동원된다. 더운 공기는 가벼워서 위로 떠올라 날아 나가고, 거기에 앞에서 말한 몸에서 나오는 여러 화학 물질이 섞여 날아 나가니 모기는 그 냄새를 맡고 위로 날아든다. 여기에서 우리는 모기향을 방 안에 피울 때 방바닥이나 책상 밑에 놓지 않아도 된다는 것을 알 수 있다.

우리가 흔히 쓰는 모기향은 제충국除蟲菊이라는 국화과 식물의 꽃에서 뽑은 것으로 피레스로이드(pyrethroid)라는 신경 마비 물질이 들어 있어 모기만이 아니라 사람에게도 무척 해롭다. 모기향이나 매트를 책상 위나 장롱 위에 올려놓아도 연기가 대류를 타고 나가기 때문에 모기는 얼씬도 못한다. 작은 과학 지식이 우리 건강을 지킬 수 있도록 도움을 준다.

06 혈액형

 학원 강사를 하는 한 제자가 들려준 이야기에 실소 失笑(모르는 사이에 웃음이 터져 나옴)를 금치 못했다. 초보 강사 시절 혈액형을 칠판에 쓰다가 A형, B형, C형이라 썼다고 한다. 학생들은 잠시 미소를 띠었지만 설정해 놓은 시나리오가 아니었기에 당황스런 표정을 애써 감추었다. 얼른 모양이 비슷한 O형으로 고쳐 쓰고 설명을 계속하였다. 그런데 사실은 C형이라는 혈액형이 있었다. C형이 현재의 O형으로 된 것이다. 사소한 실수가 역사에 반영되었다는 사실을 알지 못했다. AB형은 이후에 발견된 혈액형이다. 이처럼 비타민도 A, B, C, D, E, F가 있고 B에도 B_1, B_2, B_3, B_6, B_{12}가 있는데, 이것들도 죄다 발견한 순서대로 쓴 것이다.

 지금까지 밝혀진 사람의 혈액형 血液型(blood type)은 250가지가 넘고, 소(12가지)나 돼지(15가지), 개(7가지)에게도 혈액형이 있다고 알려져 있다. 이들 여러 혈액형 중에서 가장 중요한 것은 역시 ABO식 혈액형과 Rh 혈액형 두 가지이다. 적혈구의 세포막에는 탄수화물과 단백질이 있는데, 그중에 탄수화물의 차이에서 혈액형이 달라지고, 다른 혈액형의 피가 들어오면 항체가 생겨 들어온 적혈구를 파괴한다. 바로 세균이 몸에 들어오면 그것을 공격하는 것과 원리가 똑같다. 피는 아주 배타적 排他的이다.

ABO식 혈액형에서, 적혈구의 세포막에 응집원凝集原(항원에 해당함)이 A이면 A형, B면 B형, A와 B 둘 다 가지고 있으면 AB형, 응집원이 없으면 O형이다. 혈청에는 응집소凝集素(항체에 해당함)가 있는데 A형은 β, B형은 α, AB형은 없고, O형은 α, β, 두 가지 모두 가지고 있다(표 6.1 참조). 여기서 응집원과 응집소의 부호는 꼴이 그렇게 생겼다는 뜻이 아니고 그렇게 쓰기로 정했을 뿐이다. 그리고 응집원 A와 α가, 응집원 B와 β가 만나면 응집이 일어난다. 다시 말하지만 '항원-항체가 반응'처럼 응집원이 항원이 되고 응집소가 항체가 되어 응집이 일어나는 반응이다.

혈액형 검사는 A형과 B형의 혈청(응집소, 항체가 들었음)을 받침 유리에 한 방울씩 놓고 어떤 사람의 피, 적혈구(응집원, 항원)를 떨어뜨려서 둘 다 응집이 일어나면 AB형, 둘 다 일어나지 않으면 O형, 표준A혈청(항 B혈청)에는 일어나지 않고 표준B혈청(항 A혈청)에 일어나면 A형이다. B형은 반대로 표준A혈청(항 B혈청)에만 응집 반응이 일어난다.

표 6.1 응집원과 응집소.

혈액형	A형	B형	AB형	O형
응집원	A	B	A, B	없음
응집소	β	α	없음	α, β

알레르기(알러지, allergy) 반응 또한 전형적인 항원 항체 반응이다. 외부 물질에 여러 번 접촉하면 처음과는 아주 다른 반응을 일으키니 이를 '과민성 면역 반응'이라 하는데, 알레르기도 일종의 과민성 반응이다. 꽃가루, 집먼지진드기, 돼지고기나 닭고기 같은 음식들이 들어와(항원이 되어) 몸 안에서 이것에 대한 항체가 만들어지고, 다시 이런 물질이 몸에 들어오면 아주 과민하게 반응한다. 아토피, 기관지 천식, 알레르기 비염, 두드러기 등, 모두 체질에 따라 다르고 대부분 유전성이 있다. 체질성 유전인 것이다. 하긴 유전하지 않는 것이 없으니 씨는 못 속인다고 하는 것이다.

다음은 Rh 혈액형이다. 그림 6.1을 보면, Rh는 붉은털원숭이(Rhesus monkey), 'Rhesus'의 앞 글자 Rh를 딴 것인데, 붉은털원숭이의 혈액(적혈구)을 토끼에게 주사하였더니, 토끼의 몸에서는 붉은털원숭이의 혈액을 항원으로 인식하여 항체(응집소)가 생성되었다. 이 토끼의 혈청(생성된 항체가 들어감)과 사람의 피를 섞어 응집하면 Rh^+, 응집하지 않으면 Rh^-다. Rh^+가 유전적으로 우성이며, 동양인은 Rh^-가 1 %에 미치지 못하

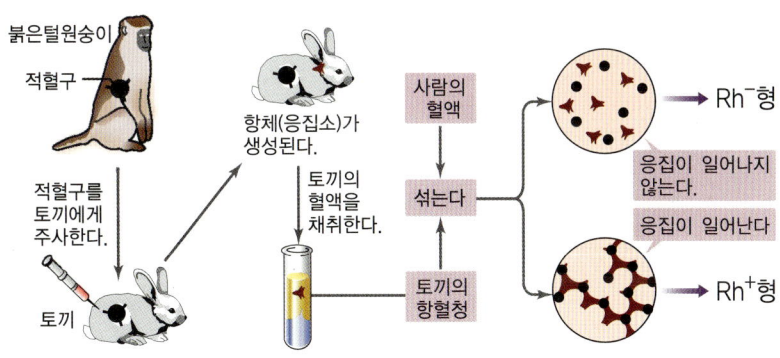

그림 6.1 Rh 혈액형 판별법.

지만 서양인은 무려 15~20 %나 된다고 한다. 이렇게 동서양인의 피가 다르다는 것은 혈액 유전인자가 다른 것을 뜻한다.

그림 6.2를 참조하면서, '수혈輸血'을 보자. 수혈의 주된 목적은 적혈구나 혈소판을 보충, 공급하는 것인데, 여기에 원치 않는 백혈구도 들어간다. 일반적으로 외부에서 들어온 백혈구는 면역계의 작용으로 다 잡혀 먹지만 면역이 약한 사람은 다른 사람의 백혈구(림프구)가 살아남는 경우도 있다고 한다. 살아남은 것들이 되레 그 사람의 몸을 공격하는 경우가 있다는 말이다. 그러니 아파서 남의 피를 받는 일이 없어야 한다. 거기에 묻어 들어오는 에이즈바이러스, 말라리아, B형 간염 등 여러 문제가 도사리고 있다. 그러나 피가 모자라 생명이 위험한 처지에 이르면 어쩔 수 없기 때문에 헌혈에 망설임이 없어야 할 것이다. 그리고 수혈에서 혈액형이 맞지 않으면 간이나 심장, 콩팥에도 문제가 생기니, 그 기관들도 ABO 항원을 가지고 있기 때문이다. 그리고 ABO혈액형의 유전인자는 침이나 정액精液에 있어서 그것들을 검사해도 혈액

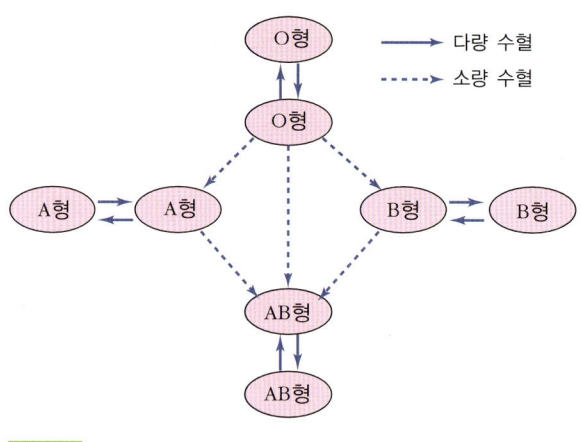

그림 6.2 혈액형과 수혈.

형을 알 수 있다.

　다시 내리는 결론이다. 수혈은 반드시 같은 혈액형끼리 해야 한다. 그러나 아주 급하여(같은 형의 혈액이 없어서) 소량 수혈을 해야 하는 경우 그림 6.2처럼 해도 된다.

　그런데 한 사람의 피를 완전히 다른 피로 교환해야 하는 경우가 있다. 이를 '혈액세탁'이라 한다. A형의 피를 가진 산모가 B형인 아기를 임신하였을 경우, 태반에 이상이 생겨 산모의 항체가 태반을 건너가 아기의 적혈구(항원)를 파괴할 수가 있다. 그러면 심한 황달黃疸이 생긴다. 이럴 때는 신생아新生兒의 피를 통째로 바꿔 갈아준다. 물론 정상적인 태반이면 적혈구와 항체가 거기를 지나가지 못하기에 아무런 문제가 되지 않는다. Rh-의 산모에게서 태어난 Rh+인 신생아도 황달이 생기면 이런 방법으로 치료한다.

　여러분들도 알다시피 혈액형과 성격과의 함수 관계를 처음 따지기 시작한 것은 일본 사람들이다. 배우자를 고르거나 회사 직원을 뽑을 때도 혈액형을 참고하였고, 지금도 그것을 믿는 사람들이 많다고 한다. A형은 내성적이며, B형은 모험심이 강하고 등등 우리나라도 상당히 믿는 사람이 많다는 점에서 다르지 않은 것 같다. 통계 자료란 '믿을 수도 없고 그렇다고 믿지 않을 수도 없는 것'이다.

　혈액형은 유전한다. 예외가 없고, 평생 바뀌지 않는다는 말이다. 옛날에는 A형이었는데 지금은 O형이라고 한다면 그것은 검사를 잘못한 탓이다. 그러면 ABO 혈액형의 유전을 먼저 보자. 어머니의 혈액형이 A이고 아버지가 B형인 부모 사이에서 O형인 아이가 태어날 수 있을까? 정답은 있다! A, B, O, AB형이라 부르는 것은 겉으로 나타난 '표현형表現型'이고, A는 AA, AO라는 두 '인자형因子型'이 있고, B는 BB, BO,

AB는 AB, O는 OO라는 인자형을 갖는다. 그래서 만일에 어머니(A형)의 인자형이 AO이고 아버지(B형)의 인자형이 BO라면 자식에는 네 가지 인자형인 AB, AO, BO, OO가 태어난다. 그러므로 A형과 B형의 부모에서 O형의 아이가 태어날 수 있다.

다른 부모의 조합에서도 인자형을 찾아가 보면 자식의 혈액형이 나온다. 이 공식에 들어맞지 않으면 역시 검사가 잘못된 경우이니 정확한 검사를 해보아야 한다. 정말로 나를 다리 밑에서 주워왔나 고민하지 말고 말이다. 필자가 어릴 때도 어른들이 "넌 다리 밑에서 주워왔다."고 놀렸는데, 그 이유를 알 수 없었다. 왜 그랬을까? 진짜 그런 줄 알고 고민을 했었다.

그러면 Rh^+형의 부모 사이에서 Rh^-인 아이가 태어날 수 있을까? 그럴 수 있다. 한번 살펴보자. Rh^+는 표현형이고 그것의 인자형은 RhRh와 Rhrh 두 가지가 있다. Rh^-는 열성劣性으로 rhrh인자만 있다. 만일에 Rh^+인 부모의 인자형이 모두 Rhrh라면(Rhrh×Rhrh라면) RhRh, 2Rhrh, rhrh의 인자형을 가진 아이가 태어날 수 있어서, 1/4의 확률로 Rh^-인 아이가 태어난다. 이렇게 ABO식 혈액형과 Rh식 혈액형은 멘델(Mendel)식 유전을 한다.

그러므로 수혈은 ABO혈액형과 Rh혈액형이 일치하는 것으로 해야 한다. 더 복잡한 이야기가 많지만 이 정도로 줄이고, 더 깊은 것은 고학년에 가서 공부할 수 있을 것이다.

아, 피 하나도 그리 간단치가 않구나! 복잡하고 대단한 우리의 인체다!

07 심장

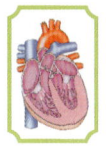
생명을 숨 쉬게 하는 펌프(pump), 심장 心臟(염통, heart)은 한 마디로 그 귀중한 피를 전신에 흐르게 하는 기관이다. 보통 심장은 자기 주먹 크기이다. 독자들은 자기 주먹을 한번 꽉 쥐어보기 바란다. 그것이 곧 당신의 심장이다! 남성의 심장이 여성보다 조금 커서, 평균 남자가 316 g 정도이고 여성은 276 g이라고 한다.

 와이셔츠를 입었을 때 위에서 세 번째 단추 자리, 그 바로 왼쪽에 심장이 자리하고 있다. 운동을 심하게 하거나 몸이 좋지 않을 때에는 가슴 언저리가 뻐근하고 답답해 오는 경우가 있다. 그럴 때는 편히 쉬어주거나 아니면 병원으로 가야 한다. 심장이 멈추면 생명이 끝나니 말이다. 어느 기관 하나 명 命과 무관한 것이 없지만 특히 심장은 목숨과 직결된다. 신경 세포가 그렇듯이 심장근육 세포는 한 번 다쳐서 죽으면 재생되지 않는다고 하니 참 조심해야 할 기관이다. 심장 이식 心臟移植이라는 것도 있지만 그게 말이 그렇지 어디 쉬운 일인가? 그래서 인공 심장人工心臟을 만들어 보겠다고 그렇게 애를 쓰지만 그것도 그리 쉽지 않다.

심장의 순 우리말은 '염통'이다. 그런데 '염통'이란 말은 또 무슨 뜻이란 말인가? 말의 어원을 알지 못하니 국어가 어렵다고 하는 것이다. '염'자를 사전에 찾아보면 그 중의 하나가 '바윗돌로 된 작은 섬'이란 말이 있다. '염통'에는 딱딱한 돌처럼 야물다는 뜻이 들어 있는 것이다. 자궁 속에서 팔딱팔딱 뛰기 시작하여 죽을 때까지 '쿵쿵' 박동을 하는 심장은 정녕 끈질긴 기관임에 틀림없다.

심장이 한 번 뛸 때 내보내는 피의 양은 약 70 ml(작은 요구르트 병의 양에 해당함)로, 1분에 70번 박동搏動 (beat)한다면, 70×70 ml = 4900 ml(4.9 *l*)로 1분에 약 5 *l* 의 피를 내보낸다. 물론 내보낸 피만큼 들어와야 한다. "피(혈액)는 한 사람 체중의 약 8 %를 차지하므로 체중이 70 kg인 사람은 약 5.6 *l* (리터, liter)가 된다."고 했으니 23초면 몸 전체의 피가 심장을 한 번 거치는 셈이 된다. 그런데 '심장의 박동'을 손목의 동맥에서도 느낄 수 있는데 그것이 맥박脈搏 (pulse)으로 박동 수와 일치한다. 참고로, 동맥에서 피의 흐름(혈류) 속도는 1초에 약 10 cm다.

가슴에 청진기聽診器 (들어 진단하는 기계)가 아니라 다른 사람의 가슴에 귀를 대면 뛰는 소리를 들을 수 있다. 보통은 1분에 70여 번의 고동鼓動을 밤낮을 가리지 않고 계속한다. 쿵쿵 뛰는 무서운 힘 또한 다른 기관에서는 찾아볼 수가 없다. 부드러운 글 한 편 읽고 지나가자.

"청춘, 이는 듣기만 하여도 가슴이 설렌다. 거선의 기관과 같이 힘 있다. 이것이다, 바로 이것이다." 청춘예찬의 글을 문득 떠오르게 한다.

사실 배의 엔진에는 못 미치지만 심장의 힘은 대단하고 세다. 심장

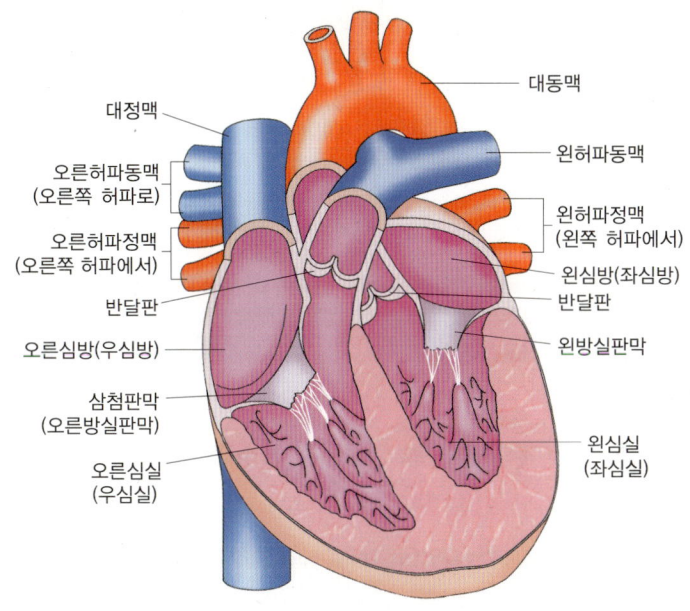

그림 7.1 심장 구조(푸른색은 정맥피, 붉은색은 동맥피가 흐른다).

의 힘을 계산하면 권투선수의 펀치보다 더 세다고 할 정도이니 말이다. 그래서 청진기로 들으면 그 뜀과 울림이 바로 엔진소리나 다름없다.

그런데 어떻게 그런 힘을 쓰고도 심장이 견디는 것일까? 세찬 힘으로 연이어 뛰고도 마비나 멈춤 없이 말이다. 여기에는 휴식이라는 비밀이 숨어 있다. 심장은 4개의 방으로 돼 있으니, 위에 있는 2개의 작은 방(우심방, 좌심방)과 아래에 큰 2개의 심실(우심실, 좌심실)이 그것이다. 심방이 수축하고 나면 잇따라서 심실이 수축하고, 또 수축한 다음에는 이완을 한다. 수축과 이완 사이에 잠깐의 휴식기가 들어 있다.

움직이는 시간과 쉬는 시간의 비는 약 5:1이다(학교에서 50분간 수업하고 10분간 쉬는 이유가 바로 여기에 있었구나!). 휴식 시간이 있었기에 심장은 그 힘든 일을 하면서도 평생을 뛸 수 있는 것이다. 일만 하면 능률이 떨어질 수밖에 없다. 휴식은 노동의 연속인 것이고, 수업 끝나고 쉬는 시간에는 한껏 휴식을 취해야 공부에도 효과가 나는 것임을 알아두자. 놀 땐 놀고, 일할 때는 일한다(work while you work, play while you play!).

심장은 보통 그 사람의 주먹 크기라고 했다. 그런데 체중이 나간다는 것은 그 사람의 혈관 길이가 더 길어지는 것이고(새로 생겨), 때문에 심장의 부담이 늘어난다는 이야기다. 역으로 체중을 줄이는 것은 혈관을 줄이는 것이므로, 한 마디로 심장의 일을 덜어준다. 나이를 먹어 가면서 심장은 힘을 잃어 가는데, 몸무게가 자꾸만 늘어나면 어떻게 되겠는가?

심장은 허파와 함께 가슴(흉강胸腔)에 들어 있다. 가슴은 갈비뼈로 둘러싸여 있는데 아주 안전한 곳에 허파와 심장이 자리를 잡은 것은 그 두 기관이 모두 생명을 담보하고 있기 때문이다. 실로 기막힌 조물주의 작품이다. 이렇게 생명과 직결되는 심장이나 폐와 같은 기관을 '중요 기관(vital organ)'이라 한다.

그런데 어느 독일 학자는 "모든 동물은 20억 번의 심장 박동을 채우고 나면 죽는다."고 주장했다. 일리가 있어 소개하는데, 일반적으로 작은 동물은 박동 수가 빠르고 큰 동물은 아주 느리다. 심장 박동이 빠르다는 것은 곧바로 호흡 횟수가 빠르다는 말이 되는데, 생쥐와 코끼리의 호흡을 비교해 보면 알 수 있다. 쥐는 우리가 따라 하기 어려울 만큼 빠르게 할딱거리는 데 반해서 코끼리는 1분에 4번 숨을 쉰다. 생쥐가 1년을 못사는 데 비해 코끼리는 60년을 너끈히 산다.

결론을 내려 보자. 사람의 경우(1분에 72회로 계산) 70세가 되면 대략 25억 번의 심장 박동이 있었다는 계산이다. 오래 살고 싶으면 숨을 천천히 쉬고, 심장을 덜 뛰게 해야 한다는 말이 아닌가? 그래서 백수白壽를 넘기는 사람 치고 굼뜨게 살지 않은 사람 없다는 통계가 있는지 모르겠다. 그러니 장수하는 동물로 유명한 학鶴과 거북이의 행동에서 느림의 미학美學을 발견할 수 있다!

다른 내장도 다 그렇지만, 심장도 자율 신경의 지배를 받는다. 교감 신경에서는 아드레날린(adrenalin, 에피네프린)을 분비하여 심장 박동을 촉진시키고, 부교감 신경에서는 아세틸콜린(acetylcholine)을 분비하여 심장 박동을 느려지게 한다. 심장 박동 또한 너무 빨라도 탈, 너무 느려도 탈이다. 그래서 신경을 쓰거나 운동을 하면 교감 신경이 자극되어 심장 박동이 빨라진다. 그러면 곧 부교감 신경이 발동하여 심장 박동을 줄여주니 이를 되먹임 현상(feedback)이라 한다. 아무튼 교감 신경은 모

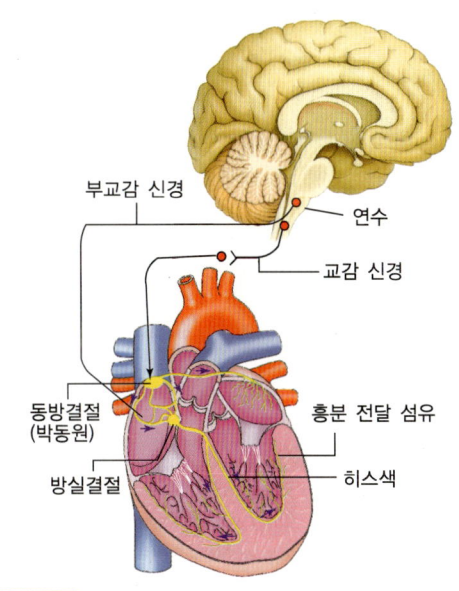

그림 7.2 심장 박동과 자율 신경.

든 내장을 긴장시켜 쉽게 망가지게 한다. 우리는 부교감 신경과 노니는 마음가짐을 갖는 것이 좋다.

심장을 몸에서 분리하여 양분 공급을 잘하면 얼마 동안은 뛴다. 심장 자체에서 전기 신호를 만들어 심실心室과 심방心房에 전달한다. 우심방右心房 쪽에 전기 자극 발생 부위가 있는데 그것을 '동방결절洞房結節'(동결절 또는 박동원-pacemaker-이라고도 부름)이라 하고, 거기에서 만들어진 자극이 좌우 심방에 전달하여 수축하고, 그 다음에 자극이 '방실결절房室結節'을 타고 두 심실로 전달되어 역시 수축한다. 심방이 수축하면 심실은 이완하고, 심실이 수축하면 심방을 이완한다.

심장 안에도 피가 거꾸로 흐르는 것을 막는 판막瓣膜(valve)들이 있으니, 우심방과 우심실 사이에 삼첨판三尖瓣이, 좌심방과 좌심실 사이에 이첨판二尖瓣이 있다. 또 각각의 심실에서 대동맥과 허파동맥으로 나가는 곳에 반월판半月瓣(반달판)이 있어 역시 역류를 막는데, 이 판막들이 제대로 작용하지 못하면 그것을 통틀어 '심방판막증'이라 부른다. 그리고 대정맥大靜脈에도 곳곳에 판막이 붙어 있어 흐름이 이어지게 한다. 특히 다리에 정맥에 많으며, 거기에 판막 이상異常이 생기면 피가 제대로 올라가지 못하고 혈관이 굵어지는 하지정맥류下肢靜脈瘤가 된다. 우리 몸의 과학성과 효율성은 알아줘야 한다. 어쩌면 이렇게 정교하면서도 실용적으로 만들어졌는지 하나도 빈틈을 보이지 않는 우리 인체다.

사람 몸에서 혈액순환(피돌기)은 대정맥→우심방→우심실→허파동맥→허파→허파정맥→좌심방→좌심실→대동맥→온몸→대정맥으로 순환한다. 여기에 우심방에서 허파 정맥까지를 '폐순환(소순환)'이라 하고, 좌심방에서 대정맥까지를 '전신순환(대순환)'이라 한다. 여기,

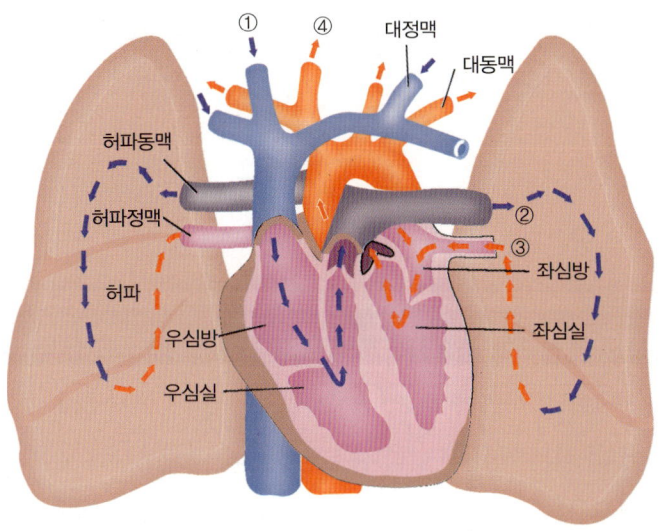

① 온몸을 돌아다닌 더러워진 혈액이 대정맥에서 우심방을 통과해 우심실로 들어간다.
② 우심실로 들어간 혈액은 허파동맥을 지나 허파로 들어간다.
③ 허파에 들어간 혈액은 속에 있는 이산화탄소를 버리고 산소를 받아 허파정맥을 통해 심장으로 이동한다.
④ 심장으로 들어온 혈액은 좌심방과 좌심실을 차례로 거쳐 대동맥을 통해 온몸으로 공급된다.

그림 7.3 혈액순환.

우심방에서 출발한 피는 다시 제자리로 돌아오는 데 23초가 걸린다. 그리고 그 혈관을 모두 모으면 약 13만 km에 가깝다고 하는데(지구 둘레는 약 4만 km), 피의 흐름이 가장 느린 곳은 대정맥이다. 그리고 탄력성이 강하고 두꺼운 혈관을 갖는 동맥은 살 깊은 곳에 흐르고 바깥으로는 얇고 탄력성이 떨어지는 정맥이 흐른다. 손등에 불룩불룩 튀어나온 것은 정맥으로, 앞에서도 말했지만 그 색이 푸르게 보이는 것은 정맥피가 푸르기에 그런 것이 절대 아니고(동맥피와 큰 차이 없음) 정맥의 벽 색깔이 푸르스름하기 때문이다. 그리고 적혈구가 겨우 지나갈 정도의 가는 모세혈관에서는 산소와 이산화탄소가 교환되고 양분과 노폐물이 서로 바뀌는 곳으로 가스 교환은 아주 짧은 1초 안에 일어난다. 그리고 심장에서 나간 피는 안정된 상태에서 뇌에 15 %, 소화기 계통에 25 %(밥을 먹은 다음에는 증가함), 뼈와 근육에 20 %, 콩팥에 20 %, 나머지는 다른 여러 곳으로 공급된다.

심장이 뛰는 것은 온몸에 피를 돌려주는 데 있다. 피에는 특히 산소를 운반하는 적혈구가 중요한데 허파에서 산소를 받은 적혈구는 세포에 가서 산소를 떨어뜨려 주고, 이산화탄소를 받아 와서 허파에 버린다. 생명이 숨 쉬는 것이다. 어디 산소뿐이겠는가? 양분에다 호르몬, 백혈구 등 모든 새로운 것을 세포에 공급하고, 세포가 쓰다 버리는 노폐물을 모두 허파나 콩팥에 운반하여 생기生氣를 유지케 하는 것이 심장의 몫이다. 그런데 피를 돌려주는 힘든 일을 하는 심장 자체에도 산소나 영양 공급이 있어야 하므로 심장에 분포한 동맥혈관을 관상동맥冠狀動脈이라 하고, 대동맥이나 대정맥 같은 큰 혈관에도 작은 혈관이 분포하니 이를 '혈관 속의 혈관(Vessel in Vessel)'이라 한다.

아무튼 나는 나의 건강한 염통 덕에 오늘도 이렇게 생생하게 살아있다. 아, 고맙다 고마워, 내 염통! 그러나 언제 그만 딱! 멈추고 말지 알 수가 없도다. 힘들어도 멈추지 말고 뛰어다오.

08 호르몬

호르몬(hormone)은 참으로 신기한 물질이다. 그리스어에서 유래한 호르몬이란 말은 "자극하다, 불러 깨우다."란 뜻이다. 어쨌거나 호르몬은 그것을 구성하는 성분에 따라 두 가지로 구분되는데 물과 친한 단백질 계통 호르몬과 기름과 친한 스테로이드(steroid) 계통 호르몬이 있다. 호르몬은 피를 타고 온몸을 떠돌아 다니다가 정해진 기관에만 작용하는데, 이것은 특정 기관(표적기관, target organ)에 특정 호르몬을 수용(받아드림)하는 수용체受容體가 있어 그렇다. 그래서 호르몬은 아주 미량으로도 충분히 제 할 일을 한다. 한 여성이 평생 사용한 여성호르몬을 다 모아도 찻숟가락 하나 정도에 지나지 않는다. 그러나 역시 호르몬도 과유불급過猶不及, 많아도 탈(과다증) 적어도 탈(결핍증)이 난다.

호르몬은 몸을 유지하는 데 필수적인 물질일 뿐만 아니라 감정을 조절하기도 한다. 생장, 젖 분비, 혈당량 조절 등 헤아릴 수 없이 여러 기능을 담당하는 것은 물론이고 기쁨, 슬픔, 사랑, 우울, 화냄 등 모든 감정을 호르몬이 조절한다. 호르몬들은 내분비 기관內分泌器官(내분비샘)에서 만들어져서 혈액이나 조직액(림프액)을 통해 온몸으로 배달되기에 내분비물이라고 하고, 땀이나 젖, 침이나 위액과 같은 소화액은 몸 밖으로 분비하는 외분비물外分泌物이다. 소화 기관에서 분비하는 외분비물인 소화액은 입과 항문으로 연결된 일종의 외부에 해당하는 '몸 안에 들어 있는 외부'인 소화관으로 분비한다. 생각해 보자. 입으로 들어간 맛있는 음식물이 24시간이 지나면 제 것인데도 더럽다고 피하는 똥이라는 물건으로 바뀌어 나온다.

그리고 지금까지 알려진 사람의 호르몬은 80여 가지에 달하며, 여러 정보를 기관들에 전달하는 화학 물질로 척추동물의 호르몬은 그 성질이 서로 같다. 척추동물이라면 어류, 양서류, 파충류, 조류, 포유류를 일컫는다. 개구리의 갑상선 호르몬인 티록신과 사람의 것이 다르지 않다는 말이다! 뿐만 아니라 소나 돼지의 인슐린을 뽑아 당뇨병인 사람에게 주사를 놓는다. 만약 소나 돼지의 혈액을 사람에게 주사하면 면역 반응이 일어나 죽게 되지만 호르몬은 그렇지 않다는 것이다. 이것은 척추동물 사이에서는 호르몬만큼은 항원으로 작용하지 않기 때문이다. 이렇게 유전적으로 가까운 동물 간에는 호르몬도 비슷하다.

우리 인체에 대표적인 호르몬 기관은 그림 8.1과 같다. 그런데 소화 기관인 위나 십이지장에서도 나름대로 소화액 분비에 관여하는 호르몬이 만들어진다. 위胃에서는 가스트린(gastrin)이 그리고 십이지장十二指腸에서는 세크레틴(secretin)이란 호르몬이 분비하여 소화액의 분비를 촉진시키고, 이자(췌장)는 강력한 소화액과 필수적인 호르몬을 분비하는 특이한 기관이다. 그러므로 췌장膵臟은 외분비 기관이면서 내분비

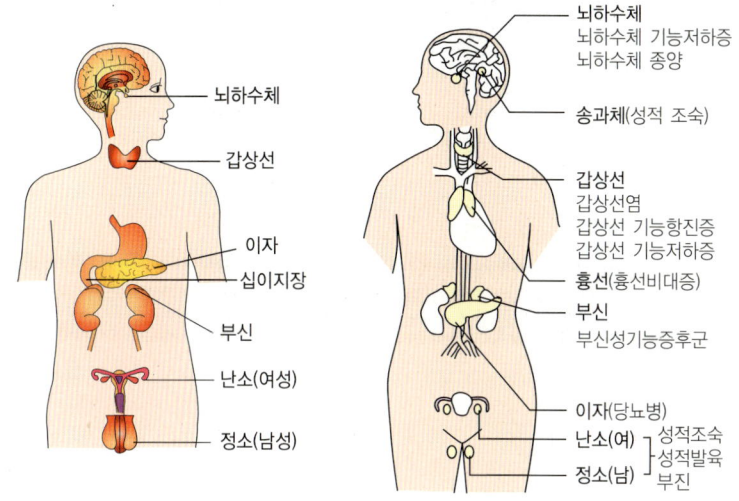

그림 8.1 중요한 호르몬 기관과 그에 따른 병.

기관이다.

  그림을 살펴가면서 이들 호르몬 기관과 그것들이 합성하는 각각의 호르몬의 성질, 역할들을 간단히 보자. 여기에서 말하는 '간단히'는 정말로 간단하게를 말하는 것으로 이것들을 깊게 설명하면 몇 권의 책이 된다. 아주 간단히만 보자.

  뇌하수체 腦下垂體 ('뇌의 아래 끝에 있는 것'이란 뜻임)는 전엽, 중엽, 후엽으로 나뉘며, 전체 호르몬을 총 지휘하는 본부다. 다시 말해서 '호르몬 센터'이다. 1 cm도 안 되는 이 작은 기관이 8가지 이상의 호르몬을 분비하여 다른 내분비 기관을 통제한다. 뇌하수체 후엽의 항이뇨호르몬(바소프레신)은 신장(콩팥) 이야기에서 여러 번 등장했다.

  다음 필자의 글이 호르몬의 이해에 도움이 될 수도 있을 것이다. 살펴보자.

표 8.1 호르몬 기관과 호르몬 및 그 기능

내분비선		호르몬	기능
뇌하수체	전엽	생장 H (GH)	뼈, 근육 발육 촉진
		갑상선 자극 H (TSH)	티록신 분비 촉진
		부신피질 자극 H (ACTH)	부신피질호르몬 분비 촉진
		여포자극 H(FSH)	여포, 난자 성숙, 정자 생산 촉진
		황체형성 H(LH)	배란 촉진, 황체 형성 남성호르몬 분비 촉진
		젖 분비 자극 H(프로락틴 : LTH)	젖샘 발달, 젖 분비 촉진
	후엽	항이뇨 호르몬(바소프레신)	혈압 상승, 수분 재흡수 촉진
		옥시토신	출산 시 자궁 근육 수축
갑상선		티록신(요오드 함유)	물질대사 촉진, 양서류의 변태
		칼시토닌	혈장 내의 Ca^{2+}, 인 농도 감소
부갑상선		파라토르몬	혈장 내의 Ca^{2+}, 인 흡수 농도 증가
이자 (랑게르한스섬)	α세포	글루카곤	혈당량 증가
	β세포	인슐린	혈당량 감소
십이지장 벽		세크레틴	이자액 분비 촉진
부신	피질	당질코르티코이드(코티솔)	혈당량 증가
		무기질 코르티코이드	체액 중 무기질의 양 조절
	수질	아드레날린(에피네프린)	혈당량 증가
생식선	난소	여포 호르몬(에스트로겐)	여성의 2차 성징 발현
		황체 호르몬(프로게스테론)	여성의 2차 성징 발현 배란 억제, 임신 유지
	정소	테스토스테론(안드로겐)	남성의 2차 성징 발현

안녕하세요. 생물학과 08학번 정인선입니다.

교수님 홈페이지에 여러 번 오긴 했었는데 이제야 글을 올리게 되었습니다. 오늘 날씨 정말 후텁지근하네요~. 오늘 낮 최고기온이 30도라는데, 더위는 잘 피하고 계신지요. 제가 얼마 전에 인터넷을 검색하다가 놀라운 얘기를 하나 발견했어요~.

"사랑은 뇌하수체로부터 온다?" 사랑이 뇌하수체의 옥시토신 분비로 인해 생긴다는 것이었어요. 사춘기 이전에 뇌하수체 종양 수술을 받은 사람은 옥시토신 분비가 되지 않아서 상대방과의 감정을 느끼기 어렵다고……

이제껏 사람이 사람에 대해 느끼는 감정은 사람의 마음으로부터 전해지는 것이라고 믿고 있었는데, 사랑의 감정이 마음이 아닌 뇌하수체의 호르몬 작용에 불과하다고 생각하니 허무감마저 느껴지네요. 교수님께서는 이 사실을 알고 계셨어요? 처음 들어본 얘기인데다가 너무 충격적인 사실이라 쉽게 받아들여지지가 않아요.

이게 정말 사실일까요?

위 글은 필자의 홈페이지(www.drsnail.com)에 한 제자가 올려놓은 글의 일부다. 사랑이 마음이 아닌 뇌하수체腦下垂體에 들어 있다는 말? 그것도 거기에서 분비하는 옥시토신(oxytocin)이라는 호르몬이 사랑의 주성분이라니! 놀랄 만도 하다. 옥시토신이라는 것이 사랑물질이라니 말이다. 학생이 말한 '마음'은 과연 어디에 있을까? 가슴에 있을까? 머리에 들어 있는 것일까? 마음(mind)은 심장을 말하는 것인지, 뇌를 지칭하는 것인지, 마음을 본 사람 있으면 어떻게 생겼는지 알려줄 수 없을까? 마음이 둥글던가 모가 났던가? 사랑의 꼴은? 눈으로 볼 수 없는 것이 마음이고 사랑인데 우리는 그 마음이나 사랑을 볼 수 있는 것처럼 여긴다.

제일 먼저 뇌하수체라는 기관은 무엇이며 어떤 일을 하는지부터 알고 넘어가자. 머리통(두개골) 속, 간뇌의 시상하부視床下部 아래에 뇌하수체가 있으며, 강낭콩 만한 것이 무게는 0.5 g밖에 되지 않으면서도 여러 호르몬 기관에 영향을 미치는 호르몬 기관이다. 뇌하수체를 전엽前葉, 후엽後葉으로 나누며 그 중에서 전엽이 제일 많은 일을 한다. 전엽은 성장 호르몬, 젖분비 호르몬, 갑상선 자극 호르몬, 부신 피질 자극 호르몬, 난포 자극 호르몬, 황체 형성 호르몬들을 분비한다. 이것의 영향을 받지 않는 호르몬 기관이 없을 정도다. 그래서 뇌하수체 전엽을 '대장 호르몬 기관'이라 부른다. 후엽에서는 바소프레신과 옥시토신을 분비한다.

이제 학생의 질문에 답을 할 차례다. 바로 뇌하수체 후엽 이야기다. 학생을 놀라게 했던 '사랑의 본체' 이야기를 쥐를 빌려서 들어보자. 호르몬은 쥐나 사람의 것이나 똑같다. 척추동물의 호르몬은 성분과 기능이 같으므로 돼지나 소의 인슐린 호르몬을 사람의 당뇨병에 쓸 수가 있다고 했다.

대부분의 쥐는 발정기에만 짝을 지을 뿐, 암수가 한평생 같이 사는 일부일처一夫一妻가 아니다. 그런데 미국 들쥐의 한 종인 *Microtus ochrogaster* 놈은 가족생활을 하는 부부 쥐다. 사실 일부일처제는 조류에 많고(특히 오리 무리), 포유류는 3 % 만 짝을 지어 산다고 한다.

이 들쥐의 생활을 통해서 사람을 비춰보자. 이들 쥐의 교미 시간이 다른 일부다처제나 일처다부제인 쥐(3~4시간)보다 훨씬 길었다(30~40시간)고 한다. 이것은 부부가 생산과 관계없는 성교를 하는 것과 관련

그림 8.2 일반 들쥐와 실험용에 사용되는 흰 쥐.

이 있어서, 긴 시간 교미를 하므로 암수의 사회적 결합(social bond)을 공고히 형성한다고 보는 것이다. 즉, 성적 행동은 가족의 결합력을 향상시킨다는 의미다.

그리고 암놈이 발정을 하는 데는 수놈의 냄새(페로몬, pheromone)가 꼭 필요하였으며 그 페로몬은 암놈의 호르몬 대사에 영향을 끼친다고 한다. 그리고 이런 실험도 했다. 수놈을 묶어 놓고 암놈들로 하여금 짝을 고르도록 해봤더니 자주 만난 놈이나 이미 같이 지내온 놈과는 곧 친해졌고, 짝을 정해서 교미를 한 놈들 사이에는 훨씬 빠른 사회성(관계)을 나타냈다고 한다. 이것은 사람살이에서도 '정 중에서 가장 진한 정'이라고 여기는 육정肉情을 경시할 수가 없다는 증거다.

이야기를 틀어서 본론으로 들어간다. 뇌하수체 후엽에서 분비하는 옥시토신과 바소프레신(vasopressin) 호르몬은 모두 생식 행위에 중요한 몫을 하는 것으로 알려지고 있다. 옥시토신은 보통 출산 시 자궁근을 수축시켜 출산을 돕고, 바소프레신은 콩팥의 세뇨관에서 물을 재흡수하여 소변 양을 줄이는 호르몬으로 지금까지 알려져 왔었다.

옥시토신은 '어머니 사랑'이라는 별명이 붙을 정도로 어미와 새끼

사이의 결합을 튼튼하게 해 주고, 암수 사이의 성적 결합을 돈독하게 한다고 한다. 이 호르몬을 원숭이의 암놈에게 주사를 놓았더니 수놈과 덜 싸우는 것은 물론이고 빨리 서로 가까워졌다는데, 사람도 부부 금실이 안 좋은 사람들에게 이 호르몬 주사를 권하면 어떨까 싶다. 또한 이 호르몬은 교미할 때나 출산, 수유(젖먹이기) 때 많이 분비가 되고 성적 애무 시에도 분비가 촉진된다고 한다.

바소프레신도 옥시토신과 같이 뇌하수체 후엽에서 분비하는 것인데, 영역을 지키는 텃세부리기를 유발하고 침입자를 공격하여 몰아내는 것은 물론이며 암수가 서로 친하게 지내고 자식 키우기를 열심히 하도록 한다는 것이다. 원래 이런 행위를 일으키게 하는 것은 테스토스테론(testosterone) 같은 웅성 호르몬이라고 했는데 바소프레신도 못지않은 역할을 한다.

또 다른 물질인 도파민(dopamine)의 기능도 무시하지 못한다. 사랑에 빠지면 뇌의 특수 시스템이 작동해 행복감, 현기증, 불면증, 기대감, 불안을 안겨 준다. 뇌에서 화학흥분제들이 분비되니, 사랑을 느낄 때 뇌에서 도파민이라는 화학 물질을 분비하는 신경 세포들이 활성화된다. 도파민은 만족감과 즐거움을 느끼게 하는 물질로, 사랑이 강렬할수록 활동이 더 활발해진다.

아무튼 사랑의 감정을 유발하는 것은 '마음' 그 자체가 아니라 테스토스테론(testosterone), 바소프레신(vasopressin), 옥시토신(oxytocin) 같은 호르몬이거나 도파민(dopamine), 엔도르핀(endorphine)과 같은 신경 분비 물질들이 한다. 그래서 사랑을 하면 예뻐진다. 바소프레신이나 옥시토신이 예뻐지게 하는 사랑의 묘약이다! 사랑의 알약을 만들어 팔았으면 좋으련만.

갑상선甲狀腺(갑상샘)은 목 앞에 있으며 나비넥타이 꼴로 30~60 g 정도가 되며 우리 몸에서 가장 큰 내분비 기관이다. 뇌하수체 전엽에서 갑상선 자극 호르몬의 자극을 받아 갑상선에서는 티록신(thyroxine)이라는 호르몬을 분비하며, 티록신의 주성분은 요오드(iodine, I_2)인데, 우리

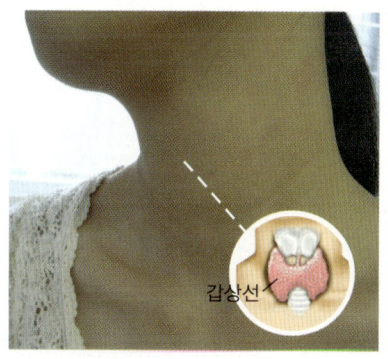

그림 8.3 갑상선.

몸에 있는 요오드의 60 %가 들었다고 한다. 요오드 물질은 미역이나 다시마 등의 해초海草에 많이 들었으니 그것들을 충분히 섭취하면 좋다. 티록신은 다른 호르몬과는 다르게 특별한 표적標的(target) 기관이 따로 없고 거의 모든 세포에 작용하며, 에너지 대사를 촉진하여 포도당을 분해하고 열을 내게 한다. 그러므로 갑상선 호르몬이 많이 분비되면 위장 활동 등의 대사 기능이 빨라져서 배가 쉽게 고파진다. 한 마디로 몸의 물질을 분해하는 일을 한다. 반대로 티록신 분비가 줄어들면 신체 대사가 줄어들어 활동이 느리고 힘이 빠진다. 많아도 탈 적어도 탈인 것이 호르몬 만한 것이 없다.

부신副腎(곁콩팥)은 콩팥 위에 붙어 있으며 겉과 속, 즉 피질과 수질로 나뉘고, 뇌하수체에서 분비하는 부신 피질 자극 호르몬(ACTH)의 조절을 받는다. 부신 피질에서 만들어지는 당질코르티코이드(글루코코르티코이드)의 대부분이 코르티솔(cortisol)인데, 이것은 지방과 단백질을 분해하여 탄수화물을 만들고 조직에 저장되어 있는 탄수화물을 혈액으로 배출하여 혈당을 높인다. 무엇보다 혈당을 증가시키므로 정신적으

로나 육체적으로 받는 스트레스를 이기게 한다. 스트레스를 심하게 받은 개犬의 부신은 퉁퉁 붓는다. 사람도 하나 다를 게 없으니 억눌림, 시달림을 쌓아두는 것은 건강에 몹시 해롭다. 피질에서 분비하는 또 하나의 호르몬은 무기질코르티코이드(광물코르티코이드)인데, 대표적인 것이 알도스테론(aldosterone)으로 수분 대사를 맡고 있다. 그것은 신장(콩팥)에 작용하여 물과 나트륨(Na, natrium, sodium) 배설을 억제한다. 그러므로 그것이 너무 많이 분비되면 몸에 나트륨이 많아지고 체액이 증가하여 고혈압이 된다. 그리고 부신 피질에서는 소량이지만 안드로겐이나 에스트로겐 같은 성호르몬을 분비한다. 부신 수질에는 아드레날린(에피네프린, epinephrine)이 생성되며 교감 신경의 자극을 받아 분비한다. 이렇게 신경과 호르몬도 깊은 연관을 가진다.

　　난소卵巢(ovary)란 '알은 만드는 집'이란 뜻이다. 귀소본능歸巢本能이란 '집으로 돌아오는 본능'을 말하지 않는가. 여기에서 한자 '소巢'는 집(house)이란 뜻이다. 난소는 뇌하수체 전엽에서 분비하는 여포 자극 호르몬과 황체 형성 호르몬의 영향을 받아서, 여포濾胞 호르몬인 에스트로겐(estrogen)과 황체黃體 호르몬인 프로게스테론(progesterone)을 만든다. 에스트로겐은 주로 난소에서 생성하지만 호르몬 기관인 부신이나 남성 고환에서도 소량이 만들어진다. 임신을 하면 주로 태반에서 만든다.

　　결론적으로 남성의 혈액에도 여성 호르몬이 흐르고 여성의 혈중에도 남성 호르몬이 흐른다. 남성이 50세까지는 약 10~30 % 정도의 여성 호르몬이 피에 흐르지만 나이를 더 먹어 가면서 그보다 점점 증가하여 신체적으로 여성화가 된다. 여성의 경우도 여성 호르몬의 농도가 낮아지면서 남성 호르몬이 증가하여 남성화가 된다. 특히 간이 약해지면 다른 성(이성異性)의 호르몬을 잘 파괴하지 못해 남성은 여성화, 여성은 남성화가 되어 간다.

할아버지들은 성질이 순해지고 유방이 커지면서 말소리도 낮아지는데, 할머니들은 턱에 수염이 나고 성질도 괄괄해지며 목청도 남자처럼 걸걸해진다. 묘한 일이로군. 둘이 서로 비슷하게 닮아가는 중성화中性化가 일어나는 셈이다! 그리고 아직까지는 확실하게 밝혀지지 않았지만, 남성에서 여성 호르몬이, 여성에서 남성 호르몬이 중요한 역할을 하는 것으로 알려져 있다. 아무렴 필요 없는 호르몬이 왜 만들어지겠는가? 태어날 때 비슷했던 남자, 여자 아이가 사춘기를 맞으면 뚜렷하게 달라지고 늙어 가면서 또 둘이 닮아 가다니! 그러나 늙으면 누구나 자기 주관이 세져서 '황소고집'에 '옹고집'이 된다. 그리고 만화나 영화에서 일반적으로 할아버지를 착하고 선한 도사道士로, 할머니들을 마귀할멈으로 그린다.

한편 에스트로겐은 자궁, 질, 외음부, 유방 등의 생식 기관을 발달하게 하고, 난자를 성숙시킨다. 엉덩이가 커지고 몸의 털이 적어지는가 하면 몸에 지방질이 늘고 머리털이 많아지며, 음성이 고음으로 변하는 등의 '자성2차성징雌性二次性徵'을 나타나게 한다. 프로게스테론은 난소의 황체와 태반胎盤(Placenta)에서 생성되며 수정란受精卵이 자궁子宮에 잘 달라붙게(착상) 하는 것과 임신을 유지하는 데 중요한 호르몬이다.

정소精巢(testis)에서 만들어지는 남성 호르몬인 테스토스테론(testosterone)은 모든 남성 생식기를 발달하게 하고 '웅성2차성징雄性二次性徵'을 담당한다. 가슴과 어깨 근육이 발달하여 몸집이 우람하고 행동이 옹골차게 변하며, 갑상연골(Adam's apple)이 커지고, 수염이 늘어

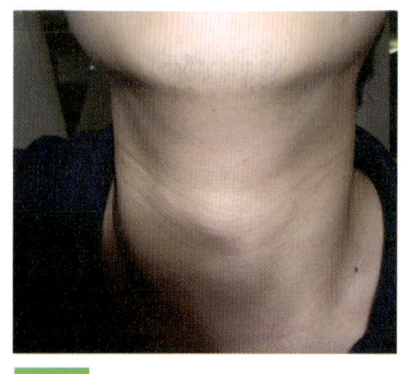

그림 8.4 남자는 커다란 갑상연골을 가짐.

나면서 목소리가 우렁차는 등의 특징을 보인다. 옛날에는 전쟁 포로들이나 환관(내시)들이 거세 去勢를 하였다. 척추동물도 사람과 다르지 않아서, 수퇘지나 수소의 고환 睾丸(정소 精巢)을 잘라내는(실제로 행함) 것을 거세한다고 하는데, 그러고 나면 몸집이 잘 크고 고기에서 지린 수놈 냄새가 덜나 고기 맛이 좋다. 물론 생식 기관의 설명에서 상세한 성호르몬 이야기가 있겠지만, 하나만 덧붙이면, 남성들이 만들어내는 정자나 정액 精液은 내분비물일까? 아니면 외분비물일까? 정소에서 만들어지는 남성 호르몬은 피를 타고 가서 남성의 특성을 내게 하지만, 정자와 정액은 정소와 전립선에서 만들어진 것이 요도를 통해 외부로 분비되기에 이것은 외분비에 해당한다. 필자도 옛날이 그것들을 내분비로 생각한 적이 있었다. 그리고 그런 말만 나와도 괜스레 겸연쩍어 하고 쑥스러워 했다. 그러나 알 것을 정확하게 알아두는 것이 좋다. '성교육'이라는 것이다. '식자우환 識字憂患'*이라는 말처럼 알게 되면 근심을 사게 된다는 말은 옳지 않다. "알아야 면장을 한다."는 말이 있지 않은가?

우리 몸에서는 호르몬 과다증 過多症과 결핍증 缺乏症을 막기 위해 피드백(feedback) 조절이라는 특이한 현상이 일어난다. 그림 8.5를 참조하면, 목 앞쪽 가운데 붙어 있는 갑상선 甲狀腺에서 분비하는 티록신

---

* 식자우환: 학식이 있는 것이 오히려 근심을 사게 됨.

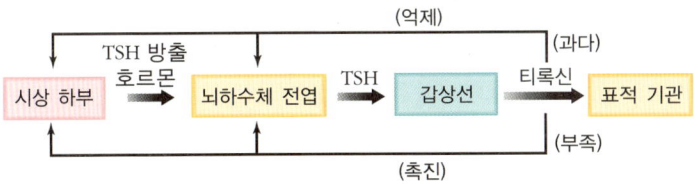

*TSH 방출 호르몬 : 갑상선 자극 호르몬을 방출시키는 호르몬
*TSH(thyroid stimulating hormone) : 갑상선 자극 호르몬

그림 8.5 피드백의 한 예.

(thyroxine)은 이화(분해) 작용을 촉진시켜 에너지를 내게 한다. 호르몬 분비조절중추인 시상 하부視床下部와 뇌하수체 전엽前葉에서는 혈액 내 티록신의 농도가 증가하면 TSH 방출 호르몬과 TSH를 적게 분비하여 티록신의 분비를 억제하고, 반대로 티록신이 적어지면 TSH 방출 호르몬과 TSH를 많이 분비하여 티록신의 분비를 촉진한다. 간단히 말해서 이런 현상을 '되먹임 현상'이라 한다. 비단 갑상선 호르몬만이 아니라 모든 호르몬이 먹고 먹히는 과정을 밟아 일정한 농도로 조절된다. 마치 방의 온도가 낮아지면 보일러가 작동하여 온도를 높이고, 온도가 높아지면 꺼져서 온도를 낮추어 방의 온도를 일정하게 유지하는 원리와 같다. 우리 몸에 일어나는 생리 현상 중에 그리 하지 않는 것이 없으니, 이렇게 하여 항상성恒常性을 유지한다. 체온도, 혈당도, pH(페하, power of Hydrogen)의 항상성도 모두다 피드백으로 유지된다.

피드백 말고도, 신경계의 '저울수평조절'인 길항 작용拮抗作用으로도 호르몬의 농도 조절을 한다. 물론 크게 보면 둘이 다르지 않다. 혈당량(혈액 속 포도당량) 조절이 대표적인 예다(그림 8.6 참조). 우리 몸은 혈당량血糖量을 0.1 %(100 mg/100 ml, 피 100 ml에 포도당 100 mg이 들어 있다. 흔히 혈당이 100이라 부름) 정도로 유지하려고 부단히 노력한다(110 mg

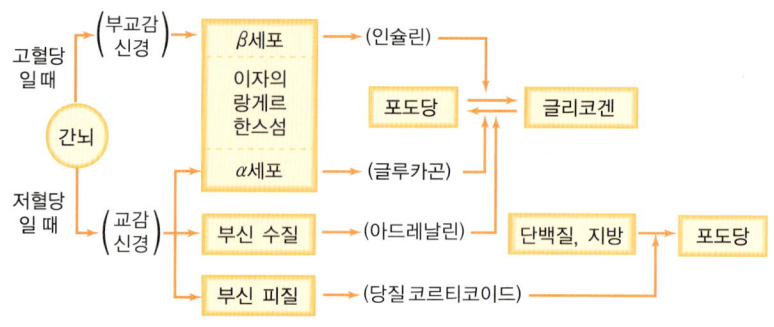

그림 8.6 혈당 조절.

/100 ml —혈당 110—까지는 아주 정상으로 봄). 밥을 먹은 다음 간뇌(시상 하부)에서 혈당량 상승이 감지되면 부교감 신경 副交感神經이 자극되어 이자의 랑게르한스섬(islets of Langerhans)의 베타(β) 세포에서 인슐린(insulin)이 분비된다. 그리고 간肝에서 포도당을 글리코겐(glycogen)으로 저장하고 근육에서는 포도당 분해가 촉진되어 혈당량이 감소한다. 혈당량을 감소시키는 주요 호르몬이 인슐린이다. 그래서 당뇨병糖尿病(혈액 안에 포도당이 너무 많아 오줌으로 포도당이 섞여 나오는 병) 환자들은 인슐린 주사를 맞는다. 다음은 배가 고파 혈당량이 감소하게 되면 교감 신경 交感神經이 자극되어 이자 랑게르한스섬의 알파(α) 세포에서 글루카곤(glucagon)이 분비되고 부신 수질 副腎髓質에서 아드레날린(adrenalin)이 분비되어 글리코겐을 포도당으로 분해한다. 또한 부신 피질皮質에서 당질코르티코이드(corticoid)가 분비되어 단백질, 지방을 포도당으로 분해하여 혈당량을 0.1 %에 가깝게 끌어올린다. 혈당 조절도 그렇게 간단치가 않구나! 이것도 크게 보아 역시 되먹임 현상이다.

당뇨병은 인슐린 분비가 적은 선천적(유전성)인 것이 있는가 하면, 인체가 노화老化되면서 이자의 기능이 덩달아 떨어져 인슐린도 제대로 제 할 일을 못하게 되는 것도 있다. 당뇨병의 특징이 또한 노화를 빼 닮았다고 한다. 과연 늙음이란 어떤 것일까? 그 원인을 다음 글에서 찾아보자. 누구나 싫어하는 늙음 말이다.

"오는 백발 지는 주름, 한 손에 가시 들고 또 한 손에 막대 들고, 늙는 길 가시로 막고 오는 백발 막대로 치려드니, 백발이 제 먼저 알고 지름길로 오더라." 참 그럴듯하게 우탁禹倬 선생이 읊은 늙음을 탄식하는 탄로가歎老歌다.

생로병사生老病死의 사고四苦*를 누군들 피할 수 있는가. 그러나, 남 할 것 없이 영생할 것처럼 욕심을 부린다. 문지방만 넘으면 저승인 것도 모르고 바보처럼 말이다. 백 살을 산다고 해도 고작 36,500일을 살고 죽는다. 수즉욕壽則辱**이라고 오랜 삶은 욕됨이다. 건강하게 살다가 자는 잠에 죽는 것이 백 번 옳다. "죽은 자의 얼굴은 그가 살아온 삶을 보여 준다."고 하던데……. 버림과 놓음, 썩힘과 하심下心***이여! 영구히 늙지 않는 몸(ageless body)에 영원히 지칠 줄 모르는 정신(timeless mind)으로 살 수는 없을까? 늙다리의 넋두리가 길었다.

노화老化를 꼭 꼬집어 이래서 그렇다고 설명하기 어려우나 일반적으로 늙음은 유전자시계가설(genetic-clock hypothesis)과 핵산마멸가설(wear-and-tear hypothesis)로 나눈다. 먼저 유전자시계가설遺傳子時計假說은 말 그대로 노화와 죽음은 유전적으로 정해진 시한이 있다고 믿는다. 유전자遺傳子(DNA)가 세포의 기능에 영향을 미쳐서 노화가 진행된

---

* **생로병사의 사고**: 사람이 태어나고 늙고 병들어 죽는 네 가지 고통.
** **수즉욕**: 너무 오래 사는 것은 욕됨이다.
*** **하심**: 불교에서, 자기 자신을 낮추고 남을 높이는 마음.

다는 것이다. 무릇 오래, 건강하게 살려면 '장수 집안'에 태어나야 한다. 여기서 '집안'이란 바로 '유전자'를 뜻하는 것으로, 아무리 건강을 잘 관리해도 한계가 있다는 말이다. 다시 말하면 세포 안에 나름대로 모래시계(hourglass)가 있어서 세포의 분열 횟수가 정해져 있다는 주장이다. 태아의 세포를 조직 배양했을 때 70여 번 세포 분열을 하는 데 반해서 70세 노인의 세포를 같은 조건에서 키웠더니 20~30번 분열을 하고 말았다고 한다. 그러니 세포 속에 뭔가가, 정해진 프로그래밍이 있는 것이 아닌가? 그리고 초파리(fruit fly)나 예쁜꼬마선충線蟲(caenorhabditis elegans)에서 정상 수명보다 2배 이상 오래 사는 특이한 유전자를 가진 변종이 생겨나니, 사람으로 치면 150살을 너끈히 사는 놈이다. 한마디로 유전자가 노화를 결정하고, 사람도 그 유전자가 달라서 수명壽命은 선천적이라는 것이다. 인명재천人命在天, 사람의 죽고 삶이 하늘에 달려 있다!

다음은 핵산마멸가설核酸磨滅假說이다. 세포가 분열하려면 염색체가 늘어나고 그 염색체를 구성하는 DNA가 복제돼야 한다. DNA 복제複製가 여러 번 연이어 일어나면 DNA 가닥 끝자락(텔로미어, telomere)이 조금씩 마모하면서 줄어들어 나중에는 복제가 멈추고 따라서 세포가 생명력을 잃는다. 이것이 노화요 죽음인 것이다. 이렇게 생명을 담보하고 있는 DNA가 자외선, 방사선, 화학 물질들에 노출되어 손상을 입기도 한다.

늙음의 이유가 이것 말고도 여럿 있겠지만, 세포 호흡 과정에 생기는 산소유리기(oxygen free-radical)가 세포를 상하게 한다. 과유불급過猶

---

* **과유불급**: 정도를 지나침은 미치지 못함과 같다는 뜻.

不及*, 산소라는 것이 꼭 그렇다. 야누스가 두 얼굴을 가졌듯이 말이다. 이런 유리기遊離基를 없애주는 항산화 물질(antioxidant)이 과일 채소에 많아서 "오래 살려면 샐러드를 많이 먹으라."고 한다.

두 주먹 꽉 쥐고 태어나 쫙 펴고 가는 빈손 인생인데 추잡스럽지 않게 탈 없이 살다가 자는 잠에 고종명考終命* 하고 싶다. 사람들아, 인간 한살이가 턱없이 덧없고 부질없다!

호르몬 중에 별 호르몬이 다 있다. 사람을 해치는, 흔히 말하는 '환경環境 호르몬'이라는 것이다. 이것은 인체의 내분비 계통에 이상異常을 일으켜, 생식 기능 및 면역 기능의 저하, 성장 장애 등을 가져오는 화학 물질을 통틀어 이르는 말인데, 쉽게 말해 '가짜 호르몬'이라고 생각하면 된다. 좀더 잘 살아보겠다고 아등바등하다 그런 것이 생긴 것이다. 인간이 만들어낸 환경 오염 물질에 그것들이 들어 있으니 '문화의 부산물'이라 해도 될 것 같다. 물론 현대 사회에서 피할 수는 없겠지만 그 피해를 줄이고자 노력해야 할 것이다. 맑고 깨끗한 환경이 건강한 꿈나무들을 태어나게 한다. 또한 건강한 지구를 후손에게 물려주어야 하는 것이 우리의 역할이다. 그럼, 그렇고 말고!

다시 더 이야기하면, 환경 호르몬의 공식 명칭은 '내분비계 장애물질'이다. 사람이나 동물의 몸속에서 생식기 기형과 성性조숙증, 정자 수 감소, 불임 같은 부작용을 일으키는 온갖 화학 물질을 통칭해서 일컫는 말이다. 산업 발달로 인해 3,000여 만 종의 화학 물질이 유통되고 있지만, 이 중 환경 호르몬으로 규정된 물질은 다이옥신(dioxin), DDT, 폴

---

* **고종명**: 오복의 하나. 제명대로 살다가 편안히 죽는 것을 이른다.

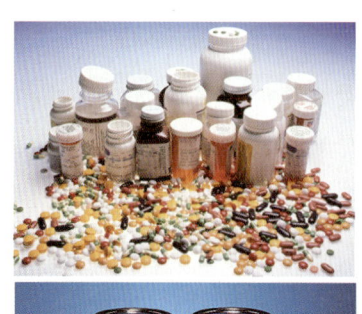

그림 8.7 환경 호르몬 물질이 다량 포함된 제품들.

리염화비페닐(PCB) 등 100여 종에 불과하다. 나머지에 대해서는 아직 검증이 이뤄지지 않았을 뿐이다.

   이런 환경 호르몬의 피해를 줄이려면 우선 농약을 덜 뿌린 농산물을 섭취하고 육류나 생선 중에서 지방이 많은 부위는 되도록 피하는 것이 좋다고 말한다. 전자레인지에 플라스틱 용기나 비닐 랩(vinyl wrap)을 넣는 것은 금물이다. 야채는 되도록 바깥 잎을 제거하거나 깨끗하게 씻어 먹어야 하고, 고구마 종류와 우엉, 다시마, 미역 등 섬유질 식품을 많이 먹어야 한다. 이 밖에 통조림 제품 섭취를 줄일 것, 설거지나 청소 때 합성세제 사용량을 줄일 것, 방향제, 살충제, 스프레이(spray) 제품 사용을 줄일 것, 플라스틱(plastic) 장난감을 아이가 가급적 만지지 않게 할 것, 손을 자주 씻을 것 등을 전문가들은 권한다.

09
신경계

신경神經(nerve)은 뉴런(neuron)이라고도 부르는 신경 세포神經細胞가 모인 것으로 그것을 통해서 자극이 전달된다. 뉴런은 신경 조직을 만드는 기본 세포로, 다른 말로 신경 세포라 부른다. 즉, 시경 세포가 곧 뉴런으로 같은 말이다. 바로 우리 몸에 깔려 있는 인터넷선, 전깃줄인 것이다. 자극을 수용受容(받아들임)하는 감각 기관(눈, 귀, 코, 혀, 피부)에 아무 이상이 없다 하더라도 거기에서 받은 자극을 운동 기관인 근육에 전달하는 신경에 이상이 생긴다면 반응할 수가 없다.

뉴런은 그림 9.1과 같은 구조로 되어 있는데, 몸의 위치나 기능에 따라 모양이 가지각색이다. 우리 몸에서 가장 긴 세포는 장단지에 있는 운동 뉴런으로 길이가 1 m나 된다. 아니! 세포 하나의 길이가 1 m나 된다고? 사실이다.

그림 9.1에서 보듯이 뉴런에는 핵을 가지고 있는 신경 세포체 둘레

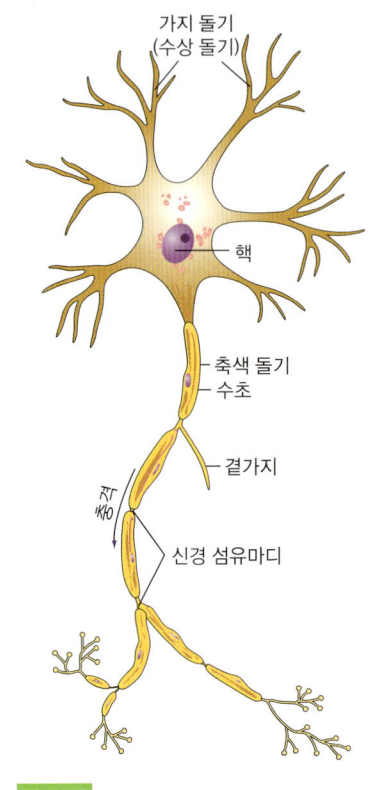

그림 9.1 신경 세포(뉴런)의 구조.

에 작은 여러 갈래의 돌기가 나 있으니 그것이 수상 돌기樹狀突起('나뭇가지 모양의 돌기'란 뜻임)이고, 신경 세포체에서 굵고 긴 돌기가 하나 뻗으니 그것이 축색 돌기軸索突起('긴 줄 모양의 돌기'란 뜻임)다. 축색 돌기를 흔히 '신경 돌기' 또는 '신경 섬유神經纖維'라 부르기도 한다. 다시 말하지만 뉴런에서 신호(흥분) 전달은 수상 돌기에서 받아 그것이 신경 세포체를 지나 축색 돌기로 흘러간다. 축색 돌기의 단면(횡단면)을 보면 중앙에 축색이 있고, 그 둘레를 수초髓鞘(미엘린-myelin-초)라는 막이 싸고 있으며, 이 수초의 겉에 다시 신경초(슈반-Schwann-초)라고 하는 막이 있다. 그리고 신경초를 이루는 슈반 세포들 사이에 약간 벌어진 틈이 있는데, 그것을 랑비에결절(node of Ranvier)이라고 한다. 여기서 '초鞘'란 둘러싸는 '집'이란 뜻인데, 축색 돌기를 광케이블이라고 본다면 수초나 신경초는 그것을 감싸고 있는 껍질로 절연체(전기가 통하지 않는 물체)인 고무 역할을 한다. 수초나 신경초로 싸여 있는 '유수 신경'이 그것이 없는 '무수 신경'보다 훨씬 흥분 전달 속도가 빠르다. 갓 태어난 아이일 때는 수초가 없다가 자라면서 그것이 생겨난다고 한다.

그리고 뉴런은 3가지로 나뉜다. 예를 들어, 피부에 뜨거운 것(자극)이 닿았다고 하자. 피부(수용기)에 가득 퍼져 있는 '감각感覺 뉴런'이 흥분되어 중추 신경(뇌와 척수에 들어 있음)을 구성하는 '연합聯合 뉴런'에 전달한다. 연합 뉴런은 상황을 판단하여 근육에 연결된 '운동運動 뉴런'에 신호를 전달하면 그것은 근육(반응기反應器)에 중추 신경의 명령을 즉시 전하여, 손

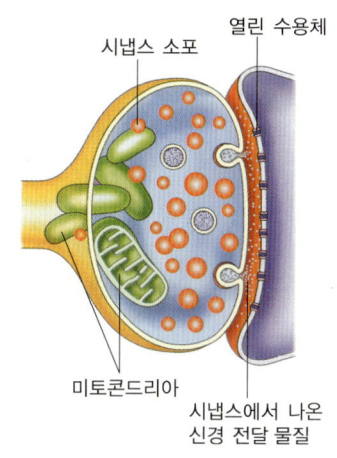

그림 9.2 시냅스.

을 뜨거운 것에서 빨리 떼게 한다. 뇌신경과 척수 신경(연합 뉴런)들은 아주 중요한 구실을 하기에 척추와 머리뼈(두개골)에 들어 있다.

그런데 감각 신경과 연합 신경, 그리고 연합 신경과 운동 신경은 축색 돌기의 끝과 수상 돌기가 일정한 간격(틈)을 두고 서로 만나는데 이를 시냅스(synapse)라 한다(그림 9.2 참조).

여기서 주목할 점은, 하나의 뉴런에서 다음 뉴런으로 흥분이 전달되는 뉴런 사이가 달라붙지 않고 떨어져 있다는 것이다. 전류를 흐르게 하는 구리선이나 빛의 신호를 전달하는 광케이블은 어느 한곳이라도 끊어지면 어떤 신호도 전달되지 않는데 신경 세포는 그렇지 않다. 끊어진 틈은 우리 눈으로 보일 정도는 물론 아니고 현미경적인 틈(현미경으로 봐야 보이는 틈)으로 $10\ \mu m$ 이하로 좁다. 흥분 전달은 수상 돌기→신경 세포체→축색 돌기→(시냅스)→수상 돌기의 순서로 이어진다. 틈새인 시냅스를 잇는 것은 다름 아닌 신경(화학) 전달 물질인 아세틸콜린(acetylcholine)이다. 축색 돌기 끝(말단)에서 아세틸콜린이 분비되면

근육의 수축이라든가 다양한 신호 전달이 생기게 된다. 축색 돌기의 끝(신경말단)은 근육에 닿고, 근육은 전해진 신호(signal)에 따라 운동을 하게 되는 것이다. 시냅스에서 도파민(dopamine)이라는 물질이 분비되면 기분이 좋아지고 누군가를 사랑하는 마음이 생긴다. 그런데 자극을 반복하여 받으면 아세틸콜린은 축색 돌기 말단에서 계속 분비하지 못하고 돌기 말단에 재흡수되거나 아세틸콜린 분해 효소에 의해 분해되어 근육 수축이 지속하지 못하게 된다. 이런 상태를 '피로'라 부른다. 그러나 피로한 근육을 얼마간 쉰 다음에 다시 자극하면 아세틸콜린이 재합성되어 반응이 일어난다. 그림에서, 축색 돌기 끝자리에 에너지(ATP)를 만드는 미토콘드리아가 많다는 점을 유의해야 할 것이다. 바로 미토콘드리아가 만들어내는 에너지로 아세틸콜린을 재합성하기 때문이다. 다시 말해서, 근육을 계속 쓰다보면 지쳐(피로하여) 못 쓰게 되지만 얼마 동안 쉰 다음에는 다시 운동을 할 수 있다.

신경계神經系는 중추中樞 신경계와 말초末梢 신경계로 나뉘는데 중추 신경계가 한 회사의 사장이라고 한다면 말초 신경계는 그 회사의 회사원이다. 사장의 업무 지시를 회사원들이 잘 따르지 않는다면 업무 진행에 문제가 생기고, 또 사장이 제대로 된 명령을 내리지 못하면 회사원들의 업무가 원활하지 못하게 된다. 한 예로, 옛날에는 노망老妄이라 불렀던 것을 요즘은 흔히 치매癡呆 또는 알츠하이머(Alzheimers)병이라고 하는데(물론 정확하게 구분하면 조금씩 다름), 그것은 중추 신경계의 일부에 문제가 생겨서 명령을 제대로 내리지 못해 나타나는 병이다. "치매는 정상적으로 성숙한 뇌가 파괴되어 지능, 학습, 언어, 정신 등과 같은 인간 뇌의 고등기능이 감퇴하는 병이다."라고 정의를 내리기도 한다.

그런데 건망증健忘症과 치매는 어떤 차이가 있을까? 누군가와 전화

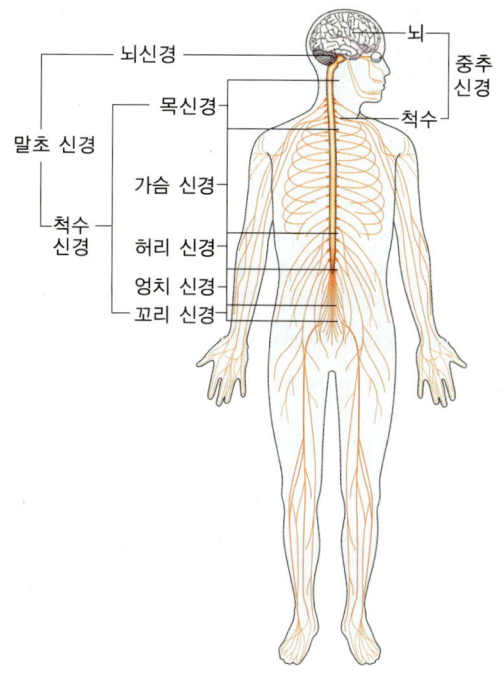

그림 9.3 신경계의 구조.

통화를 하고 있을 때 손에 전화기가 있는 데도 불구하고 "전화기 어디 있지?"라고 깜빡하는 증상이 건망증이고, 전화기를 바라보면서 "이게 뭐지?"라고 한다면 치매다.

그럼, 안경을 손에 들고 안경을 찾고 있는 나는?

한편 건망증이 심하다고 해서 반드시 치매가 찾아오는 것은 아니다. 건망증이란 누구나 겪는 노화老化의 한 과정이기 때문이다. 허나 치매도 유전되는 경향이 있다니 필자도 걱정이 된다. 내 어머니가 이 병으로 자식들을 엄청 괴롭혔으니 말이다. 밤에 자다가 곱게 죽으면 자식들을 효자로 만들지만 긴 병長病으로 고생을 하면 효자도 불효자가 되지 않을 수 없다. "긴 병에 효자 없다."고 하니 말이다. 아무튼 늙어가면서도 읽고 쓰고 생각하는 뇌 쓰기를 게을리하지 말아야 한다. 뇌도 쓰지 않으면 분명 빨리 퇴화退化하고 만다.

중추 신경계는 뇌腦와 척수脊髓로 구분하는데, 뇌(brain)는 대뇌, 소뇌, 간뇌로 나뉜다. **대뇌**大腦는 뇌의 맨 위쪽에 풍선처럼 부풀어 있으며, 껍질을 벗겨낸 호두를 똑같이 닮았고, 이것은 기억, 판단, 추리 등 고등정신 작용을 담당한다. 대뇌 피질은 200억 개에 가까운 신경 세포(뉴런)가 모인 것으로 '연합중추' 역할을 한다. 대뇌는 좌우 양쪽으로 나누어지니 이를 반구半球라 하며, 왼쪽 반구는 몸의 오른쪽을, 오른쪽은 몸의 왼쪽을 담당한다. 그래서 대뇌의 오른쪽이 다치면 왼쪽 반신불수半身不隨*가 되는 것이다.

대뇌의 안쪽에는 '변연계'라는 부위가 있는데, 이것은 공포, 분노, 기쁨, 슬픔 등과 같은 본능적인 것을 담당하며 다른 동물들의 행동(본능)과 같은 일을 담당한다. 보통 때는 멀쩡하다가도 술을 과하게 먹어 이성을 잃은 행동을 하는 수가 있으니 이는 대뇌가 제 기능을 잃고 변연계가 작동한 탓이다. 그리고 대뇌 피질(겉 부위)은 여러 감각을 받아들인 후 종합하여 의사를 결정하고 명령을 내보내는 기능을 한다. 대뇌 피질에서 말을 하고, 남의 말을 듣고, 글을 쓰는 언어 중추는 왼쪽에 있다. 그래서 왼쪽 뇌를 '언어뇌'라 한다. 필자의 여러 버릇 중에, 글을 쓰다가 잘 풀리지 않으면 왼쪽 뇌에 손이 간다. 만일 왼쪽 뇌를 다치면 어떻게 되겠는가? 그리고 오른손잡이와 왼손잡이도 바로 이 언어뇌에 차이가 있다. 오른손잡이는 왼쪽 뇌에 96 %의 언어 중추가 있는 반면

* 반신불수: 몸의 한쪽이 마비됨.

에 왼손잡이는 70 %만이 왼쪽 뇌에 있다고 한다. 왼손잡이는 세계적으로 약 12 %가 있다. 왼손잡이로 태어나면 어른들이 오른손을 쓰게 하여 바로잡아 준다. 그러다가도 아주 신경이 많이 쓰이는 공책 위에 바른 줄 긋기, 탁구나 정구를 할 때도 본능적으로 왼손을 쓰게 된다.

여성과 남성의 뇌 기능을 비교해 보면 서로 약간의 차이가 있음을 발견할 수 있다. 한 마디로 하면 여자는 언어 능력이 발달한 반면에 남자는 공간 능력이 뛰어나다. 성장과정을 봐도 여자가 말을 빨리 배우고, 말더듬이가 거의 없으며, 수다스럽게 말이 많다. 다른 말로 여자들은 언어 기능이 뇌의 양쪽에 고루 퍼져있는 데 비해서 남자는 주로 왼쪽 뇌에 모여 있다. 반면에 지도를 써서 어느 지역이나 방향을 찾는 것은 남자가 훨씬 낫다. 공간 개념은 남자가 발달했다는 뜻이다. "남자가 냉장고 속의 물건을 제대로 찾지 못한다면 여자는 길을 찾지 못한다."는 말이 있다. 어쨌거나 남녀의 뇌 구조는 조금 다르다.

소뇌小腦는 골프공을 닮았으며 두 개가 간뇌 뒤에 붙어 있다. 운동 조절을 하는 중추로 악기를 다루거나 스포츠 전반에 영향을 절대적으로 미친다. 처음 연주를 할 때는 대뇌로 생각하면서 하지만 수련이 되면 거의 자동(반사)적으로 한다. 오랜 훈련으로 얻은 정보를 소뇌에 저장해 놓았기 때문이다. 몸의 균형 잡이도 물론 소뇌가 하며, 어지럼증이 있다면 소뇌에 이상이 있을 수가 있다.

중뇌中腦는 수정체 두께 조절, 무의식 안구 운동, 동공 크기 등의 조절을 담당하고, 간뇌間腦는 체온 조절, 호르몬 분비 등 항상성 조절에 중요한 몫을 하며, 연수延髓는 기침, 재채기 등 호흡 운동과 심장 박동 조절을 담당한다. 각 뇌들은 여러 기능들을 따로 담당하기도 하지만 서로 신호를 전달하면서 아주 복잡하게 연결되어 있다. 그리고 척수脊髓

는 감각 신경과 운동 신경이 지나는 길이기도 하며 척수 반사와 배변, 배뇨 기능을 담당한다. 다른 조직의 세포들은 적정 수준까지 분열하는 기능이 있지만 신경 세포는 한 번 형성되면 더 이상 분열하지 않는 특징이 있다. 그러므로 신경의 재생력이 아주 떨어진다.

중추 신경계의 명령을 수행하는(중추 신경에서 나오는) 말초 신경계는 ① 체성體性 신경계와 ② 자율自律 신경계로 구분한다. 체성 신경계는 뇌신경 12쌍, 척수 신경 31쌍이 있고, 몸 바깥 전신에 퍼져 있으며 피부, 근육, 감각 기관에 이런 말초 신경이 분포한다. 예를 들어 중추 신경이 군대에서 사단본부라면 말초 신경은 전방을 포함해 전국 곳곳에 주둔하는 소대라고 보면 된다. 중추 신경과 말초 신경은 따로 존재하지 않고 깊은 유기적인 관계를 갖는다. 여기서 '말초末梢'란 말은 '나뭇가지나 사물이 끝으로 갈리어 나간 가지'라는 뜻이다. 그런데 우리 몸에 신경이 없는 곳은 피부가 변한 머리카락과 손발톱뿐이다.

자율 신경계는 교감 신경 交感神經과 부교감 신경副交感神經을 묶어 말하는 것으로, 이것들도 역시 뇌와 척수인 중추 신경에서 가지처럼 나오며, 이것들은 몸의 밖이 아닌 몸 안인 내장에 분포한다. 이리하여 전신 안팎 구석구석 어디에도 신경이 퍼져 있지 않는 곳이 없게 된다. 그리고 부교감 신경은 목 부위의 연수와 척수의 아래 끝 부분에서 나오고 교감 신경은 그 사이(가슴과 배 부위)에 있는 척수에서 나온다. 그리고 모든 내장은 이 두 신경이 모두 분포하여 2중 지배를 받는다. 물론 두 신경은 서로 반대되는 길항 작용拮抗作用을 한다. 또 하나, 자율 신경은 대뇌의 명령에 따르지 않고 말 그대로 '스스로 조절'하는 특성이 있다. 교감 신경 끝에서는 신경 전달 물질로 아드레날린(에피네프린)이 나오고 부교감 신경 끝에서는 아세틸콜린이 분비된다.

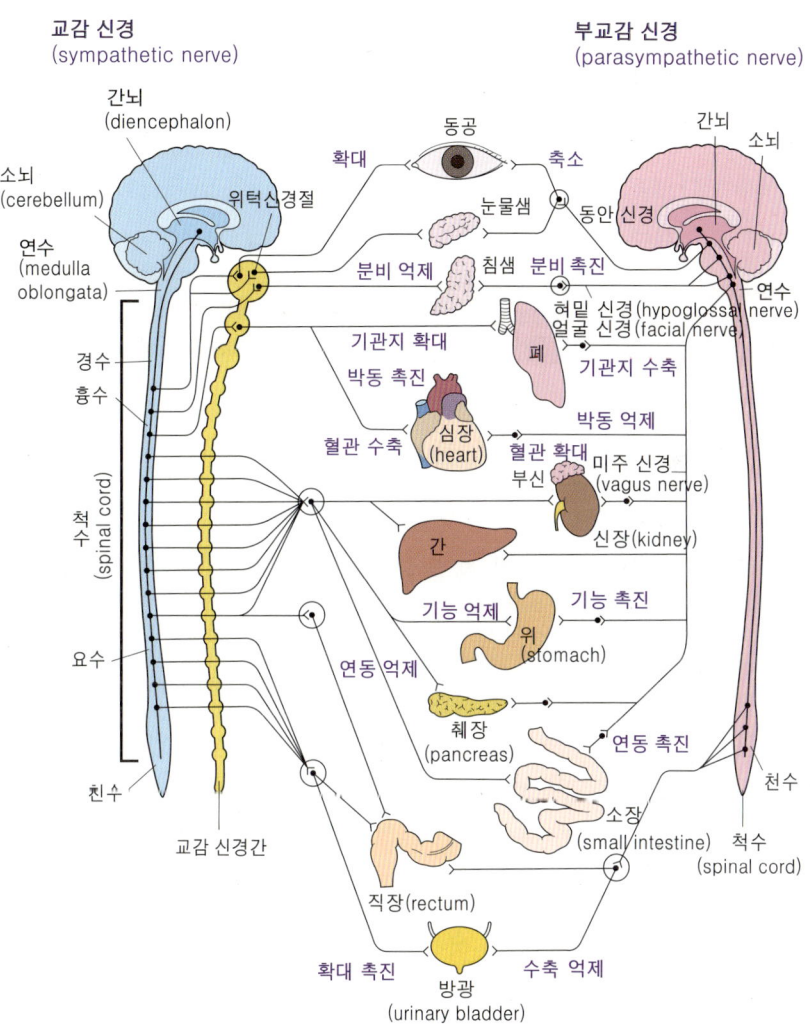

※교감 신경, 부교감 신경은 서로 상반된 기능을 가지고, 몸의 균형을 유지한다.

그림 9.4 자율 신경의 역할.

일반적으로 교감 신경은 긴박하거나 위험한 일을 당했을 때, 또 화가 많이 났을 때나 시달림(스트레스)을 받아 심신이 괴로울 때 작동하는

데(교감 신경이 부신을 자극하여 아드레날린 분비가 많아지면서), 때문에 전신이 긴장되면서 심장 박동과 호흡이 빨라진다. 그리고 거기에 필요한 에너지를 공급하기 위해 혈당을 높이고 더 잘 보기 위해 동공을 크게 한다. 그러므로 심장이 펄떡거리고 숨이 헐떡거리면서 가빠진다. 피부에도 혈액 공급이 막혀서 얼굴이 창백해진다. 고민이 있거나 흥분 상태에서 식욕이 없고 먹어도 소화가 안 되는 이유다. 이럴 때는 부교감 신경의 기능이 떨어지면서 내장의 기능도 저하한다. 이런 반응은 잽싸게 일어나서 보통 1초가 걸리지 않는다고 한다. 사람 몸에서 보통 신경은 흥분 전달 속도가 1초에 약 50 m, 뇌에서는 약 20 m라고 하니, 무서운 소리를 듣거나 겁나는 장면을 보면 귀나 눈이 중추 신경에 그것을 알리고 중추 신경이 명령을 자율 신경에 내리는 것은 순간적이다. 뱀을 보고도 두려움 없이 싱글벙글 웃고만 있다면 어떤 일이 일어나겠는가? 뱀에 물려 다치게 될 것이다. 교감 신경의 중요성을 이런 데서 찾아도 좋다.

그런데 만일 계속해서 교감 신경이 팽팽한 상태로 머문다면 어떻게 되겠는가? 아마도 혈당을 다 써버리고 지쳐 쓰러지고 만다. 위기를 넘기면서 드디어 부교감 신경이 자극되면 아세틸콜린이 많이 분비되면서 안정을 되찾는다. 심장 박동이 서서히 줄고 숨 쉬기도 더뎌지며, 침과 위액 같은 소화액 분비가 촉진되고 소화관의 운동도 활발해진다. 마음이 안정되고 기분이 상쾌해지면서 부교감 신경이 촉진된 상태가 된다. "야, 내 교감 신경 자극하지 마!"란 말의 의미를 알 수 있다.

그래서 교감 신경이 자극을 받으면 부교감 신경이 "너 왜 그래!" 하고 달래게 되고, 반대의 경우도 마찬가지다. 다시 말하면 이 두 신경은 서로 간에 길항 작용을 하여 수평水平을 유지한다.

결국 교감 신경이 촉진促進되면 부교감 신경이 교감 신경의 작용을 억제하고, 부교감 신경이 너무 항진亢進되면 교감 신경이 촉진되어 부교감 신경을 억제시켜 몸의 균형을 유지하게 하는 것이다. 그래서 교감 신경을 시도 때도 없이 흥분시키며 살아가는 다혈질인 사람들은 몸의 균형이 잘 유지되지 못해 각종 병에 시달리거나 수명이 단축된다. 늘 웃으며 느긋하게 살아갈 순 없지만, 그래도 그리 하려고 노력하면서 살아야 한다.

지금 이 글을 읽는 모든 독자들은 한 번 웃어보라. 틀림없이 건강해진다. 여러 약으로 치료가 잘 되지 못하는 병들도 웃음으로 치료가 되는 걸 보면 웃음이야말로 가장 큰 보약이라는 생각이 든다. 웃는 것도 연습이 필요하니, 거울을 볼 때마다 웃어서, 얼굴의 미소근육을 발달시키자. 웃는 낯에 침 뱉지 못 한다. 소문만복래笑門萬福來라, 웃는 집에는 만복이 깃든다! 그리고 일소일소一笑一少요 일로일로一怒一老라, 한 번 웃으면 그만큼 젊어지고 한 번 화를 내면 따라서 늙는다.

10
귀(청각 기관)

입은 하나이고 귀가 두 개인 까닭을 아는가? 말은 적게 하는 것이 좋고, 대신 남의 말을 많이 들으라고 그렇게 만들었다. 누구나 실없이 말이 많으면 천박스럽고, 더러 실수를 하는 수가 있다. 눈알이 두 개인 것은 역시 많이 관찰하라는 의미가 아니겠는가? 부디 많이 보고 들어 견문見聞을 넓힐지어다.

귀耳(ear)는 소리를 듣는 청각 기관聽覺器官이다. 귀가 하는 일이 무엇일까? 궁금하면 귓구멍을 양손으로 꽉 누르고 잠깐만이라도 길을 걸어보자. 와글와글 사람 소리, 자동차 경적 소리가 들리지 않아 좋다. 그러나 남의 말을 듣지 못하는 것은 물건을 보지 못하는 것 못지않게 힘들다. 청각장애인들의 서러움을 아는가? 가지고 있는 것은 언제나 그리 귀하지 않게 여기지만 잃어보면 그것이 얼마나 소중한 것인가를 느낀다. 하물며 귀를 잃었다면? 어머니의 마음을, 또 자연의 속삭임을 듣지 못하고 만다면? 상상만 해도 끔찍한 일이다. 실제로 수많은 사람들이 '청각장애인'으로 힘들게 삶을 살아가고 있다. 호미로 막을 것을 가래로 막는 우愚(바보스러움)를 범하지 말아야 할 것이다. 모름지기 예방이 으뜸으로, 치료보다 돈이 훨씬 덜 든다는 것을 알아두자. 귀를 보호하자는 말이다.

귀는 겉에 나와 있는 귓바퀴와 그것에 연결되어 있는 겉귀길(외이도)을 포함하는 겉귀(외이外耳), 청소골과 유스타키오관이 연결된 가운데귀中耳, 달팽이관과 세반고리관, 전정 기관이 있는 속귀內耳로 나뉜다. 눈에 보이는 겉에 걸려 있는 겉귀의 귓바퀴는 소리(음파)를 모아 귀 안으로 넣어주는 일을 한다. 그래서 개나 당나귀는 귓바퀴를 쫑긋 세워서 소리가 나는 쪽으로 방향을 틀어 움직인다. 사람도 옛날 원시인 시절엔 그것을 움직였을 것으로 추측한다. 그래서 보통 사람들은 귓바퀴를 움직이게 하는 동이근動耳筋(세 개의 인대와 여섯 개의 근육으로 됨)이 퇴화하여 쓰지 못하지만 그것을 조금씩 움직이는 사람이 더러 있다. 맹장이 퇴화하여 작은 벌레 닮은 돌기인 충수蟲垂(막창자꼬리)가 되었듯이, 눈가 석의 순막瞬膜들과 함께 동이근도 흔적 기관(퇴화 기관)이다. 사람도 정말로 진화한 것일까? 진화란 돌변突變하는 환경에 살아남기 위해 몸이나 생각을 바꾸어 가는 현상이 아닌가. 독자 여러분들도 갑자기 변하는 환경에 제때 알맞게 바꾸어 나가야 한다. 다른 말로 진화進化란 살아남기(생존)위해 나아가 적응適應하는 것이다. 바뀌는 환경에 적응하면 살아남고 그렇지 못하면 죽고 만다는 이론이 곧 자연도태설(자연선택설)이다. 자나 깨나 적응, 꺼진 적응도 다시 깨우자!

잘 생긴 귓바퀴의 길이는 7 cm 정도라고 한다. 이 기준으로 보면 필자의 귀는 아주 못 생긴 부류에 속한다. 왜냐하면? 귀가 너무 작아 그렇다. 대학 때 어느 스님이 필자에게 "귀만 조금 더 컸으면 나무랄 데

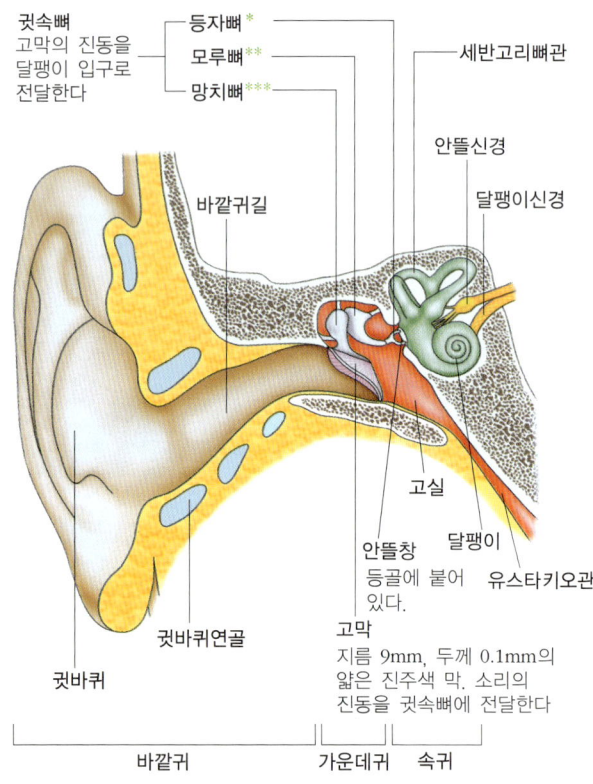

그림 10.1 귀의 구조와 구분.

가 없는데……."라고 했던 말이 아직도 기억난다.

  동양 사람들은 귓불(귓불의 두께)이 두껍고 길게 늘어진 귀를 복 귀 또는 '부처 귀'라 하여 좋게 본다. 그런가 하면 서양 사람들은 귓불이 길면, 그런 귀를 '당나귀 귀(donkey ear)'라 불러 '바보'로 취급한다. 서양 만화에 당나귀가 그려져 있으면 바보, 얼간이, 고집쟁이를 비꼬고

---

* **등자** : 말을 탔을 때 두 발로 디디는 제구.
** **모루** : 대장간에서 쇠를 불릴 때 받침으로 쓰는 쇳덩이.
*** **망치** : 단단한 물건이나 녹은 쇠를 두드리는 데 씀, 해머(hammer).

있는 것임을 알자. 그렇다면 필자의 귀는 서양에서 복귀로 대접 받는다! 이렇게 귓바퀴 하나를 보는 눈도 동서東西가 다르다. 이것이 '문화의 차이'라는 것이다.

귓바퀴는 물렁물렁한 뼈인 연골軟骨로 되어 있다. 한 번 접어졌다가도 제 모양을 되찾는 탄성彈性 연골로 되어 있으며, 그 겉에 아주 얇은 피부가 덮여 있고 지방이 전혀 없다. 그리고 연골에는 피가 통하지 않기 때문에 추운 곳에서는 동상凍傷에 걸리기 쉽고, 또한 항상 체온보다 온도가 낮아서 뜨거운 물건을 만졌을 때 손이 귀로 가는 것이다. 만약 귓바퀴나 코가 딱딱한 뼈였다면 사람마다 코와 귀를 보호하는 보호대를 찼을 것이다.

귀가 연골인데도 불구하고 매트(mat)에 얼굴을 쉼 없이 부비는 레슬링(wrestling) 선수들의 귀는 납작하고 퉁퉁한 것이 제 모양을 잃어버렸다 그리고 그것이 연골이었기에 옛날에는 전쟁에서 코와 귀를 잘라 갔다.

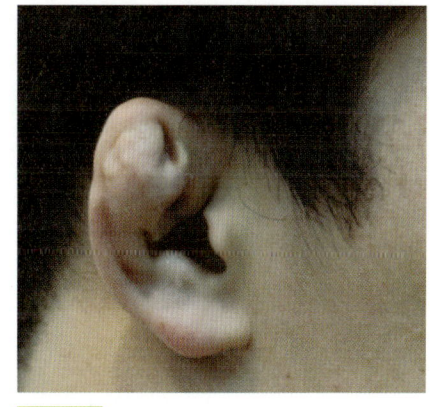

그림 10.2 제 모양을 잃어버린 레슬링 선수의 귀.

코끼리는 키(곡식 등을 까부르는 그릇) 닮은 커다란 귓불을 가지고 있어 온도 조절을 하는데 귓바퀴를 설렁설렁 부채질해서 열을 발산한다. 아프리카코끼리가 아시아코끼리보다 귀가 더 큰 이유는 아프리카가 더 덥다는 의미다. 사람도 아주 미미하지만 귀를 통해 역시 체온 발산發散을 한다. 무엇보다 사람이 화가 났을 때 귀가 벌겋게 달아오른다. 그리고 귓바퀴의 안쪽에 고랑 모양의 주름(골)이 나 있어서 소리를 쉽게 모으는데, 사람 중에는 그 주름이 거의 없는 '돌출형 귀'가 있으니, 그것도 유전이다. 그런 귀를 역시 '당나귀 귀'라고 하여 놀림을 받고, 관상학觀相學的으로 문제가 된다.

섬뜩한 이야기지만 하지 않을 수 없다. 필자의 아내와 친척 집에 갔을 때, 남자 아이 머리에 뭘 씌워 놓았기에 모양을 내느라 그런 것인 줄 알았다. 나중에 알고 보니 그 아이는 귓바퀴가 없이 태어나서 그렇게 가리고 있었던 것이다. 최근 기형아의 출산율이 증가 추세에 있다고 하니, 특히 임신 중에 약물 복용에 유의하고(반드시 의사의 처방에 따를 것!), 보통 때에도 약 먹기를 삼가는 것이 옳다. 독이 되지 않는 약은 없으니 말이다. 51%만 약이 되고 49%가 독이 되어도 그것을 약이라 한다.

귓바퀴의 아래에 달려있는 귓불 또한 사람마다 민족마다 모두 다르다. 아주 큰 귀가 사실은 부처 귀다. 귓불에는 연골이 없고 피부와 몰랑몰랑한 지방으로만 되어 있어서 거기에 고리(ring)를 다니 그것이 귀고리다. 예뻐지기 위해서 귓불을 뚫는 아픔쯤은 너끈히 참는 여성들! 젊은 남자도 여자처럼 귀에 고리를 달지 않는가? 예쁨이 도대체 무엇이기에 입술과 배꼽에도 고리를 달까?

다음은 바깥귀길(외이도 外耳道)로 들어가 보자. 흔히 귀이개를 집어 넣어 귀지를 파는 곳이다. 이비인후耳鼻咽喉(귀, 코, 인두, 후두)를 전공하는 의사들이 하는 말을 귓바퀴를 쫑긋 세우고 귀담아 들어야 한다. 즉, "자기 팔뚝보다 작은 것은 귀에 넣지 말라!"는 것이다. 팔뚝이 귓구멍에 들어갈 수 없는 것은 당연하다. 이 경고는 함부로 귀를 파지 말라는 것이다. 머리를 감거나 목욕, 수영을 한 다음에 귀이개나 솜방망이로 물을 닦아 내는 것도 금기禁忌 사항이다. 물이 좀 들어갔더라도 저절로 마르게 두는 것이 옳다. 외이도를 건드리다가 곰팡이의 한 무리인 진균류眞菌類가 생기는 날에는 진물이 줄줄 나고 가려워 죽는다. 그 곰팡이를 단방에 죽일 수 있는 약 하나를 아직 개발하지 못했다. 그런데 변명이 더 걸작傑作이다. 진균은 사람의 특성과 너무 닮아 그렇다고 하니 말이다.

그리고 귓구멍 입구 아래에 톡 튀어나온 곳이 하나 있는데, 거기에 털이 난다. 물론 나이를 먹었을 때 말이다. 그런데 그 털이 여자는 없고 남자만 난다니 그것 또한 흥미롭기 그지없다. 여자에게서는 볼 수 없는 대머리처럼 남자에만 나타나는 것으로, 이렇게 남녀에게 달리 나타나는 것을 종성유전從性遺傳이라 한다.

외이도는 귀지가 생기는 자리다. 길이가 약 2.5 cm이며 지름이 약 0.8 cm로 S자로 굽어있다. 외이도는 피부와 같이 귀지샘(땀샘)도 있고 기름샘(피지선皮脂腺)도 있는데 여기에 땀과 지방 성분이 포함되어 있고, 거기에 먼지나 죽은 피부 세포가 엉겨 붙어서 귀지가 된다. 귀지도 사람과 인종에 따라 다르다. 바싹 마른 귀지를 '건성귀지'라 하는데, 그것은 동양인이 많고, 서양인들은 끈적끈적한 '습성귀지'가 더 많다고 한다. 귀지는 세균으로부터 피부를 보호하며, 다른 벌레 같은 것이 귀 안에 들어와 그것을 소량만 먹어도 죽는다. 독성을 가진 귀지다! 외이도의 피부 세포들이 바깥쪽으로 향해 성장하기 때문에, 귀지는 고막 쪽으로 들어가지 않고 반

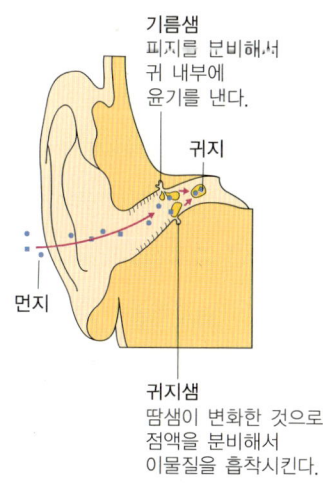

그림 10.3 귀지가 생기는 원리.

드시 밖으로 나오게 되어 있다. 그러니 더더욱 귀지를 파는 것을 삼가는 것이 좋다. 그러나 귀지 조각이 지저분하게 귓구멍 둘레에 떨어져 있는 모습은 칠칠맞지 못하다.

공기 중에서 소리의 속력은 기압, 온도, 습도에 따라 달라진다. 기온 20 °C에서 음파속력은 331 m/s (1초에 331 m, 보통 340 m/s로 씀)이고, 기체보다는 액체, 액체보다는 고체에서 더 빠르다. 각 매질에서 소리의 속력(m/s)은 공기(0 °C)에서 330, 물(0 °C)에서 1410, 화강암(20 °C)에서 6000 m/s인데, 물의 온도가 15 °C이면 1450 m/s로 온도가 높을수록 음파 전달 속도가 빠르다.

귓바퀴의 안쪽이 울퉁불퉁, 꾸불꾸불한 모양을 하는 것은 멋으로 그런 것이 아니고, 음파를 모으고 증폭시키는 일을 하는 것이다. 만일에 왁스(밀랍)로 바퀴의 안쪽 골을 메워 미끈하게 해버리면 헤드폰을 낀 것처럼 웅~웅 거리게 된다. 바퀴에서 모인 음파는 외이도를 지나 들어가 고막鼓膜을 떨게(진동)한다. 고막은 높이가 약 1 cm, 폭이 0.8 cm, 두께가 0.1 mm인 아주 얇은 막이다. 달걀 껍질 안에 얇은 막이 있는 것을 봤을 것이다. 그런데 그 알막(난막)은 두 겹으로 껍데기 쪽의 것이 더 얇으며, 그것과 고막은 아주 닮았고, 실제로 그 알막을 인조고막으로 쓰기도 한다. 그런데 고막이 찢어져 피가 나는 경우가 있다. 그럴 때는 물론 병원에 가야 하지만, 금이 난 고막이 달라붙어 낫기도 한다. 그것도 위험하지만 오랫동안 소음騷音에 시달리다 보면 늙어 귀를 잃을 수도 있다. 젊은 사람들이 이어폰을 귀에 꽂고 노래를 듣는데, 그 소리가 멀찌감치 떨어져 있는 나에게도 쿵쿵, 잘도 들린다. 귀를 그렇게 혹사시켜서는 안 된다. 역시 늙어 눈을 잃듯이 귀도 다치고 만다.

암튼 고막이 진동하면 그 진동파는 고막에 연결되어 있는 가운데귀

그림 10.4 젊은이들 대부분이 이어폰을 귀에 꽂고 다닌다.

(중이中耳)의 청소골聽小骨(몸에서 가장 작은 3개의 작은 뼈로 관절에 이어짐)에 전달하고, 청소골(이소골耳小骨)에서 증폭된 음파는 속귀의 달팽이관으로 전달된다. 이어서 음파는 달팽이관에 있는 액체(림프액)를 진동시키면 청세포를 자극해 청신경의 전기 자극이 대뇌로 전달된다. 보통 우리는 자기의 고막 진동으로 소리를 듣는 것으로 알고 있지만 실은 골(뼈)진동으로도 소리를 듣는다. 여러분들은 자기 목소리를 들을 때와 녹음된 자기 목소리를 들을 때 차이가 많이 나는 것을 경험하였을 것이다.

과학칼럼니스트 김형자 씨의 글을 하나 읽고 넘어가자.

"이거 내 목소리 맞아?" 휴대폰에 남긴 음성 메시지나 녹음기에서 나오는 자기 목소리를 처음 듣는 사람은 백이면 백 "내 목소리가 아니다."라고 부인한다. 아무리 테이프(tape)를 돌리고 또 돌려 들어도 녹음기에서 흘러나오는 소리는 영 내 목소리 같지 않다. 하지만 곁에 있는 친구는 "네 목소리 맞아."라고 한다. 다른 사람 목소리는 거의 똑같은데 자기 목소리만 유난히 거칠고 탁하게 들린다. 왜 그런 차이가 생기는 걸까?

대부분의 사람은 목소리가 공기를 통해 귀로 전달된다고 생각한다. 하지만 자신의 목소리는 두 가지 경로를 통해 동시에 듣게 된다. 첫째는 입에서 나온 소리가 공간에서 반사되어 귓바퀴를 울리는 소리(공기의 진동)다. 둘째는 성대의 진동이 머리를 울릴 때 귀에서 포착해낸 소리(몸의 진동)다.

보통 자신이 '내 목소리'라고 알고 있는 소리는 이렇게 두 가지의 소리가 합쳐진 것이다. 즉, 자신이 말하는 목소리는 순수하게 귀로만 들리는 게 아니고 내부 기관의 울림에 의한 소리와 함께 들린다. 성대 진동의 일부가 자신의 두개골과 속귀(내이), 가운데귀(중이)를 거쳐 고막에 직접 전달된다. 두개골의 단단한 뼈와 귓속에 차 있는 액체, 가운데귀에 들어있는 공기가 진동을 전달해 주는 역할을 한다. 목욕탕에서 노래를 부르면 자기 목소리보다 에코(echo)가 좀더 붙어 훨씬 부드럽게 들린다. 같은 이치로 자기가 알고 있는 자기 목소리도 실제로는 울려서 나는 복합 소리다.

그러나 다른 사람은 내 입에서 나온 소리만을 듣게 된다. 성대가 진동하면 그 일부는 입 밖으로 나와 공기를 통해서 전파된다. 이것이 다른 사람이 듣는 내 목소리다. 그러므로 자기 자신이 상상하는 것과는 다른 소리를 타인은 듣게 된다. 내가 듣는 내 목소리와 남이 듣는 내 목소리가 서로 다른 이유이다.

녹음기에 녹음되는 음성도 마찬가지다. 자신의 목소리를 녹음하면 입으로 나오는 소리만 녹음이 되고, 뼈를 통해 전달되는 소리는 녹음되지 않기 때문에 녹음된 음성이 자신의 목소리와 다르게 느껴진다. 녹음기 속에서 나오는 목소리 역시 다른 사람이 듣는 내 목소리다. 그러나 이미 자신의 뇌에는 입 밖 공기를 통해 전달되는 음성과 인체 내부를 통해 전달되는 음성이 혼합된 소리의 기억으로 깊이 각인되어 있고, 이런 이질감異質感 때문에 내 목소리에 낯선 느낌을 받는다.

게다가 녹음 목소리는 머리에서 울려 나는 공명조차 녹음되지 않아서 약간 건조한 목소리로 들리므로, 평소 자신이 듣는 본인의 목소리보다 당연히 촌스러울 수밖에 없다. 녹음기에서 나오는 자기 목소리를 듣는 것은, 평소 익숙해 있는 심포니(symphony)를 성능이 나쁜 라디오(radio)로 듣는 것과 같다.

이제, 소리 전달과정을 다시 정리해 보자. 공기의 진동(횡파)이 귓바퀴와 외이도를 거쳐 고막을 진동한다. 여기까지는 음파音波가 기체氣體(공기)를 타고 간다. 다음은 단단한 뼈인 고체固體가 진동하면서 전달한다. 청소골(망치뼈, 모루뼈. 등자뼈)을 지나면서 음파가 증폭되어 속귀(내이內耳)의 달팽이관으로 전달된다. 음파는 전정계前庭階, 고실계鼓室階라는 달팽이관 내부의 림프액을 진동시킴으로 코르티기관(Corti's organ) 아래에 있는 기저막基底膜을 떨게 한다. 달팽이관에는 액체液體 성분인 림프가 들어 있어서 음파가 액체를 통과한다. 그 진동이 덮개막을 떨리게 하여 청세포聽細胞를 자극하고 청신경의 전기 신호가 대뇌에 전달되는 것이다. 결국 음파는 기체→고체→액체라는 삼체三體를 거치면서 50배 정도 증폭增幅되어 대뇌 피질의 청각 중추에 전해져서 소리를 감지한다. 이런 과정에서 어느 하나만 이상이 생겨도 소리를 듣지 못하는 불행한 일이 생긴다. 아, 아! 내 소리가 들리는가? 그러면 그댄 행복한 사람이다!

다시 음파 전달을 간단히 보면, 음파→고막→청소골→달팽이관(난원창→전정계→고실계→기저막→코르티기관) →청신경→대뇌에 다다른다. 이렇듯 소리 전달과정도 아주 복잡하게 이루어지는 것이다.

가운데귀의 아래를 보면 유스타키오관(Eustachian tube)이라는 것이 있다. 중이에서 인두咽頭로 통하는 관으로, 길이가 3~4 cm이고 중이 아래 안쪽으로 뻗어 있으며, 연구개軟口蓋의 윗부분이자 비강鼻腔 뒤에까지 이어져 있다. 유스타키오관(귀인두관)의 위쪽 끝은 좁고 뼈로 둘러싸여 있으며, 인두에 가까워질수록 보다 넓어진다. 유스타키오관은 중이의 환기(공기를 바꿈)와 고막 안팎의 압력을 동일하게 한다. 평상시에는 거의 닫혀 있지만 음식물을 삼키는 동안에는 열려서 고막 양쪽의 압력이 동일하게 유지한다. 항공기가 갑자기 하강할 때 귀가 멍멍해 지는 것은 주위 압력이 세게 고막을 누르는 데도 유스타키오관은 계속 닫혀 있어 그런 것이다. 그러므로 이럴 때는 코를 쥐고 숨을 내쉬거나, 껌을 씹거나 턱을 좌우로 흔들거나 침을 삼킴으로써 관을 열어 양쪽 압력을 동일하게 해준다. 답답했던 귀가 드디어 뻥! 시원하게 뚫렸다! 그런데, 흔히 어린아이들이 감기에 걸려 기침을 심하게 하고 나면 중이염中耳炎에 걸리는 경우가 있다. 쿨럭쿨럭 기침을 하면 목 부위의 세균들이 유스타키오관을 타고 올라가 가운데귀로 들어가서 염증을 일으킨 것이다.

그리고 속귀에는 소리 전달과 관계없는 세 개의 반고리 꼴을 하는 둥근 관, 즉 세반고리관과 전정前庭(직역하면 '안뜰') 기관이 있다(그림 10.6 참조). 세반고리관은 림프액의 관성에 의해 회전 감각回轉感覺을 느끼게 한다. 우리가 어느 방향(앞, 옆, 대각선)으로 회전하더라도 회전

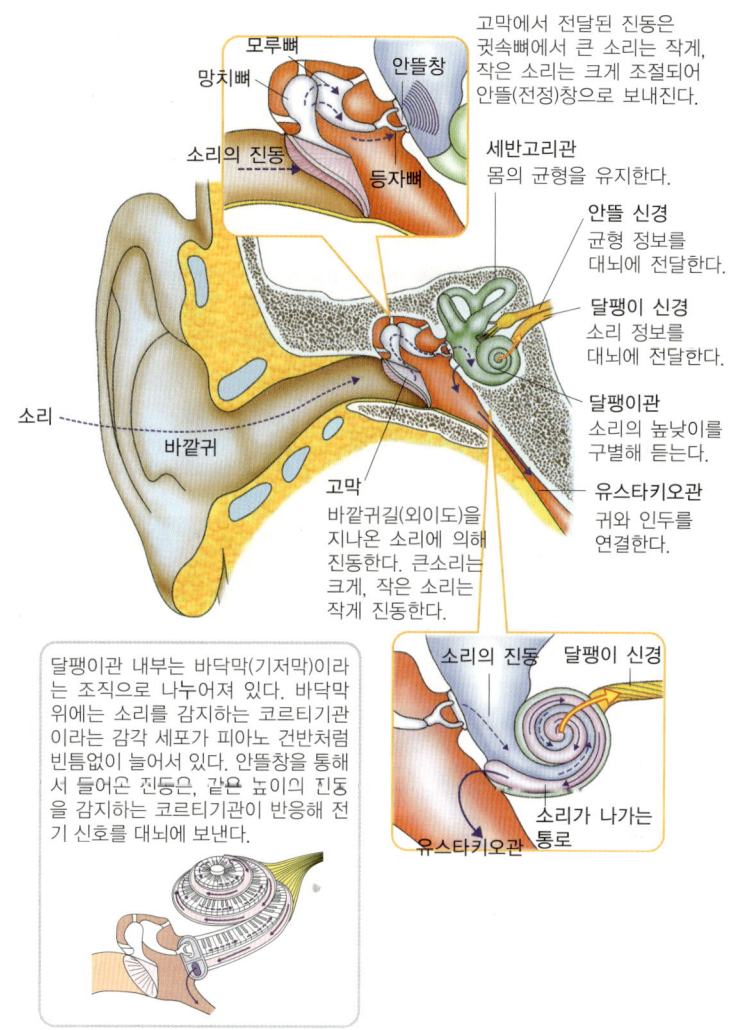

그림 10.5 귀의 구조와 소리의 전달.

감각을 느끼게 하기 위한 것이다. 한 자리에서, 한 방향으로 여러 번 돌다가 제자리에 섰을 때 어떤 반응이 일어나는가? 곧게 서 보려고 애를 써도 제대로 되지 않는다. 세반고리관 안의 림프액이 관성慣性(정지한

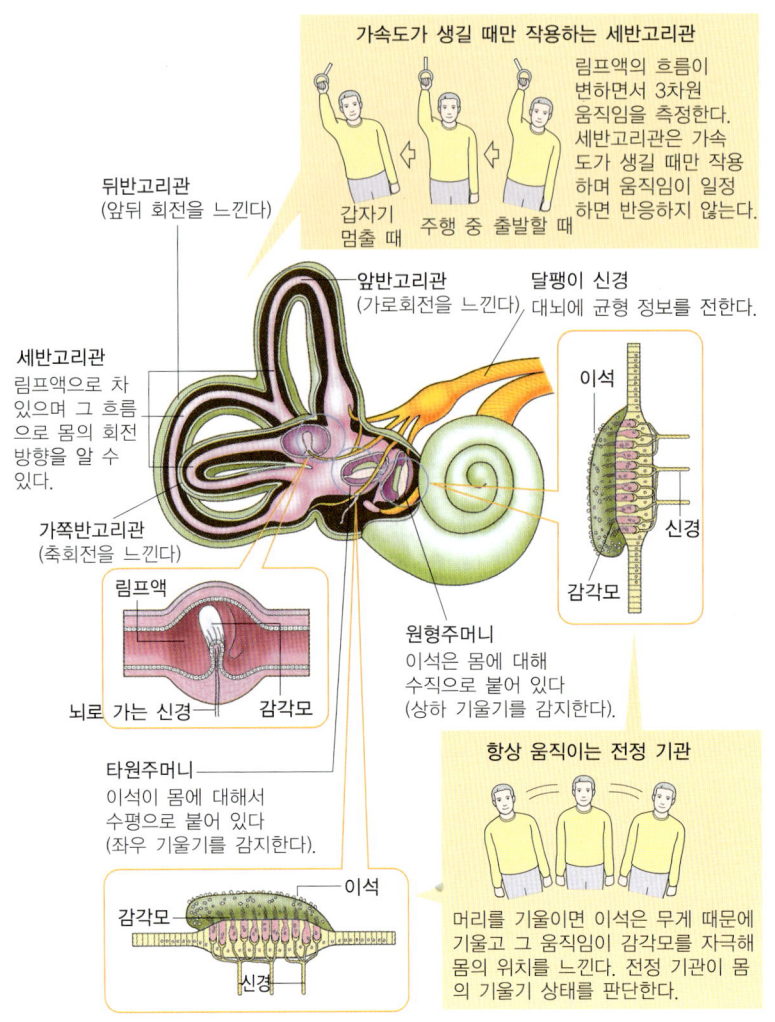

그림 10.6 세반고리관과 전정 기관의 구조와 역할.

물체는 계속 멈춰 있으려 하고, 움직이는 물체는 계속 운동하려고 하는 성질)에 의해 관 안을 계속 돌고, 그림에서 보듯이 감각모가 기울어져 있어서 어지러움을 느낀다. 반대로(일부러) 몸을 돌려서 림프액의 관성을 멈추게 하면 드디어 몸이 바로 서게 된다.

세반고리관 아래에 위치한 전정 기관은 이석耳石이라고 하는 탄산칼슘($CaCO_3$)으로 된 먼지 크기만한 작은 돌石(stone)이 여러 개 들어 있어 몸의 기울어짐(평형)을 느끼게 한다(그림 10.6 참조). 만약 오른쪽으로 몸을 기울이면 이석이 오른쪽으로 치우쳐, 그 쪽에 있는 감각 세포를 눌러서 '오른쪽으로 기울어짐'을 느끼게 된다. 결국 중력이란 자극에 반응하는 것으로 무중력無重力 상태에 있으면 몸이 기울어져도, 뒤집어져도 그것을 느끼지 못한다. 캡슐(capsule) 안에 둥둥 떠 있는 우주인이 그러하다.

그런데 어쩌다가 이석의 일부가 전정 기관의 주머니에서 빠져 나와 세반고리관 안으로 흘러 들어가는 수가 있으니 이것이 '이석증耳石症'이다. 어지럼증이나 구역질이 심하게 된다고 한다.

세반고리관과 전정 기관은 이렇게 우리 몸을 똑바로 서 있게 하는데 도움을 주는 기관이지만 부작용(?)도 따른다. 멀미 현상이 바로 그것이다. 멀미는 다른 말로 '가속도병'이라고도 한다 속도감과 진동을 견디지 못해 생기는 것이라 할 수 있다. 너무 빨리 화면의 그림이 바뀌거나 정신 사나운 그림을 봐도 멀미 증상이 나타난다고 한다. 세반고리관이나 전정 기관이 감당할 수 없는 정도의 자극이 뇌에 전달되면 중추 신경계와 자율 신경계의 일시적인 과민이 나타나는데, 그것이 어지럼증이라는 것으로 구토嘔吐라는 증상이 뒤따른다. 어지럼증(현기증)이 있으면 빈혈이라 하지만 거의 대부분이 이들 기관에 문제가 생겨 일어난다. 귀는 소리만 듣는 기관인 줄 알았더니 몸이 도는 것, 기울어지는 것들을 알아내기도 한다. 갑자기 어지러우면 제일 먼저 속귀(전정 기관)에 문제가 있어 그렇지 않은가를 생각하자!

11
코(후각 기관)

두 눈 바로 아래에 붙어 있는 코는 얼굴의 제일 중앙에 우뚝 솟아 있어 눈에 가장 잘 띈다. 그래서 "돌멩이가 날아들어도 제가 먼저 맞아 눈을 보호해 준다."고 억지춘향*을 부리는 이도 있다. "억지가 사촌보다 낫다." 하던가. 아무튼 이목구비耳目口鼻가 균형과 조화를 잘 이뤄, 곱게 아우러져야 미모美貌라 하니 어느 것 하나 중요치 않은 것이 없다. 너무 낮아도 또 높아도, 펑퍼짐해도, 날이 서서 뾰족해도 미인의 코가 아니다. 이런 코는 모두 칼을 맞으니 성형수술의 대상이 된다. 인조인간이 따로 없다. 얼굴 위에 솟은 부위는 물렁뼈(탄성연골)로 되어 있기에 코 수술을 할 수가 있다. 만일에 코나 귀뼈가 단단하고 딱딱한 뼈(경골)였다면 어떤 일이 벌어졌겠는가? 다 부서지고 부러져서 누구 하나 제 모양을 한 귀, 코를 가진 사람 없을 것이다.

* 억지춘향: 일을 순리로 풀어가는 것이 아니라 억지로 우겨 겨우 이루어진 것을 이르는 말.

그런데 코 안에 털은 왜 나 있는 것일까? 내 몸에 필요 없는 것은 정녕 없다. 코털도 오래 그냥 두면 길어서 구멍 밖으로 머리를 쑥 내미니 망측스러워 잘라줘야 한다. 손으로 뽑으면 병균이 들어가서 좋지 않으니 삼가는 것이 좋다. 어쨌거나 코털은 숨을 들이쉴 때 공기에 묻어 들어 오는 커다란 먼지를 거르는 필터 역할을 한다. 털에는 끈끈한 점액이 자르르 묻어 있어 작은 먼지 알갱이, 세균, 곰팡이, 바이러스를 달라붙게 한다. 이것이 쌓여 굳어진 덩어리가 코딱지다. 코딱지를 그냥 두면 살 되랴! 이미 그릇된 것은 그냥 둔다고 전처럼 되지 않는 법이니 눈 딱 감고 사정없이 도려내야 한다.

코는 손으로 만질 수 있는 바깥코(외비外鼻)와 그 안에 빈 공간인 비강鼻腔, 그리고 이 비강에 잇닿아 여러 뼈에 뻗쳐 있는 부비강副鼻腔으로 나눈다. 그리고 비강은 가운데 칸막이가 둘로 나누고 있으니 그 막膜을 코청이라 한다. 송아지 코청을 휜 물푸레나무로 구멍을 뚫으니 그게 코뚜레다. 사람도 그게 필요한 말썽꾸러기가 많던데…….

콧구멍으로 들어온 공기는 코청을 경계로 양쪽 비강으로 나뉘어 흘러들고, 다음에는 각 비강의 바깥벽에 세 개의 층으로 된 비갑개鼻甲介를 지나간다.

비갑개는 열을 전달하는 기구인 라디에이터(radiator)를 닮은 구조라고 보면 된다. 그래서 만일에 아주 차가운 공기가 들어 오면 여기서 데우고, 더운 공기면 식혀서 허파에 들어가게 한다(31~35 ℃로 조절). 허파가 너무 차거나 더운 공기를 만나면 다치므로 그것을 예방하는 장치가 바로 코다. 그리고 공기가 너무 건조해도 허파에 해로우므로 비갑개에서 습기를 뿜어내어 습도를 조절한다(75~85 %).

라디에이터요, 가습기인 코는 왜 인종에 따라 코가 크고 작을까? 앞에서 말한 공기의 습도와 온도를 연계시켜 생각하면 해답이 바로 나온다. 더운 사막지방이나 추운 북쪽 사람의 코는 어떤가? 중동사람이나 러시아인의 코는 결코 작은 코가 아니다. 사막지방은 공기가 메마르고 또 북쪽지방은 아주 추워서 거기에 오래 적응해온 사람은 자연히 코주부가 된다. 코가 커야 습도, 온도 조절을 잘할 수 있다. 그런가 하면 열대지방 사람은 납작코에 짧고 작다. 습기가 많고 온도가 높은 곳에 사는 사람의 코가 클 필요는 없다. 코가 납작해지고 우뚝 솟는 것도 다 환경의 탓이다. 환경의 산물이 아닌 것이 없다더니 열대지방에 사는 원숭이들의 코는 작다. 환경이라는 손이 어디든 영향을 준다.

지금까지 이야기한 것을 간추려 말하면 코는 먼지나 병원균을 거르고 온도와 습도를 조절하여 허파를 보호하는 기관이라는 것. 그리고 코는 뭐니 해도 냄새를 맡는 후각기嗅覺器가 아닌가. 감각 기관이 다섯 개 있으니 그것을 오관五官(눈, 코, 귀, 입, 피부)이라 하고, 그중의 하나가 코다. 사람은 주로(90 %) 눈이라는 시각기視覺器로 자극을 판단하고 감각하지만(수용하지만), 다른 동물은 거의 다 예민한 코에 의존하여 산다. 코는 멋으로 붙여 놓은 것이 아니다.

그림 11.1에서, 코카소이드형의 코는 유럽, 남북 아메리카, 중동 등지에 사는 사람들의 것이고, 한국인을 포함하는 동양계의 코가 몽골로이드형이며 아프리카 사하라사막 남부에 사는 검은 피부의 사람들 코가 니그로이드형이다.

코(nose)를 '코빼기', '코쭝배기'라고도 하는데, "너 요새 통 코빼기도 안 보이는 구나!" 하면 오랫동안 연락이 없었다는 말로 우리 특유의 해학을 이런 데서도 발견한다. 으스대고 뽐낼 때 '코가 높다.'하고, 건성으로 대답하면 '코대답 한다.'고 하며, 세상 인심이 몹시 고약할 때

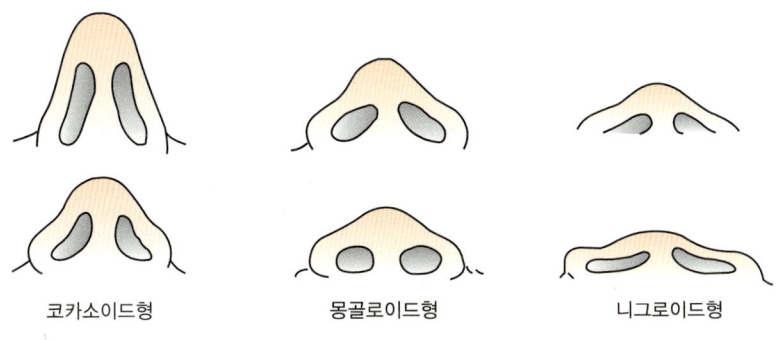

그림 11.1 인종에 따른 코의 차이.

'눈 감으면 코 베어갈 세상.'이라 한탄하며, 어떤 일에 시달려 심신이 피곤하면 '코에서 단내 난다.'거나 '코털이 센다.'고 한다. 이 코에 얽힌 성어成語가 많기도 하다.

다시 강조하지만 코는 멋으로 있는 것이 아니라 온도를 조절하는 가열기加熱器요, 습도를 올려주는 가습기加濕氣이며 공기의 먼지를 거르는 청정기淸淨器이기도 하다!

옛날에는 코흘리개가 대부분이라서 유치원 갈 때면 누구나 가슴팍에 손수건을 하나씩 달았었다. 여러분들의 부모 세대까지가 그랬다. 필자의 세대들은 손수건이라는 것이 없어서 콧물이 나오면 소매 끝으로 문질러 닦았다. 소매가 손수건 역할을 했기 때문에 거기는 콧물이 말라붙어 반들반들하였다. 아무튼 그때는 왜 그렇게 콧물을 많이 흘렸을까? 못 먹어서(건강치 못해) 코 안, 비갑개 부위에 염증(만성비염)이 있었던 탓이다. 사진으로 아프리카나 북한의 어린이들을 보면 그들도 모두 콧물을 흘리고 있다.

코는 무엇보다 냄새를 맡는 후각기嗅覺器다. 냄새를 맡지 못한다면 음식 냄새를 못 맡는 것은 물론이고, 독가스毒(gas)도 구별 못하게 되니 큰 일이 난다. 후각 기관들이 발달한 이유를 되새겨 봐야 할 것이다. 비강의 안쪽 위에, 1 cm² 쯤 되는 '후감대嗅感帶(후각을 느끼는 곳)'가 있는데, 거기에 후각 세포가 60만 개나 있어서, 대략 1만 가지의 냄새를 구별한다고 한다. 정녕 놀라지 않을 수 없는 것은, 사람이 10,000가지 이상의 냄새를 구별한다는 것이다. 그리하여 향수나 술 제조 공장에서 '개 코'로 먹고사는 사람들이 많다.

물론 코가 발달한 동물은 하등한 동물들이다. 사람은 감각의 90 %를 눈이 하지만 다른 동물들은 주로 코(후각)에 의존한다.

감기에 걸리면 냄새를 맡지 못한다. 바이러스가 후감대를 공격하여 감각 기능을 잃었기 때문이다. 그리고 감기에 걸리면 코 안이 부어 공명共鳴이 제대로 안 돼 코맹맹이 소리가 난다. 아주 친한 친구를 일러 지음知音이라 하는데, 매우 가까이 오래 지냈기에 음색音色으로 안다는 뜻이다. 하지만 감기 걸린 친구는 소리만 듣고 잘 모를 수가 있다. 하하, 음색이라 소리에도 색깔이 있었구나! 관음觀音이라, 소리를 보기도 한다!

그리고 후각 기능도 나이가 들면 점점 감소하여 70살쯤 되면 평소의 반 정도로 그 민감도敏感度가 떨어진다. 늙는 것이 서럽다. 눈이 멀고, 귀먹고, 기억력이 흐리멍덩해지고, 냄새도 제대로 못 맡게 되니 말이다. 그래서 젊을 때 공부를 열심히熱心(심장에 열나게!) 해야 할 것이다. 다시 힘주어 말하지만, 젊어 흘리지 않는 땀은 늙어 피눈물이 된다!

그뿐만 아니다. 코에서 소리의 공명이 일어나 정확한 발음을 한다. 소위 말하는 '비음鼻音(코의 소리)'에 관여한다. 서양 말 중에서도 프랑스 어가 비음이 가장 발달한 언어다. 흥흥거리는 것을 도저히 우리는 따라하기가 힘들다. 코가 작아서 그 안의 비강이 좁아 그렇다. 외국 사람이 자기 나라 말을 너무 유창하게 잘하면 경계하게 되고 미워한다는 것을 참고하자. 물론 잘하면 더 좋지만, 못하면 못하는 대로 좋다는 말이다. 우리말도 제대로 익히지 않고 서양말을 먼저 시키겠다는 사람들이 많은데, 겉치레 말만이 말이 아니다. 말에는 철학이 들어 있어야 하기에, 자기 나라 말을 유창히 해야 외국어도 능숙하게 할 수 있다. 내 것을 먼저 알고 남의 것을 알아야 한다.

한편 훌쩍훌쩍 한참 울고 나면 콧물을 많이 흘린다. 콧물은 순수하게 비강점막에서 분비한 액즙만이 아니고, 눈물이 섞인 '코 눈물'이다. '눈' 이야기에서도 읽었지만 눈알에 눈물이 가득 차면, 눈 안 구석에 있는 작은 구멍, 누점으로 눈물이 넘쳐 아래로 흘러들고, 그것이 비루관鼻淚管을 지나 코 안으로 내려간다. 한껏 울고 나면 콧물 홍수가 지는 것은 바로 눈물이 코로 흘러들어 콧물에 섞이기 때문이다. 사람도 코로 말을 하는 경우가 더러 있다. 겸연쩍거나 민망한 일을 당하면 혀를 쏙 내밀기도 하지만, 코를 만지작거리고, 생각이 잘 나지 않아도 코를 만지지 않는가. 야구 코치 역시 코로 말한다. 말 대신 손으로 코를 어느 쪽으로 툭 치느냐, 어느 자리에 갖다 대느냐에 따라 사인이 달라진다. 필자도 뉴질랜드에서 원주민, 마오리(Maori) 족의 대장과 코를 맞대는 것으로 첫 인사를 나눈 적이 있다.

한편 남자의 경우에 코가 크면 '그것'도 크다는 속설이 있다. 사실일까? 그것은 과학적으로(통계적으로) 입증된 바 없고, 피그미

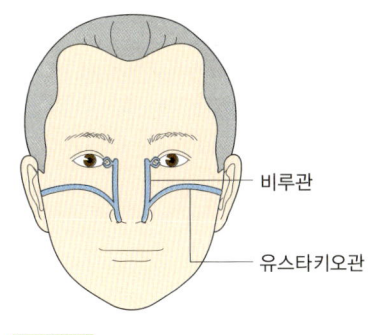

그림 11.2 내부에서 연결된 눈, 코, 귀.

족의 그것이 몸집에 비해 아주 크다고 한다. 아무튼 놀랍다. 코라는 것이 멋으로 얼굴 중턱에 달라 붙어있는 게 아니었다!

후각 기관은 다른 어느 것보다 피로가 빨리 온다. 옛날이야기가 되고 말았지만, 추운 겨울 학교 교실 난로 위에 도시락을 올려놓으면 김치 냄새가 교실에 진동한다. 학생들은 그 냄새를 모르고 지내지만, 수업을 하기 위해 갓 들어온 선생님은 순간적으로 역한 냄새에, "창문을 열라!"고 하신다. 그러나 분명 교실 안에는 아직 반찬 냄새가 그대로 배여 있지만 얼마 지나지 않아 추우니 창문을 닫으라고 하신다. 이처럼 코는 어느 기관보다 쉽게 피로를 느끼는 기관이다.

후각의 정도는 여러 가지 원인으로 영향을 받는다. 축농증이나 만성 비염 등으로 냄새를 맡는 기능이 떨어지고, 제초제, 농약, 소독약, 담배 연기들이 후각 기능을 떨어뜨린다. 담배를 피우는 필자도 봄에 꽃향기를 제대로 맡지 못하는 것을 경험한다. 목련화木蓮花에서 은은한 향기가 난다고 남들은 이야기하는데 나는 아무리 맡아도 느낄 수 없다. 천하에 몹쓸 담배다! 뿐만 아니라 그 녀석이 입맛도 빼앗아 간다.

12
입술과 혀(미각 기관)

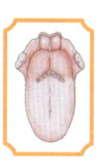혀를 살펴보기 전에 이와 혀를 막고 있는 입술(lip)을 잠시 보고 들어가자. 먼저 거울 앞에서 손으로 입술을 잡고 밖으로 까뒤집어 보자. 어떤가? 그리고 입술을 일부러 끌어 안으로 넣고 입을 꽉 다물면 불그레한 입술이 보이지 않는다. 발생하는 과정에서 입안의 상피上皮(피부) 일부가 밖으로 말려 나온 것이 입술이다. 실은 저 안쪽 목구멍까지, 그리고 항문의 깊숙한 부분까지도 바깥의 몸 상피와 그 성질이 같다. 어렵게 말하면 상피 조직은 모두 다 외배엽外胚葉에서 생겨난 것이오, 크게 보아 내장들은 내배엽內胚葉, 근육이나 뼈들은 중배엽中胚葉에서 분화分化한다.

그리고 사람도 몸짓이나 입짓으로 의사소통을 한다. 청각장애인들이 서로 수화手話를 하면서도 상대방의 입술과 눈 놀림을 자세히 노려보는 것을 봤을 것이다. 입술을 꽉 다물거나 방긋 열기도 하고, 또 앞 옆으로 삐죽 내밀기도 하여 여러 감정을 표현한다. 몸짓이나 표정으로

의사를 전달하는 것을 '보디랭귀지(body language, 몸말)'라 한다.

게다가 한 사람의 입술은 그 사람의 건강을 담고 있다. 창백한 입술이 있는가 하면 불그스름한 입술이 있으니, 입술의 실핏줄(모세혈관)에 피가 많이 흐르면 불그레하고 그렇지 않으면 푸르죽죽하다. 여성들은 자기의 건강을 과시하기 위해서 입술연지, 즉 립스틱(lip stick)을 짙게 발라 불그스름하고 반짝거리게 하여, "나, 이렇게 건강한 유전자를 가졌으니, 뭇 남성들이여 오라!"는 꼬드김의 신호를 보낸다. 사랑의 표현으로 입술을 볼이나 입술에 대는 입맞춤, 키스(kiss)를 한다. 앞에서가 아니고, 옆에서 두 입술이 포개진 모양을 보면 그 모양이 곧 하트(heart) 꼴이다! 그렇지 않은가? 입술에 사랑이 묻어있다!

입술이 두꺼운 사람, 얇은 사람, 툭 튀어 나온 사람 등등 사람마다 가지가지다. 입술은 발음에도 중요하다. 입술소리를 순음脣音이라 하니, 입술을 열고 닫아서 내는 소리로 ㅁ, ㅂ, ㅍ, ㅃ 등이다. 미음(ㅁ)하고 발음을 해보자. 두 입술이 조금 열려 있다가 꽉 닫히면서 소리가 난다. 이때, 만일 입술에 틈이 있다면? 요즘은 수술을 해버려 볼 수 없지만, 옛날에는 언청이(cleft)라 하여 윗입술 가운데가 찢어진 사람(유전함)이 흔했다. 공기가 입술 사이로 빠져나가므로 제대로 소리를 내지 못하고 헛

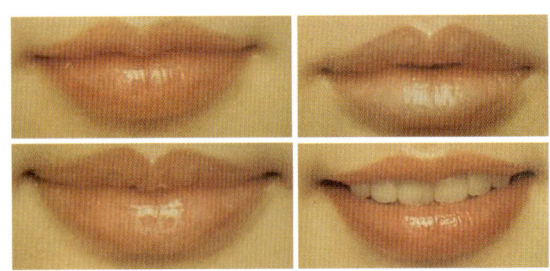

그림 12.1 여러가지 모양의 입술.

바람이 샌다. 그런 사람은 버들피리, 풀피리를 불기도 어렵다. 물론 여러 악기를 다루는 데도 어려움이 있다. 입술 하나 제대로 성한 것만도 무한한 영광이로다! 부모님, 조상님 너무 너무 감사합니다! 헌데 그 모양이 토끼의 짜개진 윗입술을 닮았기에 영어로는 'hare-lip'이라 부른다.

입술은 그 많은 동물 중에서 오직 포유동물哺乳動物만이 갖는 것이다. "입술에 침이나 바르지!"란 말은 공공연히 거짓말을 한다는 뜻이다. 서양 사람들이 가장 싫어하는 말이 거짓말쟁이라는 말이다. 정직은 젊은이들의 재산이니, '입은 삐뚤어져도 말은 바로 하는 사람'이 되어야 할 것이다. 세 살 버릇이 여든 간다 하고, 바늘 도둑이 소도둑 된다고 하니, 나쁜 버릇이나 습관도 나이를 먹으면서 따라 성장하는가 보다! 휘파람을 불어보자. 입술이 만들어내는 음악이 휘파람이다! 누군가가 보고 싶으면 휘파람을 불어보라 했던가?

다음은 혀(tongue) 이야기다. 열반涅槃하실 날이 얼마 남지 않은 노스님께 제자들이 찾아가 가르침을 청했다 잠깐 동안 망연茫然*히 먼 산을 본 뒤에 고개를 돌려 제자들을 물끄러미 쳐다보면서, 갑자기 입을 쩍 벌려 보인다.

"내 이가 남아 있느냐?" 하고 물으셨다. 없다고 제자들이 대답하니 다시 물으셨다. "그럼 내 혀가 남아 있느냐?"고 물으니 제자들은 있다고 대답했다. 노스님은 "단단한 것이 먼저 없어지고 부드러운 것이 오래 남는 법이다. 천하의 이치가 다 이 안에 있느니라……"고 말씀하셨다. 그렇다. 부드러운 것이 딱딱한 것보다 질긴 것이오, 남을 이기는 것

---

* 망연: 매우 넓고 멀어서 아득하다.

에도 용기가 있어야 하지만, 되레 지는 것에 더 큰 용기가 필요한 것이 아닌가. 하심下心으로 살다보면 말이다.

그리고 "세치 혀를 조심하라."고 했다. 입놀림, 즉 말조심을 하라는 말이다. '한 치'가 약 3.03 cm이니까 혀의 길이는 9 cm 가까이 된다. 한 번 뱉어버린 말은 엎질러진 물처럼 주워 담을 수가 없지 않는가. 그러기에 중요한 말을 하기 전에는 삼사三思* 하라고 한다. 여러 번 생각하라는 것이다. 그리고 혀 밑에 도끼를 숨겨 놓는다는 설저유부舌底有斧 라는 말이 있다. 말은 하기에 따라서 부드럽고 다정하기도 하지만 경우에 따라서는 도끼가 되고 칼이 되어 상대를 다치게 한다. 세상에는 되돌릴 수(다시 거둬드릴 수) 없는 것이 세 가지 있는데 그것은 뱉어버린 말, 흘러간 물, 지나간 세월이다.

그렇다. 혀가 없으면 말을 하지 못하고 침이나 물, 음식을 목구멍으로 넘기지 못한다. 말을 하고 음식을 넘기는 데 혀가 얼마나 중요한 일을 하는지 알 수 있다. 사실 보통 때는 우리 몸이 얼마나 귀한지 모르고 지낸다. 그런데 손가락을 다친다거나 다리가 부러지면, 그제서야 그것이 고맙고 중하다는 것을 느낀다.

'입에 혀'란 말은 서로 마음이 잘 맞아서 입 안에서 혀가 돌듯이 조금도 부딪침이 없는 경우나, 상대의 마음을 잘 읽어서 전연 불편하지 않게 행동할 때를 이르는 말이다. 쉽게 말하면 하자는 대로 해주는 것을 말한다. 아무튼 혀는 음식과 침을 섞고, 음식을 식도로 밀어 넣어 삼키게 하며, 소리내기(발성)에도 몫을 다한다. 혀가 짧은 사람은 '혀유착증'이라 하여, 혀 밑에 붙어있는 가느다란 선 같은 것이 있다. 그것을

---

* 삼사: 여러 번 생각함.

'혀주름띠'라고도 하는데, 그것은 일종의 인대로, 이것이 두껍고 굵어 혀의 놀림이 제대로 되지 않는 경우가 있다. 그래서 혀짤배기 소리가 난다. 그런데 외국어 발음 잘하라고 크는 아이들의 혀 밑에 붙어있는 그것

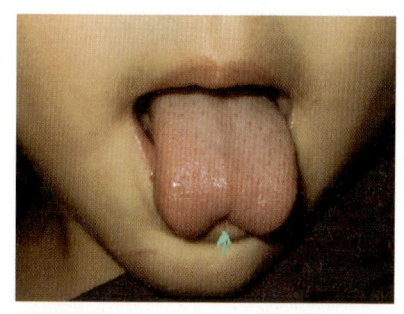

그림 12.2 혀유착증.

을 자른다고 한다. 무지하고 고약한 부모들이로다. 자식을 닦달하여 어쩌자는 것인가? 크는 아이들은 자연自然에서 한껏, 마음껏 놀게 해야 하는데, 앞에서 말했지만, 제 나라 말도 배우기 전에 남의 글을 배우게 하는 부모들이여, '눈 먼 사랑'은 자식을 망치게 하는 것임을 알지어다. 사랑 중에 가장 나쁜 것은 편을 갈라 사랑하는 편애偏愛와 맹목적인 사랑인 익애溺愛라는 것이다. 아이들을 놀릴 수 있는 넉넉한 마음을 가진 부모님들이 되어야 할 것이다.

혀는 맛 보는 것이 가장 중요한 임무다. 맛을 본다? 이런 것(표현)이 우리 말의 감칠 맛이다! 신 음식, 썩은 음식, 독성이 든 음식을 구분하지 못하고 막 먹었다면 어떻게 되겠는가? 입은 그런 점에서 우리의 생명을 담보하고 있다. 새로운 학설들이 있지만, 일반적으로 혀의 끝부분에서 단맛을 주로 느끼고, 혀뿌리에서 쓴맛을, 양쪽 가장자리에서 신맛, 짠맛을 혀 전체에서 느낀다.

어릴 때는 단 것을 좋아하고 쓴 것을 싫어하지만 나이를 먹으면 먹을수록 쓰고 떫은맛을 즐기게 된다고 한다. 쓰고 떫은 물질에는 독성 물질이 들어 있을 수도 있지만 반대로 항암성 물질이 많이 들어 있다. 어린이는 떫거나 신맛을 싫어하는데 노인이 되면 항암 물질이 든 것을

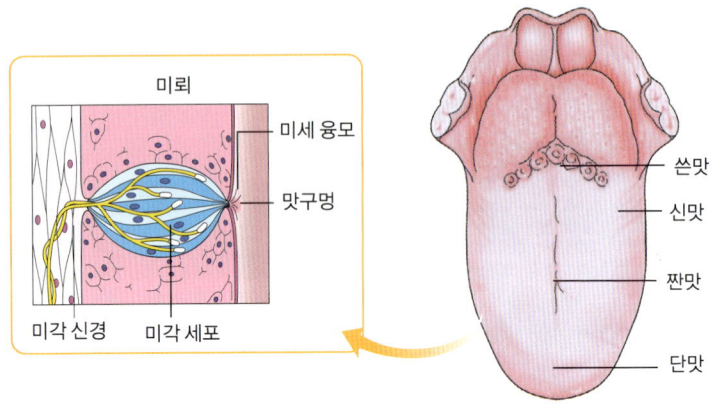

그림 12.3 미뢰와 혀의 맛보기.

선호選好(골라 좋아함)하게 되는 것이 아닌가 싶다. 그리고 사람마다 식성이 다른 것은, 어릴 때 먹어본 것을 좋아하게 되고 또 그것이 평생 유지되는 것이다. 따지고 보면 어머니가 좋아하거나, 먹고 싶은 음식을 만들고 준비하기에 가족의 입맛도 결국은 어머니에게서 큰 영향을 받는 셈이다. 그리고 나이를 먹으면 예민했던 미각味覺도 점점 떨어진다. 짠맛에 대한 감각 기능이 제일 먼저 떨어져서 늙으면 음식을 자연히 짜게 먹게 된다. 암튼 노인들은 아주 달고, 짜고, 시고, 써야 젊을 때의 감각을 느낄 수 있게 된다고 한다. 그리고 모든 맛은 미각, 후각, 촉각, 온각 등이 복합되어 느껴지는 것이다.

혀에는 유두乳頭(맛봉오리)라는 돌기가 나 있으며, 그 작은 돌기들이 맛의 감각을 대뇌에 전달하는 미뢰味蕾를 둘러싸고, 미뢰 안에는 미각 수용체가 들어 있다. 미뢰는 미세포와 기저 세포, 그리고 외부로 열려 있어 맛이 있는 물질에 반응하는 미공으로 이루어져 있다. 하나의 미뢰는 수십 개의 미세포(맛 세포)로 구성되었고, 미세포에 미각 신경이 연결되어 그것은 대뇌의 미각 중추로 이어진다. 미뢰는 주로 혀에 있으며, 높이 약 80 μm, 너비 약 40 μm이다. 맛은 혀에서만 느끼는 것이 아니다. 혀 외에도 연구개軟口蓋, 뺨의 안쪽 벽, 인두咽頭, 후두개喉頭蓋에도 미뢰가 있기 때문에 이곳들에서도 맛을 느낄 수 있다.

혀를 잘 보면 가운데 부위는 약간 흰색이고 둘레는 꽤나 붉은빛이 돈다. "혓바늘이 돋았다."고 하면 바로 이 유두에 염증이 생긴 것으로 바늘로 찌르듯 아프기에 그런 말이 생긴 것이다. 그리고 염증이 생기면 피가 많이 모여들어서 혀가 보통 때보다 훨씬 더 붉은 색을 띤다. 또한 여러 가지 원인으로 미각장애를 일으키는 사람들이 더러 있다고 한다. 음식의 맛을 느끼는 즐거움을 잃은 것은 물론이고, 따라서 부패하거나 독성 물질을 먹기 쉬울 뿐더러, 소금을 많이 먹어 고혈압에 걸리는 등 부작용이 많다. 또 어떤 일이 불편할지 독자들이 생각해 보자. 혀가 맛을 느낀다는 것만도 더없는 행복이 아니겠는가!

입술은 태어나 어머니의 젖을 빨았고, 다 커서는 구애하는 데도 쓰며 감정표현까지 맡고 있다 뱀의 혀는 기온, 냄새, 바람 등을 감각하는 혀 놀림이다. 사실 눈과 귀는 미술과 음악이라는 고등 문화를 창조하였다면 혀와 코는 맛보고 냄새를 맡는 저급(?) 감각 기관 역할만 했다고 볼 수도 있다.

끝으로, 이를 닦을 때에는 혓바닥도 같이 칫솔로 문질러 주는 것이 좋다. 거기에 죽은 세포, 세균, 음식물 찌꺼기가 달라붙어서 희거나 거무스름한 태설苔舌(혓바닥에 끼는 이끼로 흔히 '백태'라고 함)이 생기기 때문이다. 어쨌거나 혀는 한마디로 하는 일이 여러 가지인, 다목적 기관이라 하겠다.

13
피부

사람 피부(살갗, skin)의 색이 인종 人種('품종'에 해당하는 말임)에 따라 달라서, 황인, 흑인, 백인으로 크게 나눈다. 단지 멜라닌(melanin) 색소의 양에 따라 그렇게 나눈 것이다. 그 색은 모두 그들이 살아온 환경, 특히 햇살의 영향을 받은 탓이다. 인류의 조상이 생겨났다는 아프리카에 사는 사람들은 햇살이 강해서 피부가 검고, 거기에서 유럽대륙으로 와서 살게 된 사람들은 햇살이 적은 곳이라 멜라닌 양이 줄어 흰색 피부를 갖게 되었으며, 그 중간에 해당하는 곳에 오래 산 동양인들은 피부가 누르스름하다. 이 색소 때문에 검둥이 흰둥이 하며 인종차별을 한다. 한 사람이 가지고 있는 멜라닌 색소를 다 모아도 1g이 채 안 된다고 하는데 말이다. 참고로 '살갗'의 '갗'은 우리 옛말(고어古語)로 '가죽'이란 뜻이다.

피부를 단면斷面(세로로 자른 면)으로 보면, 제일 위에 상피上皮(15~20층의 산세포임)가 있고, 상피 위에는 상피가 죽어 밀려 올라가서 만들

그림 13.1 사람은 피부의 색깔에 따라 백인, 황인, 흑인으로 나뉜다.

어진 각질층 角質層 (케라틴층)이 있다. 상피 아래에는 모세혈관과 말초신경, 땀샘, 피지선, 모낭 毛囊 (털주머니)이 분포하는, 콜라겐(collagen)이나 탄력섬유가 주성분인 진피 眞皮 가 있고, 그 아래에는 지방이 가득 찬 피하지방층 皮下脂肪層 (외부의 충격을 흡수하고 체온 보호를 함)이 있다. 다시 말해서 상피, 진피를 묶어 피부 皮膚 ('외피'라고도 함)라 하며, 그것은 체중의 약 7 %를 차지하고, 전체 표면적을 계산하면 약 17 m^2에 달한다. 그리고 표피 바깥을 싸고 있는 각질층, 즉 케라틴(keratin)층은 두께가 약 0.001 mm이고 상피는 약 0.1 mm, 그리고 진피는 1 mm로 피부의 전체 두께는 1.1 mm에 지나지 않는다. 그 얇은 피부지만 세포들이 단단하고 야물게 얽혀 있다. '살가죽'이 흐물흐물했다면 어떤 일이 일어났겠는가? 세수를 하는데 피부 세포가 뚝뚝 떨어져 나갔다면 말이다. 그리고 개와 같은 동물은 털을 곧추세우는 입모근 立毛筋

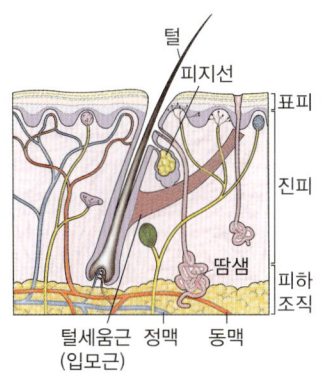

그림 13.2 피부의 구조.

이 발달했다.

헌데, 피부암 皮膚癌이 생기면 암세포와 암세포의 이음(접합, junction)이 느슨해지면서 피부조직이 아주 약해진다고 한다. 자외선 紫外線(넘보라살)도 피부암을 일으키는 원인의 하나라고 하니, 필자의 글을 통해 '자외선'에 대해 더 알아보자.

"봄볕은 며느리가 쬐고 가을볕은 딸이 쬔다."는 고약한 말이 있다. 이 말에도 과학적인 이유가 담겨 있다. 겨우내 추워서 직사광선을 멀리했던 피부에 갑자기 센 봄볕을 쪼이면 얼굴이 거칠어지고 검어진다. 바로 자외선 때문이다. 광선 중에서도 자외선(u.v., ultraviolet)은 많아도 탈, 적어도 탈이다. 칼의 양날이라고나 할까?

자외선이 너무 넘치면 백내장에다 피부가 거칠어지고 피부암까지 유발할 수 있다. 또 여린 동물의 생명을 위협하며 녹색식물의 엽록체를 파괴한다. 그러나 자외선이 부족하면 세균이 죽지 않아 세균 세상이 될 것이고 피부에서 비타민 D가 못 만들어지니 온통 뼈가 약해 곱사가 득실거릴 것이다.

그런데 요즘 들어 피부암이 자꾸만 늘어간다고 한다. 암癌을 영어로 캔서(cancer)라고 하는데, 라틴어로 게(crab)라는 뜻이다. 게가 구덩이를 여러 개 파놓아 그 안을 헤집고 다니듯이 암세포도 바로 옆 조직을 파고 들어가는 침윤 浸潤(invasion)은 물론이고 피나 림프관을 타고 먼 곳까지 전이 轉移(metastasis)한다. 원래 생긴 조직에 머물고만 있다면 암을 잡기가 한결 쉬울 텐데 망나니처럼 여기저기 설치고 돌아다니니, 등짝에 생긴 피부암이 허파까지 이행 移行을 한다. 암은 세포가 돌연변이 突然變異를 일으킨 것이라서 예방이나 예측이 불가능하다. 암세포는 보

그림 13.3 자외선으로 피부 태우기.

통 세포보다 핵이 훨씬 크고(미숙한 세포라는 뜻) 세포 분열 속도가 조금 빠른 경우도 있다. 보통은 한 세포가 다른 세포에 완전히 둘러싸이게 되면 분열을 멈추는데 이 녀석은 늙은이, 젊은이 할 것 없이 모두가 새끼를 치니 결국 세포덩이, 혹을 만든다.

그런데 자외선이 부족하면 어떨까? 자외선도 없거나 부족하면 세균을 죽이지 못한다. 피부의 에르고스테롤(ergosterol)을 비타민 D로 만들지 못해 뼈가 부실하게 돼 골다공증에다 곱사등이가 되고 만다. 북유럽 사람은 한겨울에 한 줌의 햇살도 받지 못해 할 수 없이 비타민 D 알약을 먹는다. 참 아이러니하게도, 살균도 하고 비타민 전구물질前驅物質을 비타민 D로 활성화시키는 자외선이 어느새 돌변해 피부암을 유발한단 말인가. 어쨌거나 한여름 바다의 저 강한 자외선이 피부암을 일으킨다는 것은 사실이다. 그러나 하루에 15분 정도의 직사광선을 쏘여야 좋다고(자궁암을 예방까지 함) 하니 너무 멀리할 일도 아니다. 역시 과유불급過猶不及, 많아도 탈, 적어도 탈이다. 성인이(유아는 아님) 우유를 너무 많이 먹거나 햇빛을 과하게 받으면 비타민 D가 넘치게 몸에 쌓여서 (지용성 비타민이라 축적이 일어난다) 되레 콩팥 등에 석회화石灰化를 일으키며, 요석尿石을 만들거나 뼈가 부스러지는 등 여러 부작용이 일어난다. 이것이 곧 비타민 D의 독성이다. 결론적으로 강렬한 태양 아래에서 지내야 하는 흑인의 피부가 새까만 것은 자외선을 차단하여 피부암(melanoma) 예방도 하지만, 그것보다는 이 비타민 D의 부작용(독성)을 예방하기 위한 장치라는 점임을 알자. 알고 보면 환경의 산물이 아닌 것이 없다.

피부가 하는 일은 여러 가지가 있지만, 그중에서 제일 먼저 감각 기관感覺器官으로 어떻게 작용하는가를 보자. 그것은 오관五官의 하나로, 어떻게 환경의 변화, 즉 자극刺戟에 반응할까? 외부에서 오는 자극을 느끼고 빨리 대뇌에 그것을 전달하는 것이 감각 기관이 하는 일이다. 피부에는 차가움을 느끼는 냉점冷點, 따스한 것을 알아내는 온점溫點, 눌림거나 닿는 것을 감각하는 압점壓點(촉점觸點), 아픔을 감지하는 통

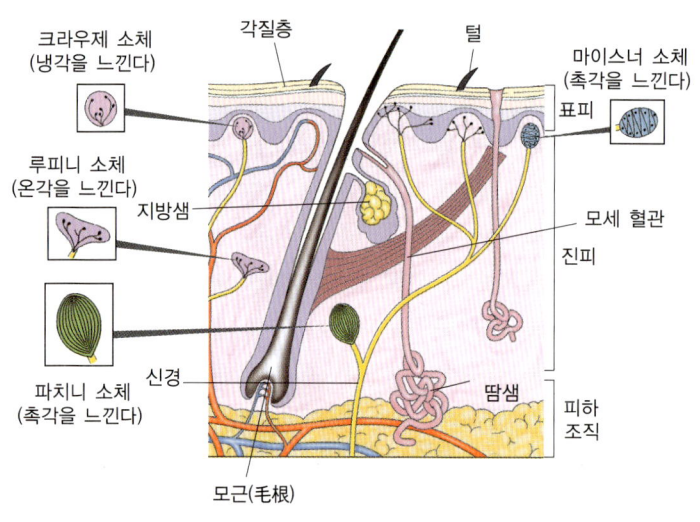
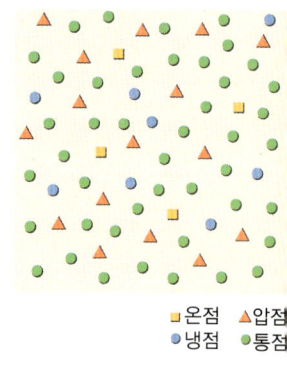

그림 13.4 피부의 구조와 감각점의 분포.

점痛點 등 4종류의 감각을 맡은 것이 따로 있으니 이들을 통틀어 감각점感覺點이라 부른다. 각 감각점의 분포와 밀도는 몸의 부위에 따라 다르다. 손가락 끝에는 1 cm²에 압점(촉점)이 100여 개이고 통점이 60여 개인 데 반해, 손등에 압점은 9개, 통점은 100여 개나 된다. 맹인의 손끝이나 젖먹이들의 입술이 예민한 것도 다른 부위보다 압점이 많이 분포하는 탓이다. 일반적으로 가장 많은 감각점은 통점으로, 피부 1 cm²에 평균 90~150개가 분포하고, 그 다음이 압점으로 25개, 냉점이 6~23개, 온점이 0~3개로 가장 적다. 몸 전체에는 통점이 약 200만 개, 촉점(압점)이 약 50만 개, 냉점이 약 25만 개, 온점이 약 3만 개가 있다. 엄지손가락 등(위)을 바늘로 꼭꼭 찔러 보면 어떤 곳은 감각이 거의 없는가 하면 어떤 자리는 따끔하면서 매우 아픈데 그것은 그 자리에 통점이 있는 까닭이다. 그리고 바늘을 얼음에 넣어 차갑게 하거나 뜨겁게 하여 그렇게 순서대로 대보면 역시 냉점과 온점을 찾을 수 있다. 감각점들은 피부에서 주로 진피眞皮에 분포한다.

 그리고 피부는 몸 밖에 있는 것만이 아니고, 입속, 위벽, 창자벽, 쓸개나 이자관의 벽 등 내장을 덮고 있는 것도 모두 다 말하는 것이며, 그것도 몸 밖의 피부가 하는 일과 다르지 않다. 피부에 땀샘(전신에 약 300만 개가 존재함)이 있어서 노폐물을 배설하는 것은 물론이고 기화열氣化熱로 체온을 낮춘다. 땀샘이 몸 부위에 따라 다르게 분포하는 것은 말할 필요가 없다. 그리고 갑자기 추워지거나 무서운 일이 일어나면 온몸에 소름이 돋는다. 말초 혈관이 수축하고, 털뿌리를 싸고 있는 모낭근육도 수축하면서 털이 곤두서는 현상이 소름으로, 체온을 빼앗기지 않으려는 생리현상이며, 자율 신경이 조절한다. 그런가 하면 뜨거운 것에 피부가 노출露出되면 화상火傷을 입는다. 바닷가에서 햇살을 받아 등이 뱀 껍질처럼 벗겨질 정도면 1도 화상, 거기에 물집이 생기면 2도 화상이며, 3도, 4도가 되면 여러 가지 부작용이 생긴다. 물집(림프액이 들어 있음)의 크기가 1~2 cm 정도면 터뜨리지 말고 그래도 두는 것이 좋다고 하니, 가능한 내 몸이 알아서 하게 맡겨 두는 것이 옳다. 자가치유 自家治癒라는 것이다!

우리 몸을 보호하는 장치로 털(毛, hair)을 빼놓을 수 없다. 인간은 털이 적다고는 하지만, 그래도 작은 털이 우리 몸을 가득 덮고 있다. 팔이나 손등을 돋보기로 한번 살펴보자. 온통 갈라진 논바닥 같이 모난 자리에 털들이 나 있다. 전신에 나 있는 털은 약 150만 개로, 손바닥과 발바닥, 입술, 성기를 빼고는 모두 털이 난다. 그중에서 약 10만 개는 머리에 난다. 머리의 털은 외부 충격이라던가 더위나 추위를 막아주는 아주 중요한 구실을 한다. 머리털이 적은 대머리들은 겨울이고 여름이고 모자를 쓴다. 그리고 겨드랑이나 음모陰毛는 피부와 피부가 만나 생기는 마찰摩擦을 줄인다. 그래 그렇지, 털들이 함부로 아무렇게나 나 있는 게 아니었구나! 필요 없이 생겨난 것은 세상에 하나도 없다.

뚱딴지같은 생각인지 모르지만, 한 사람이 맵시를 내는 데 소비하는 시간(에너지)은 다르겠지만, 평균해서 평생의 몇 퍼센트를 차지할까? 누구나 공통적으로 머리 감고, 빗고, 매만지는 데 시간을 제일 많이 쓴다. 머리카락에 매력이 묻어 있고 건강이 스며 있어 그렇다. 그래서 이성異性에게 예쁘게 보이고 또 자기가 건강하다(건강한 유전 인자를 가졌다)는 것을 뽐내기 위해 머리카락을 그렇게 다듬는다. 무스(mousse), 젤리(jelly)까지 발라 뻣뻣이 세우고 물까지 들여 상대의 관심을 끌려고 한다. 늘어진 머리카락을 손으로 매만지거나 흔들어서 이성에게 마음을 전하는데 한 마디로 머리카락이 말을 하는 것이다!

머리카락은 인간만이 유일하게 갖는 게 아닌가. 하여 사람을 '머리에 털 난 짐승'이라 부른다. 개나 소 등 다른 짐승(포유류)은 전신에 털이 나 있는 데 반해 사람은 몸의 털은 적어지고 머리에만 남았다. 머리카락의 개수가 가장 많으며 단위넓이(1cm^2)에 100~150개가 나고, 다음 수염이 40개, 음모가 30개 순이다. 한 번 생겨난 머리카락은 수명이 약 6년이다. 그래서 전체를 계산하면 하루에 약 100여 개의 머리카락이 빠진다. 하루에 100개? 그래서 부엌이나 주방에서 요리를 하는 사람들이 머리에 모자를 쓴다. 빗으로 빗지 않아도 술술 빠져버리니 말이다. 또 범인을 잡는 과정에서도 방이나 자동차 안에서 머리카락을 찾는다.

머리카락이나 손발톱은 모두 피부가 변한 것이다. 그래서 늙으면 머리카락이 빠지고 필자처럼 아주 하얗게 세어 버린다. 그리고 건강이 좋지 않은 사람의 머리카락은 윤기가 바래지고 퍼석해 보인다. 큰 병을 앓는 사람의 머리카락과 젖먹이 아이의 것을 비교해 보자. 머리카락이 희게 보이는 까닭은 멜라닌과 공기가 머리를 하얗게 하기 때문이다.

머리카락 다음으로 신경을 많이 쓰는 곳은? 보나마나 얼굴(면상面相)이다. 머리카락뿐만 아니라 얼굴(용모容貌)을 보면 단번에 그 사람의 건강이 보인다. 바로 피부가 건강의 리트머스(litmus)가 아닌가! 학교 복도에서 얼굴에 여드름이 아닌 작은 종기가 많이 난 학생을 자주 본다. 그런 사람을 만날 때마다 "자네 말이야, 지금 대장이 안 좋지?" 하고 물으면 백이면 백 모두 다 "예, 그렇습니다." 하고 답을 한다. 그러면 필자는 연고 대신 김치국물과 야쿠르트가 좋다고 말해 주며 등을 두드려 준다.

신기하게도 대장이 좋지 않은데 엉뚱하게 얼굴에 부스럼이 난다. 이러니 얼굴의 피부가 대장의 리트머스가 아니고 뭔가. 얼굴에 띤 홍조紅潮라거나 주름에 그 사람의 살아온 역사歷史가 쓰여 있지 않는가. "얼굴은 자기가 책임진다."는 말이 있다. 긍정적이고 적극적이며, 능동적이고 활달한 삶을 산 사람의 얼굴에는 미간 眉間에 내천 川자나 이마에 석 삼 三자를 그리지 않는다. 좋으나 싫으나 웃고 또 웃을 지어다. 스마일(smile) 말이다!

 피부는 뭐라 해도 병원균이 몸 안으로 들어오는 것을 막고, 몸의 수분이 날아가는 것을 예방한다. 피부가 약하면 병균이 잽싸게 침입한다. 필자의 세대는 겨울에 목욕은 물론 머리감기도 몇 달을 못하고 지냈다. 그런데 요즘은 매일 아침에 샤워하고 머리를 감는다. 목욕도 너무 자주하고, 게다가 위험한 줄도 모르고 목욕하면서 때까지 벗기지 않는가. 때는 더러워서 벗겨내야 할 부분이 아니라 피부를 보호하는 각질 角質이다. 때를 심하게 미는 것은 전선 戰線의 철책을 걷어버리는 것과 하나도 다르지 않다. 병균이 쉽게 침투하는 것은 물론이고, 수분 증발이 늘어나서 피부가 건조해지고 만다. 수분이 있어야 피부가 촉촉하게 건강한데 그것이 보습 保濕이다. 그러므로 때는 벗기는 게 아니고 녹이는 것이다. 탕에 들어가서 피돌기를 빠르게 하고, 근육이나 뼈를 풀어주며(때 불리러 들어가는 것이 아님) 보드라운 수건에 비누칠하여 슬슬 문질러서(힘 들이지 않고) 때를 녹여 준다. 목욕을 한 후에 속 때가 좀 있어야 좋다!

 그리고 독자들이 믿지 않겠지만, 우리의 피부도 자연의 일부인지라 수많은 세균이 득실거린다. 피부(피지선)에서 분비하는 지방 성분이나, 분비물인 땀을 먹고 자라는 세균이 그득 묻어 있다. 우리 피부가 그들의 삶의 터전(살터)이다. 이들 토박이 세균이 텃세하여 외부에서 쳐들어오는 세균들을 무찌른다. 그리하여 피부를 튼튼하게 하는 것이다. 다시 말해서 그들 세균은 바로 우리와 서로 돕고 사는 공생세균 共生細菌인 것이다. 머리나 피부에 있는 세균은 해로운 것이 아니고 아주 이로운 세균임을 알자. 그렇다면 비누를 많이 쓴다거나 때를 벗기는 것이 얼마나 해로운 행위인가? 내 피부의 세균을 보호해야 한다. 그러므로 샤워를 할 때에도 겨드랑이나 사타구니 같이 털이 많은 곳에만 비누를 살짝 칠하고, 나머지는 흐르는 물로 씻으면 족足하다. 왜들 자기 피부를 못 살게 하는지 모르겠다. 필자는 얼굴을 씻을 때도 비누를 쓰지 않는다. 피지선 皮脂腺(전신에 300만 개 이상 존재함)에서 분비한 천연 지방 성분인 라놀린(lanoline)을 씻어내는 것이 아까워서 그렇다. 그 기름이 피부의 수분증발을 억제하고 피부를 보호해 주고 있는 것이다. 그렇다고 마냥 씻지 말라는 말은 아니다. 씻지 않으면 몸에서 썩는 냄새가 난다. 땀이 부패하는 냄새다.

그런데 그런 냄새가 아닌 '암내'라는 것이 있다. 사람의 겨드랑이에 아포크린샘(apocrine gland)이 있어 거기에서 분비하는 분비물과 피지선 皮脂腺(피부에 지방 성분을 분하는 샘)의 분비물, 또 땀이 엉켜 고약한 냄새를 내는 것이다. 흑인, 백인, 동양인 순서로 그 빈도頻度가 높으며, 그 샘은 겨드랑이 말고도 항문 근처, 생식기 주변에도 있다고 한다. 냄새하면 뭐니 해도 발 냄새가 제일 지독하다. 사람의 발바닥에는 25만여 개의 땀샘이 있어서 하루에 500 ml나 분비한다. 거기에 세균들이 번식하면서 퀴퀴한 발 냄새를 낸다. 그리고 어떤 음식을 많이 먹느냐에 따라 체취體臭가 달라지니, 극단적으로 말해서 서양 사람들 몸에서는 치즈 냄새가, 우리들 몸에서는 된장 냄새가 난다. 우연찮게도 모두 발효식품醱酵食品이로군!

땀샘은 성기의 일부를 제외하고 온몸에 나 있고 약 300개 정도가 되며, 땀샘의 수는 태어나면서 정해져 있어서, 어린아이들이 어른보다 단위 피부면적에 더 많다(표면적이 적으므로). 땀은 99 %가 물이고 나머지는 염분鹽分(소금기)과 미네랄(mineral) 성분에 지방산, 유기산들이 들었다. 더워서 흐르는 땀은 전신에 다 나지만 정신적으로 긴장하거나 놀라 나는 땀은 주로 손발바닥과 겨드랑이에 국한된다.

피부는 외부 환경에 바로 노출돼 있어 무척 힘들어 한다. 추우면 혈관이 수축하면서 소름을 끼치게 하고, 더우면 땀을 내서 기화열로 몸을 식힌다. 피부 바로 아래에는 피하지방皮下脂肪이 있어서 열의 전도를 막아주기도 한다. 남자보다 여자가 피하지방이 더 발달해 있어서 여자들은 예뻐보이기 위해 한겨울에도 얇은 스타킹을 신을 수가 있다.

어떻게 하면 튼튼한 피부를 가질 수 있을까? 피부엔 그 사람의 나이와 건강이 들어 있다고 했다. 한 마디로 몸이 건강하면 피부도 튼실해지는 것이다. 균형 잡힌 음식을 먹어서 영양분을 골고루 섭취하고, 스트레스를 덜 받으며(적당한 스트레스는 건강에 좋으니, 운동은 몸에 주는 스트레스요, 독서는 눈과 뇌에 스트레스가 됨) 강한 햇볕에 노출되는 것을 삼가고, 무엇보다 편안하고 만족하는 삶이 최고의 건강법이다. 겉이 늙는다고 속까지 늙을 손가. 몸이 늙는다고 마음까지 늙을 소냐[신노심불로身老心不老], 머리털은 늙어도 마음은 늙지 않는다[발백심비백髮白心非白]는 호방한 자세를 잃지 않고 사는 것도 피부를 건강케 하는 한 방편일 것이다. 일체유심조一切唯心造, 다 제 마음에 있더라! 슬프게도 세월의 무게를 이기는 것이 없다! 피부도 나이를 먹는다.

손바닥이나 엄지손가락, 발바닥에 사람마다 다른 지문(족문)이 있다. 손바닥과 발바닥은 흑인도 희다! 손발바닥 이야기를 덧붙여 보자. 손등은 햇빛을 받으면 갈색으로 타지만 손바닥은 그렇지 않다. 손바닥에서는 체온이 올라간다고 땀이 나지 않고, 주로 정신적인 영향을 받는 편이다. 늙으면 역시 땀의 분비가 줄어들어, 낫을 잡거나 새끼를 꼴 때는 침을 손바닥에 뱉는다. 그리고 손가락에는 지문 指紋(finger print)이 있는데, 거기에는 땀구멍이 많이 나 있어 여러 분비물이 나오고, 물건을 만지면 그 흔적이 남는다. 지문 검사가 그래서 가능하다. 세상에 아직도 지문이 같은 사람이 없었다고 하니, 그 무늬가 얼마나 다양한지 알 수 있다. 지문은 세계인이 거의 공통적인 특징을 가지고 있으며 고리모양(loop), 소용돌이 꼴(whorl), 활 꼴(arch)로 나뉘고 또 고리 형태의 사람이 가장 많

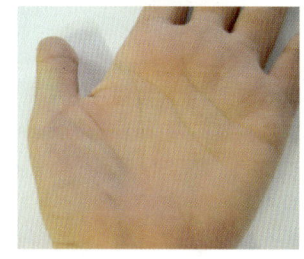

그림 13.5 엄지손가락 지문과 손금.

고 다음이 소용돌이, 활의 순서다. 대학의 일반생물 시간에도 지문실험을 하게 된다. 알다시피 지문은 평생 바뀌지 않는다. 내 어머니처럼 손일을 너무 많이 하면 지문이 다 없어지고(마모되고) 만다! 손바닥에는 손금이 있으니 그 형태를 보고 수상 手相을 본다. 당신의 손바닥에 당신의 운명이 그어져 있다!

발바닥을 들여다보면 손바닥과 마찬가지로 멜라닌 색소가 없기 때문에 햇볕에 타도 검어지지 않는다. 거기에도 지문, 손금과 같은 무늬가 있어 그것을 족문 足紋(foot print)이라 하며, 병원에서 아기를 낳으면 족문을 찍어 아이가 바뀌는 것을 막는다. 발바닥은 우리의 체중을 온통 다 받아 힘들다. 험한 길을 걸어 밟는 것도 내 발바닥이다! 청결하게 잘 보관해 주자. 예수께서도 제자의 발을 씻어 주었다. 고마움을 아는 사람은 자기 발의 소중함을 안다.

부처의 발이 불족 佛足인데 불상 佛像이 없던 시대에는 부처의 족적

足跡*이 가장 큰 예배 대상이었다고 한다.

머리카락이나 눈썹(땀이나 빗물이 눈으로 흘러드는 것을 막음)에는 피와 신경이 없다. 손발톱이나 털에 신경이 있었다면 손톱을 깎을 수 없었을 것이며 머리카락도 뒤룽뒤룽 길게 달고 다닐 뻔했다(하루에 0.3~0.4밀리미터씩 자람. 턱수염은 0.2~0.5밀리미터씩 자람). 엉뚱한 생각에 창조성이 깃드는 것이다!

눈썹이란 말이 나오니 역시 글 한 토막이 생각난다.

몸뚱이는 풀이 빠지면서 흐느적흐느적 늙어 가는데 눈썹만 새까맣게 젊음을 잃지 않으니 이 무슨 해괴망측駭怪罔測한 일이란 말인가. 망령妄靈이 따로 없다. 예뻐지기만 한다면 목숨 내걸기도 마다하지 않을 사람들……. 마뜩하지 않고 꺼림칙하다. 땀이 나고 세수를 해도 지워지지 않는 '만년지택萬年之宅'이다. 두 눈썹 위에 지어 놓는 '눈썹 문신'이라는 것이다. 상피上皮 세포는 어느 것이나 끊임없이 죽어 나가고 그만큼 신생新生하는데 눈두덩의 그 집은 어찌하여 지워지지 않고 영생永生을 누리는 것일까? 여기서 말하는 눈썹은 눈두덩 위의 겉눈썹을 말하는 것으로 그 모양이 하도 다양해 사람마다 같은 게 없다. 어쩌면 눈썹 모양 하나도 이렇게 다르단 말인가. 숱이 많은 사람, 아주 듬성한 사람에 두껍고 얇은 사람 등 어쨌거나 눈썹이 없으면 얼굴 꼴이 말이 아니다. 그럼 눈썹이란 겉치레로 나 있는 것일까? 필요 없이 생겨난 것은 없다. 이마에서 흘러내리는 땀방울이나 빗물이 눈에 들어가지 않게 만드는 곬의 역할을 한다.

* 족적: 발자취

사람의 몸은 최소한 200여 가지의 서로 다른 세포가 모여 여러 조직을 만든다. 몸 바깥의 피부만이 아니고 공기가 지나가는 숨관(기관氣管), 피가 흐르는 혈관, 음식이 지나가는 식도, 위, 창자, 소변이 흐르는 요도 등 모든 벽이 상피 조직이다. 외부와 접촉하는 이런 상피조직은 상처를 입을 가능성이 높

그림 13.6 문신.

다. 이들은 대개 일주일 정도 살고 죽어버리는데 밑에서 새 세포가 깔축없이 생겨나 끊임없이 밀고 올라온다.

한편 문신文身(tattoo)은 먹물을 바늘이나 주사기로 피부에 찔러 넣어 검은 탄소 알갱이를 피부 깊숙이 틀어박히게 하는 것이다. 상피에 묻은 탄소 입자는 죽은 세포를 따라서 위로 밀려나 없어져 버리지만 그 아래 진피의 것은 새 살이 돋지 않아서 탄소 입자가 계속 그곳에 머물게 돼 검은 흔적(문신)으로 남게 된다. 죽은 세포나 세균 같은 아주 작은 이물異物은 백혈구의 일종인 거대 세포(macrophage)가 먹어 치우지만 먹물의 탄소 알갱이는 너무 커서 백혈구가 처리하지 못한다. 문신이나 얼굴의 기미를 지우려면 우선 레이저(laser)로 태운다. 그러면 탄소 입자가 아주 작게 부서지고 백혈구가 먹어 청소를 할 수 있게 된다. 문신이 스르르 지워지는 것이다.

아무튼 드센 여성들이여, 두 팔 포개고 누워 있는 '검은 눈썹의 주검'을 연상하고 눈썹에 바늘 찌르는 허튼 짓을 삼가하자. 늙음을 자연스럽게 받아들이는 넉넉한 마음가짐이 필요하지 않겠는가? 영겁永劫 세월의 날줄과 광활한 우주宇宙의 씨줄이 만나는 '교차점'이 바로

'나'가 아니던가. 잠시 후에 사라져 버릴 그 점이지만 말이다.

우리 남정네들은 그대들의 가짜 검은 눈썹보다는 검박儉朴* 하면서도 자비롭고 풋풋하며 해맑은 눈망울이 보고 싶다. 안광眼光이 가득 밴 물기 촉촉한 눈망울 말이다. 이 노생老生의 눈에도 '귀신 눈썹'은 매력 포인트로 보이지 않는다. 하지만 어쩌랴. 102살까지 사신 내 처조모께서도 아침이면 언제나 검은 연필로 눈썹 화장을 하셨으니…….

다시 말하지만 털이나 손발톱은 피부가 변한 것으로 그 주성분은 단백질의 일종인 케라틴 물질이다. 머리카락이나 손발톱을 태워 보면 노린내가 나는데 바로 케라틴이 타는 냄새고, 손톱에 강한 질산(HNO_3)을 묻혀 보면 노랗게 바뀌는 것도 단백질 탓이다. 그리고 현미경으로 털을 보면 기와를 포개 놓은 듯, 비늘 조각이 포개져 있는 것을 볼 수 있다. 그래서 머리 빗질을 할 때, 뿌리에서 끝으로 빗으면 부드럽게 잘 빗겨지지만 반대로 끝에서 털뿌리(모근) 쪽으로 빗으면 엉키면서 잘 빗겨지지 않는 까닭이 거기에 있다. 나란히 맞닿게 놓은 엄지손가락 위에 긴 머리카락 하나를 올려놓고 두 손가락을 좌우로 천천히 움직여 보아라. 이상하게도 머리카락이 한쪽으로 움직여 갈 것이다. 어느 쪽에 머리카락의 뿌리(모근毛根)가 있는가?

다음에는 손발톱을 보자. "마음이 게으른 자는 손톱이 길고, 몸이 게으른 자는 머리털이 길다."라고 한다. 그리고 형식形式은 정신精神을 낳는다. 몸을 단정히 하면(정장을 하면) 마음도 바르게 되는 것이다. 그리고 딱딱한 손발톱이 손가락, 발가락 끝을 받쳐준다. 손톱을 짧게 깎

---

* **검박**: 검소하고 소박하다.

아도 물건을 쥐는 데 힘들고, 손등에 박힌 가시를 뽑는 것도 어렵다. 손발톱은 정녕 멋으로, 봉숭아 물들이면서(매니큐어도 마찬가지) 멋 부리라고 있는 게 아니다. 손톱 역시 '건강의 거울'이다.

아무튼 "손톱은 슬플 때마다 돋고 발톱은 기쁠 때마다 돋는다."고 한다. 손톱이 길어나는 속도(하루에 약 0.1 mm)는 발톱보다 훨씬 빠르다. 손톱이 발톱보다 일을 많이 하기에 그렇다. 하여, 세상살이에 어찌 기쁨이 슬픔을 이길 수 있겠는가? 웃다보면 기뻐지고 울다보면 슬퍼진다고 하니, 소문만복래笑門萬福來다. 웃으면 복이 오고 피부까지 고와진다!

그러면 손톱 아래, 살과 맞닿는 자리에 하얀 초승달 모양의 흰 부위는 무엇이며, 왜 생기는지를 알아본다.

겨울을 '휴식의 계절'이라고 한다. 얼어 죽기 딱 알맞은 한겨울에 무슨 놈의 휴식이냐고 하겠지만 그렇지 않다. 올망졸망한 밭떼기와 넓은 들판에 고개 돌려 훑어 보자. 온갖 곡식을 품었던 흙이 무거운 짐 다 내려놓고 한껏 쉬고 있지 않은가? 그게 바로 농부의 모습이기도 하다. 손발톱이 젖혀지도록 뼈 빠지게 일을 했던 농부는 오는 봄을 준비하고 있다. 휴식은 노동의 연속이라 했다. 평화는 전쟁을 위한 휴식이란 말과 통한다.

일을 하지 않고 놀다보면 손톱이 빨리 긴다. 옛날 그때 그 시절에 손톱깎이가 어디 있었겠는가? 어둑한 등잔 밑에서 고작 가위로 손발톱을 자르면 다치기 일쑤다. 그래서 그것을 방지하기 위해 어른들은 위험한 일에는 죄다 "엄마 죽는다."며 공갈(?)을 쳤다. 아무튼 손톱깎이는 위대한 발명 중의 하나다!

그런데 손발톱은 왜 있는 것일까? "손톱 밑에 가시 드는 줄은 알면서 염통 밑에 쉬 쓰는 줄 모른다."는 그 손톱은 왜 있을까? 딱딱한 사각형의 손톱 판(조갑爪甲)이 손가락 끝을 받쳐 주지 않으면 물건을 잡거나 쥐는 데 어려움을 겪는다. 한마디로 힘을 못 쓴다. 발톱이 없으면 걸을 때도 많은 힘이 든다. 손발톱은 정녕 멋으로, 멋 부리라고 있는 게 아니다. 손 다듬기를 영어로 '매니큐어(manicure)', 발 꾸미기를 '페디큐어(pedicure)'라고 한다.

그리고 손톱은 '건강의 거울'이다. 손톱이 부드럽고 분홍색에 광택이 나면 건강하다는 증거다. 그 분홍색은 어떻게 생기는 것일까? 손톱 밑에 가득 분포한 혈관, 거기에 흐르는 붉은 피가 위로 비쳐 보이니 그래서 분홍색이다. 피가 부족하다거나 다른 병이 있으면 백색(빈혈)이나 청백색(심장·폐 이상) 등 이상한 색깔을 보인다. 그래서 손톱에 건강이

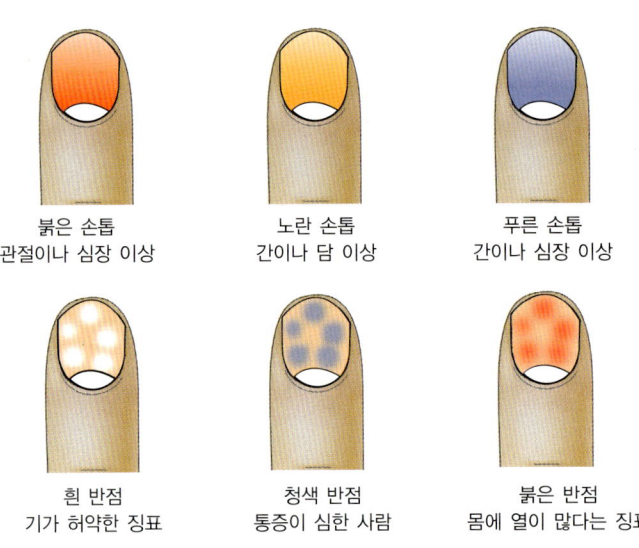

붉은 손톱
관절이나 심장 이상

노란 손톱
간이나 담 이상

푸른 손톱
간이나 심장 이상

흰 반점
기가 허약한 징표

청색 반점
통증이 심한 사람

붉은 반점
몸에 열이 많다는 징표

그림 13.7 손톱을 보면 그 사람의 건강이 보인다.

들어 있다는 것이다.

   손톱은 피부가 변해서 딱딱해진 것이다. 그런데 손톱의 아래 뿌리 쪽(조근爪根, 조모爪母)의 일부는 흰색이다. 초승달 모양으로 보이는 하얀 부분 말이다. 그것을 속손톱, 손톱반달, 조반월爪半月 등으로 부른다. 영어로는 'lunula(half moon)'이다. 겉으로 나와 보이는 것은 반달은커녕 '초승달'로 보이지만 그것을 덮고 있는 생살을 벗겨(아얏! 아프다) 버리면 반달 모양을 한다고 한다. 여기에서 손톱 조직이 자라 밀어 올리니 손톱이 길어난다(손톱 끝까지 자라는 데 약 한 달 걸린다).

   그렇다면 어째서 그 자리가 희게 보이는 것일까? 앞에서 다 자란 손톱은 손톱 밑바닥에 흐르는 피가 비쳐 분홍이라 했다. 그런데 속손톱은 손톱에 비해서 케라틴 두께가 3배나 되어 피가 비쳐 보이지 않아 흰 것이란다. 얼마 전 이 사실을 처음 알고 좋아서 방방 뛰었던 기억이 난다. 앎의 기쁨이라는 것!

14
소화 기관

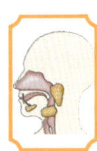

●●● 침

입안에는 언제나 침(타액)이 마르지 않고 축축하게 적당히 돈다. 그렇지 않으면 "입안이 바싹바싹 탄다."라고 하고, "입이 마른다."고도 한다. 음식을 먹지 않아도 침샘(타선 唾線)에서 조금씩 침이 흐른다는 뜻이다. 마른 음식(건빵이나 찹쌀떡 등)을 먹어 보면 침이 어떤 일을 하는지 단번에 안다. 침은 음식을 묽게 반죽하여 목구멍으로 넘기는 구실을 한다.

침은 '큰 침샘'과 '작은 침샘'에서 분비하는데, 큰 침샘은 세 곳으로 혀밑샘, 귀밑샘, 턱밑샘이고, 작은 침샘은 입술, 혀, 볼, 입천장들로, 하루에 1~1.5 *l*가 이들 침샘에서 만들어져서 흘러나온다. 귀밑샘과 턱밑샘은 음식의

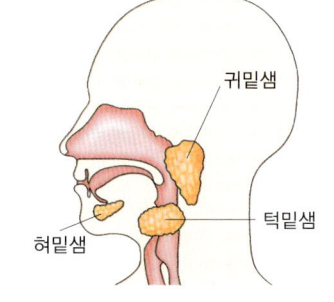

그림 14.1 침이 나오는 곳.

자극을 받으면 분비하지만 혀밑샘에서는 보통 때도 조금씩 분비하기에 입안이 언제나 촉촉하다. 아뿔싸! 침샘에 이상이 생겨 침을 만들지 못하는 사람도 있는데 그런 사람은 입안이 건조해서 애를 먹는다. 음식을 먹을 때 물을 자주 조금씩 마셔 주지 않으면 안 된다. 참, 세상에 별의 별 병이 다 있다! 침 하나 술술 잘 나오는 것도 행복이다!

침에는 소화효소 말고도 항균(살균) 역할을 하는 라이소자임(lysozyme)이란 물질이 들어 있다. 그리고 침은 다른 동물에게는 독 毒(toxin)이 된다. '침 먹은 지네'라고 사람의 침에 그 무서운 지네도 맥을 못 춘다. 그리고 다른 동물의 침은 반대로 사람에게는 독이 된다. 뱀, 벌, 개미, 모기들의 침(saliva)이 우리 몸에 들어와서 독이 되어 퍼지지 않는가. 모든 동물은 제 몸을 보호하는 침(독)을 분비한다.

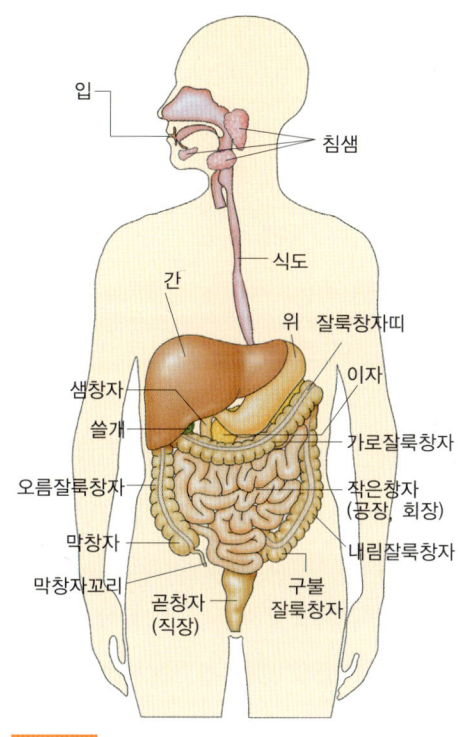

그림 14.2 사람의 소화 기관.

까마귀가 울어도 침을 뱉는다. 침은 귀신까지도 쫓고 됨됨이가 바르지 못한 사람에게도 침을 뱉는다. 필자는 아직도 피부에 상처가 났거나 가려울 때는 두말할 필요 없이 침을 발라 둔다. 앞에서 말한 라이소자임이 세균이나 곰팡이 등의 병원균을 죽여 주니 침은 천연물파스요, 천

연연고인 것이다. 남의 글(말)을 믿지 못하는 사람은 차라리 이 글을 읽지도 말 것이다. 제발 믿어 달라는 뜻이다. 이런 독성분(항균 抗菌 물질)은 사람의 침 말고도 땀, 콧물, 눈물, 가래 등에도 들어 있어서 세균들을 죽인다. 병원균病原菌들은 사람 몸에서 분비하는 점액 물질을 무서워한다! 내 피부에 살고 있는 세균은 내 땀에 죽지 않으나 다른 세균이 묻으면 죽는다!

그런가 하면 소화액인 침(타액唾液)은 탄수화물(녹말)을 소화시키는 일을 한다. 고분자 물질인 다당류多糖類를 엿당(맥아당麥芽糖)이라는 이당류二糖類로 소화(가수분해)시킨다. 밥을 오래 씹으면 침의 프티알린(ptyalin)이란 효소酵素가 녹말을 달콤한 엿당으로 분해한다. 그러나 밥을 물이나 국에 말아 먹으면 녹말과 효소가 만나지 못하게 되어 녹말 분해에 지장을 받는다. 국물에 음식을 말아 먹는 것을 삼가라! 별 맛이 없었던 밥을 오래 씹으면 입안에 단맛이 돌지 않는가! 그것이 엿당 맛이다. 이렇게 탄수화물을 제외하고는 거의 입에서 소화가 일어나지 않는다. 물론 씹는 것은 물리적 소화요, 소화효소가 관여하는 것은 화학적 소화다. 나중에도 설명하겠지만 위에서는 거의 단백질만 분해되고 소장에 가서 3대 영양소가 다 소화된다. 소화 기관도 제가 맡아서 하는 일이 다르다는 것이다.

'파블로프(Pavlov)의 조건 반사條件反射'를 알고 있을 것이다. 개에게 밥을 주면서 언제나 딸랑딸랑 종鐘을 울렸다. 여러 번 그렇게 반복한 다음에는 종만 쳐도 개가 침을 줄줄 흘린다. 음식을 줄 때 종이 울렸다는 것을 개의 대뇌가 기억한 것이다. '음식과 종'이라는 묶음이 조건 반사 중추가 되어 대뇌에 형성되었다. 이때, 한두 번이 아니고 여러 번 반복해야 한다는 것이 중요하다. 만일 사람에게 이 실험을 했다면 꼭 같은 결과가 나온다. 귤의 그림이나 실물 또는 귤의 냄새만 맡아도 침이 흐른다. 그러나 귤을 본 적이 없거나 냄새를 맡아보지도 못했고, 또 먹어보지 않았다면 손에 쥐어 줘도 침을 흘리지 않는다. 그 이유는 귤의 형태-냄새-맛이라는 조건 반사 중추가 없어서 그렇다. 불고기 소리만 들어도, 굽는 냄새만 맡아도 침이 흐르지 않는가? 조건 반사의 중추는 대뇌에 형성된다는 것을 기억해 두자.

우리는 아주 뜨거운 커피를 후후 불면서 마신다. 입안의 침에 의해 식어지는 탓도 있지만, 입안 점막 세포들이 온도에 매우 둔하기 때문에 뜨거운 것을 먹고 입천장 세포가 화상을 입어, 죽어서 훌훌 벗겨지는 경우가 있지 않은가? 혀도 온도에 둔하고, 목구멍 근처의 세포들은 전연 뜨거운 것을 느끼지 못한다. 뜨겁거나 맵고 짠 것을 자주 먹으면 다음에 이야기하는 식도는 물론이고 위도 다칠 수 있으니 삼가는 것이 좋다.

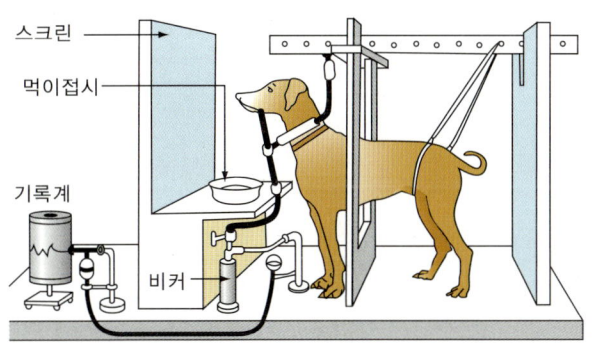

개의 타액은 튜브를 통하여 비커로 들어가는데 그때 벨브의 움직임은 스크린 뒤쪽에 있는 기록계에 전달되어 분비 반응이 기록된다.

그림 14.3 조건 반사를 측정하는 파블로프의 실험장치.

●●● 이

옛날부터 단순호치丹脣皓齒* 즉, '붉은 입술과 하얀 이'는 미추美醜, 예쁨과 미움의 기준으로 삼았다. 어쨌거나 순망치한脣亡齒寒, 입술이 없으면 치아齒牙가 시리다. 썩 친하고 이해관계가 깊은 두 사람 중에 한 사람이 망하면 다른 친구도 위험에 처하게 되는 것을 일컫는 말이다. 이 하나도 성할 때는 모르다가 다치거나 없으면 그제서야 얼마나 그것이 귀한 것인가를 새삼스럽게 느낀다.

입술을 열면 그 안에는 이가 "나 여기 있소!"하고 쑥 모습을 드러낸다. 이齒는 오복五福의 하나라고, 그것이 더할 나위 없이 귀하다는 것은 누구나 다 안다. 젖니(유치乳齒) 20개로 지내다가 모두 다 빠져버리고 새로 난 간니(영구치永久齒) 32개를 가지고 죽도록 산다. 그런데 그 이도 '3·3·3의 법칙'을 잘 지켜 나가야 고종명考終命까지 잘 간수를 할 수가 있다. 하루 3번, 식후 3분 안에, 3분간 이를 잘 닦아주라는 것이다. 이의 겉에는 반짝이는 에나멜(enamel)이라는 물질이 싸고 있으니 이것이 우리 몸에서 가장 딱딱한 물질이다. 그런데 뼈보다 더 단단한 이것도 거친 칫솔질에 마모돼 버리니 이를 닦을 때에는 이 사이에 뭐가 끼인 것을 뽑아낸다는 그런 생각(정도로)으로 부드럽게 살살 문질러줘야 한다. 이도 닳아 빠진다!

이齒(tooth) 하나에 평생을 바쳐 이를 전공하는 치과의사가 있지 않는가. 그 분들께 미안한 것이, 아무리 열심히 써도 몇 줄 되지 못하는 글을 쓰게 되는 점이다. 눈알 하나를 평생 연구하는 사람도 물론 있듯이 말이다. 암튼 32개의 이 중에서 앞니 8개로는 주로 자르는 일을 하

---

* 단순호치 : 붉은 입술과 하얀 치아라는 뜻으로, 아름다운 여자를 이르는 말.

고, 4개의 송곳니는 음식을 잘게 찢고, 나머지 20개의 어금니들은 잘게 갈고 으깨는 일을 한다. 작두 같은 앞니, 창 닮은 송곳니에 맷돌 꼴을 하는 어금니가 교묘하게 음식을 부숴 침과 섞어 인두로 넘겨 보낸다.

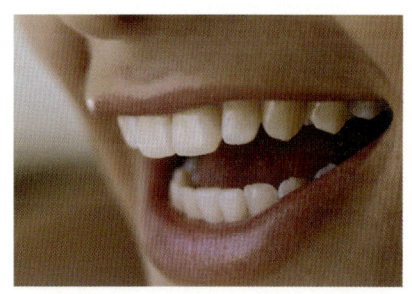

그림 14.4 사람의 이 구조.

사람의 치식齒式은 $\frac{2123}{2123}$으로 좌우 대칭이라 한 쪽의 아래위 것만 쓴다. 이 치식에서 앞니와 송곳니, 앞쪽 어금니와 뒤쪽 어금니의 개수를 알 수 있다. 여러분들이 다 잘 알다시피 송곳니가 발달한 동물은 육식을 하고, 어금니가 발달한 동물은 초식 동물이다.

그런데 생물계에서 발견하는 흥미로운 일 중의 하나가 보상 작용補償作用이라는 것이다. 한 쪽이 모자라면(좋지 못 하면) 다른 한 편은 많다(좋다)는 것이다. 치아가 나쁜 사람은 대체로 몸뚱이가 건강하고, 충치蟲齒가 많은 사람은 잇몸 하나는 튼튼하다고 하니 말이다. 조물주가 어느 누구에게도 모두를 주지 않는 그 공평성이 꽤나 타당성 있어 보인다.

이의 주된 몫은 저작咀嚼 행위다. 이는 아래위 턱뼈에 관절關節로 박혀 있어서 힘을 받으면 빠지고 부러지지만 어금니 하나가 50 kg 정도의 무게를 지탱한다고 하니 놀랍다. 그런데 음식을 씹을 때, 위아래 두 턱뼈가 모두 움직일까? 그렇다, 아래턱뼈만 열심히 움직이고 있지 않는가! 아래턱도 관절로 되어 있어 심한 충격을 받으면 빠져버린다. 그리고 옛날엔 이가 없으면 잇몸으로 산다고 했는데, 요즘은 틀니는 물론이고, 인조 치아를 잇몸에 심는 임플란트(implant)도 대중화가 되고 있다. 이 또한 분명 사람들의 수명을 연장시키는 데 큰 몫을 한다.

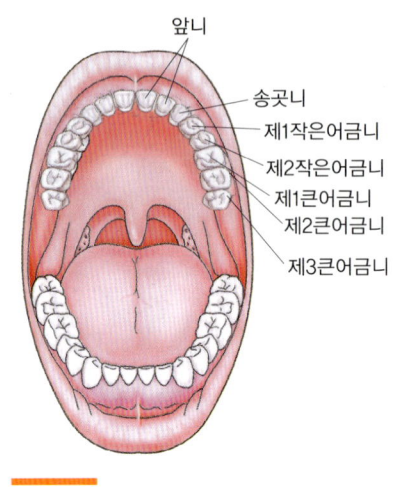

그림 14.5 사람의 치아.

필자도 이미 치아 셋을 심었다! 깍두기 한 토막도 씹지 못했으나 이를 심은 후에는 그것도 먹을 수 있어서 삶의 보람을 느끼기까지에 이르렀다. 의학과 약학의 발달은 우리의 상상을 초월하며, 수명이 자꾸 늘어만 가는 것은 누가 뭐래도 먹는 음식의 질質 향상은 물론이고 의·약학 그 두 가지가 발달한 덕이다. 늙은이들 치고 몇 가지 약을 먹지 않는 이가 없다. 고혈압, 혈당, 콜레스테롤, 심장, 콩팥, 전립선 약 등은 먹지 않으면 생명의 위협을 바로 받는 약들이다.

치과에 가서 이를 손 본 다음에, 의사가 종이를 위아래 어금니 사이에 끼우고 깍깍! 딱딱! 아래 윗니를 다물어 부딪히고 또 문질러 보라고 한다. 위아래 어금니가 딱 들어맞아야 한다는 것이다. 다시 말하면 요철 凹凸, 즉 오목한 요와 볼록한 철이 딱 들어맞게 되어 있는 것이 우리의 치아이다. 그래야 음식을 맷돌로 부시듯 잘게 갈 수 있다. 신기하지 않는가? 물론 앞니와 송곳니는 그렇지 않다. 그런데 잠을 자면서 이를 오래 갈면 이 표면이 닳아서 빠지게 되어 좋지 못하다. 자면서 이를 세게 깨물거나 옆으로 가는 행동은 그 원인이 확실치 않으나 아마도 이에 문제가 있거나 스트레스 때문이 아닌가로 여긴다.

그리고 맨 안쪽 끝에 나는 '사랑니'는 퇴화 단계에 있어서 아예 없는 사람도 있다. 우리는 그 치아가 나오면 사랑을 할 수 있는 나이가 됐다고 보는데, 서양 사람들은 'wisdom tooth(지혜의 이)'라 하여 세상을 보는 눈이 티었다고 본 것이다. 치아 하나를 보는 '마음의 각도', 즉 잣대가 이렇게 다르다. 언필칭言必稱*, '문화의 차이'라고 하는 것이다!

●●● 인두와 식도

성인成人이 되면 침을 삼키면서 숨을 쉴 수가 없고, 숨을 쉬면서 음식을 삼킬 수가 있다. 그런데 어찌하여 젖먹이는 엄마 젖에 코를 틀어박고도, 또 벌렁 드러누워서 숨을 헐떡헐떡 쉬면서 젖병을 쭉쭉 빤단 말인가? 어른은 음식을 먹는 순간에는 말도 못하는데, 젖먹이는 '그렁그렁' 소리까지 내면서 젖병을 빤다. 강아지도 개밥을 퍽퍽 먹으면서 숨을 잘도 쉰다. 태어난 지 1년이 되지 못한 유아乳兒들은 식도의 입구인 인두咽頭보다 숨관(기관)의 대문大門에 해당하는 후두喉頭가 훨씬 높고 앞에 놓여 있어서 쉽게 사레들리지 않고 숨쉬기와 젖 빨기를 동시에 한다. 고양이도 다르지 않다. 그러나 점점 커 가면서 후두가 아래로 치지고 내려앉아 인두와 나란히 놓여 숨쉬기와 음식 먹기를 동시에 하지 못하게 된다.

앞에서 다루었듯이 입에서 꼭꼭 씹은 음식을 넘기는 일은 혀가 한다. 혀뿌리(설근舌根)로 목구멍을 지그시 눌러 음식을 인두로 밀어 넣는다. 그런데 어쩌다가 그 음식이 식도가 아닌 숨관(기관)으로 비껴 들어가 버리면 그땐 난리가 난다. 숨관 근육의 반사 작용反射作用으로 음식을 발작적發作的으로 밀어내니 사방에 밥풀이 튀고 반찬이 날개를 단다. 바로 사레다. 숨관의 입구(후두)에는 연골성인 후두개喉頭蓋라는

---

* 언필칭: 말을 할 때마다 반드시.

뚜껑이 있어서 식도 입구(인두)로 음식이 들어갈 때는 후두를 닫고, 그렇지 않으면 열어서 숨을 쉬는 여닫이를 하는데, 후두개의 개폐 開閉가 잘못 조절되어 음식이 기도 氣道로 들어가 사레들린다. 그래서 음식이 식도로 들어갈 때는 후두개로 후두를 닫아버리므로 숨쉬기를 잠시 멈춘다.

그리고 입을 쩍 크게 벌리고 거울을 들여다보면, 저 안쪽 입천장에 빨간 젖꼭지를 닮은 목젖이 달랑 달려 있고, 그 양편에 근육이 약간 솟아있다. "목젖 떨어지겠다."는 말은 음식이 너무 먹고 싶을 때 하는 말이다. 그 부위는 음식을 넘길 때 코(비강) 쪽으로 음식이 들어가는 것을 막는 연구개 軟口蓋다. 후두개는 숨관을, 연구개는 비강 鼻腔을 막아서 음식은 오로지 식도로만 가도록 되어 있다. 참 잘 만들어진 우리 몸에 경탄을 금치 못한다. 연구개의 닫힘이 제대로 되지 않아도 사레가 드니, 역시 고춧가루가 콧구멍으로 튀어나오고 콧물을 질질 흘린다.

그런데 흔히 말하는 식도, '밥줄'은 먹고 살아가는 길이오, 밥이 나오는 근본이 되는 직업이나 생애를 일컫는 말이 아닌가? 밥줄이 날아가는 날이면 실직자가 되는데, 생물학에서 밥줄은 당연히 밥 넘어가는 길, 식도 食道(esophagus)를 말한다. 식도의 길이는 약 25 cm로 얇은 근육으로 된 관 管(pipe)이다. 식도는 숨관 뒤로 내려가기에 손으로 자기 식도를 만질 수 없다. 식도의 시작부와 끝, 양쪽에 모두 괄약근이 있어서 관을 꽉 조이고 있다. 그 관은 음식이 내려갈 때는 2~3 cm가량 늘어난다. 식도 입구의 괄약근(조임근육)이 열리면서 음식이 들어가고 밥줄에 들어간 음식은 천천히 아래에 있는 위 胃, 즉 '밥통'으로 내려간다. 삼킨 사탕이나 알약이 내려가지 못해 목 줄기가 뻐근한 것을 느껴봤을 것이다. 식도의 운동은 아주 느린 연동 운동 蠕動運動(벌레처럼 꿈틀거리는 운동, 꿈틀 운동)이다. 식도 근육은 음식을 1초에 2~4 cm 속도로 꿈틀꿈틀 움직여 아래로 내려보내니, 보통 먹은 음식은 10초 이내에 위에 도달한다. 물론 물이나 우유들은 더 빠르게 통과한다. 물구나무를 서도 알약이나 사탕은 입으로 되나오지 않고 위장 胃腸을 향해 일방적으로 이동한다. 물론 식도 아래 끝의 괄약근은 위에 들어간 음식이 거꾸로 식도로 나가는 것(역류, 토함)을 막아준다. 그러나 부패한 음식을 먹었거나 배가 몹시 뒤틀려 아프면 일부러 목구멍에 손가락을 넣어 토하는 경우가 있다. 뿐만 아니라 배탈이 났거나 과음을 했을 때 위에 들어간 음식이 입으로 되나오게 되니 그것을 '역연동 운동 逆蠕動運動'이라 한다. 그것이 토吐다. 과음, 과식하여(overeat) 토(vomit)하는 것인데, 더러 토하는 것을 '오바이트'라고 하니 어쩐지 좀 귀에 거슬린다. 과식은 배가 덜 찬 것보다 못하다는 것을 다 알면서도 참지 못한다.

어쩌다가 소화가 안 되어 '끄르륵'하고 트림을 했을 때 입에까지 올라오는 신물에 목이 따끔거리는 것을 느껴본 적이 있을 것이다. 그런데, 일시적인 이런 이유로 토하는 것 말고, 만성으로(병적으로) 위액이 식도로 넘어드는 '위식도역류'라는 병이 있다. 여러 가지 원인으로 식도 아래 괄약근이 느슨하여 강한 위산이 넘어와 식도 벽을 다치게(헐게) 하는데, 이렇게 되면 신트림이 나고, 속 쓰림, 윗배 복통이 나서 위궤양이나 위염으로 생각하기 쉽다. 심한 경우는 목에 통증이 오고, 목 위까지 통증이 올라와서, 가슴을 아프게 죄이는 심장질환으로 잘못 생각하게 되는 수도 있다. 그래서 필자의 아내도 식도내시경 食道內視鏡(식도 안을 들여다보는 기계, 거울)을 하고, 난리를 쳤다. 신경을 많이 쓰거나 과식, 건강이 좋지 않으면 이렇게 식도도 까탈을 부린다. 게다가 거기에 암도 빈발하는 추세라고 하니, 식도에 관심을 보여야 하겠다.

●●● 위

식도를 지난 음식은 위胃(stomach)에 도달한다. 이른바 '밥통'이라는 곳이다. 밥통이란 밥을 담는 통인 것은 말할 것 없고, 밥만 먹고 밥값을 못하는 어리석은 사람을 칭稱하기도 한다. 소화 기관인 위를 '밥통'이라 비하하는 이는 없어야 할 것이다. 쓰라린 위염, 극통極痛인 위경련의 아픔에 위암 선고를 받고 홀랑 들어내버린 다음에야 위가 얼마나 귀한 존재인가를 안다.

하루는 이가 가만히 생각하니 위가 미워졌다. 자기는 음식을 씹어 넘기느라 애를 먹는데, 위는 놀고먹기만 한다는 생각이 들어 이가 먹기를 거부하였다. 얼마 지나자 이가 힘이 빠져 씹지 못하게 되었다. 그제야 이도 위가 얼마나 중요한 일을 하는지 알고 저작에 게을리하지 않았다고 한다. 이처럼 우리의 몸(기관)들은 제 할일만 열심히 하는 분업分業을 하지만 서로가 서로를 돕고 있는 것이다. "독불장군 없다."는 말을 상기想起케 하는 대목이다.

이제 위 속으로 들어가 보자. 빈속일 때는 위가 쪼그라들어서 안에 주름이 많으나 가득 집어넣으면 활짝 펴지면서 보통 사람은 1.5 *l* 넘게 저장하니, 한 되(1.8 *l*)짜리 주전자를 생각하면 위가 얼마나 큰지 짐작이 된다. 그리고 닭과 같은 조류는 이가 없어서 먹은 먹이를 모이주머니(식도가 변함)에 일단 저장했다가 진짜 위에 해당하는 '닭똥집'이라 부르는 모래주머니(사낭砂囊)에서 잘게 부수며, 소과科 동물로 되새김질을 하는 소, 염소, 사슴, 노루, 고라니들은 4개의 방이 있는 반추위反芻胃를 가지고 있어 소화를 한다. 동물에 따라 위도 여러 가지고 다르다는 말이다.

흔히 위는 창자로 음식을 보내기 위해 잠깐 저장하는 일을 한다고

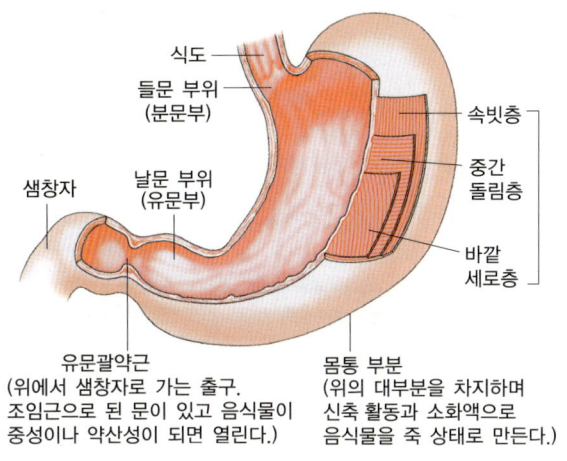

그림 14.6 위의 구조.

하지만, 단순히 저장만 하는 기관이 아니다. 첫째로 위는 굵직하게 잘리고 듬성하게 으깨져 내려온 음식을 15~20초 간격으로 상부에서 하부로 연동 운동을 하여 먹이 입자가 1 mm 이하로, 묽은 죽이 될 때까지 잘게 으깬다. 그러면서 위액 胃液과 음식을 섞는다. 죽이 된 것은 십이지장(샘창자)으로 내려보내고, 굵고 딱딱한 것은 다시 위의 위쪽으로 올려 보내어 계속하여 으깬다. 그러므로 위 안의 음식은 오르락내리락 하는 것이다. 입에서 조금만 신경 써서 꼭꼭 씹어 넘긴다면 위의 부담을 덜어줄 수가 있으니, 부디 꼭꼭 씹어서 넘겨주자! 만일에 탄수화물이 주된 음식이면 보통 1~2시간, 단백질은 2~3시간, 지방이 많이 든 음식은 3~4시간까지도 위에 머물게 된다. 시간이 되어 소장(십이지장)으로 내려갈 때 뱃속에서 꼬르륵 소리를 낸다. 위의 내용물을 한 번에 죄다 소장으로 쏟아 붓지 않고 유문 幽門(날문, 위의 아래 괄약근이 있는 곳, 반대로 위의 위쪽은 분문 噴門 들문이라 함)을 닫았다 열었다 하면서 음식을 천천히 십이지장으로 내려보내기에 이를 유문(날문) 반사 幽門反射

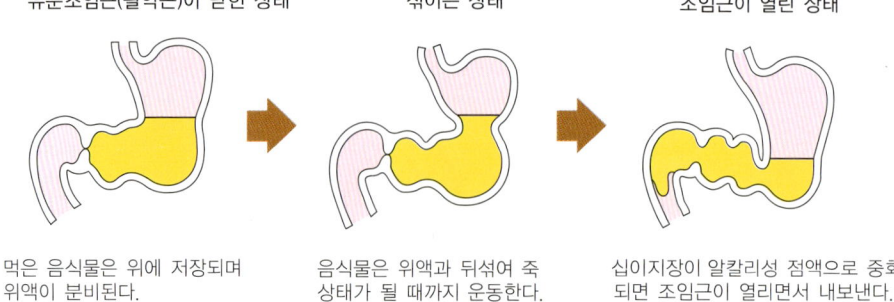

그림 14.7 위의 연동 원리.

라 한다.

둘째로 음식에 묻어 들어온 세균이나 곰팡이들을 하루에 2~3 *l* 분비하는 강한 염산(pH 1~1.5)으로 된 위액이 태워 죽이는 일(살균 작용)을 한다. 음식에 침이 나오듯이 위액도 음식이 위로 들어오면 반사적으로 분비하는데, 인슐린(insulin)이나 알부민(albumin)을 먹지 않고 주사를 맞는 것은 바로 강력한 위산에 의해 파괴(분해)되기 때문이다.

셋째로 단백질蛋白質의 일부가 펩신(pepsin)이라는 효소酵素에 의해서 한결 간단하게 잘려져 나가니, 이런 과정을 가수분해加水分解, 즉 소화消化(digestion)라 한다. 아주 일부이긴 하지만 지방도 리파아제(lipase)에 의해 지방산(fatty acid)과 글리세린(글리세롤, glycerol)으로 소화된다.

그런데 어떻게 단백질로 된 위 자체는 펩신에 소화되지 않는 것일까? 그것은 위 표면에, 위 점막 세포가 위액을 중화시키는 알칼리성 물질인 중탄산이온(HCO₃⁻)이나 뮤신(mucin)이라는 점액粘液(mucus)을 분비하여 위벽을 보호한다. 사실 뮤신은 펩신에 의해 분해되지만 점막 세포가 계속 만들어내기에 위벽이 상하지 않는다. 그러다가 과음, 과식,

스트레스 등으로 이런 기능을 잃게 되면 펩신이 위벽을 소화하여 헐게 되니 그것이 '쓰림'을 동반하는 위염이고 더 심하면 위궤양이 된다. 이렇게 헌 부위를 둘러싸서 산성인 위액의 공격을 막는 약이 제산제制酸劑 즉 '겔포스', '알마겔' 같은 현탁액(젤라틴 액)이다. 그리고 위는 물이나 알코올 등 여러 가지 흡수 가능한 것을 빨아들인다.

우리 몸에 또 하나 재미나는 구석이 있다. 소화관 군데군데에 꽉 조이는 단단한 근육들이 있는데 이를 괄약근括約筋(묶을 括, 묶을 約, 힘줄 筋)이라 하고, 위에서 식도로 음식이 못 넘어가게 분문괄약근이, 위와 십이지장(소장)과 사이에 유문괄약근이, 돌창자(소장)와 대장 사이에, 또 항문이나 방광 끝에도 괄약근이 있다. 중간 중간에 댐(dam)이 있어서 음식물이나 배설물이 마음대로 내려가지 못하게 하는 장치다. 우리가 먹은 음식이 대변이 되어 나가는 데는 보통 하루가 걸린다. 그때 먹은 것을 제때 내놓지 못하면 변비便秘가 아닌가. 똥오줌 하나도 술술 잘 나가는 것이 건강이니, 되풀이하여 말하지만 최상의 행복이렷다.

다시 위로 돌아오자. 더부룩하여 소화 불량일 때, 목에서 신물이 올라오는 것을 경험할 수 있다고 했다. 그 신물에 목이 화끈거리고 코가 시큰하지 않던가? 신물이 나는 것은 다름 아닌 위액의 염산鹽酸(HCl) 때문이다. 너무나 강한 산이라 화장실 바닥 타일(tile)의 때를 녹일 정도이고, 때문에 음식에 묻어 들어온 세균은 단번에 죽는다.

건강할 때는 뮤신이 위벽을 잘 보호하지만, 더부

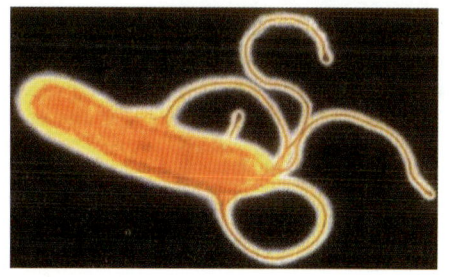

그림 14.8 헬리코박터 파일로리.

살이하는 세균인 헬리코박터 파일로리(*Helicobacter pylori*)가 독성 물질을 분비해 뮤신막이 망가져서 위 점막 세포가 염산이나 효소의 공격을 받게 되니, 이것이 위염 胃炎이고 위궤양 胃潰瘍이다.

헬리코박터 파일로리에 대해선 다음 글을 참조하자. 참고로, '*Helicobacter pylori*'를 잘 보면 이탤릭체(Italic style)로 쓰였다는 것이 눈에 띌 것이다. 학명 學名(scientific name)은 언제나 다른 것과 구별(강조)하기 위해서 이탤릭체로 쓰기로 정했기 때문이다. 그리고 우리말 이름(국명 國名)은 아무리 길어도 붙여 쓰기로 하였다. 예를 들어 보통 이름의 '뱁새'는 우리말 이름이 '붉은머리오목눈이'로 떼지 않고 붙여 써야 한다.

다음 글을 읽고 위와 *H. pylori*에 대해 더 알아보자.

동물이면 무엇이든지 먹지 않고는 못 산다. 먹는다는 것은 양분을 얻는다는 것이오, 그 양분에는 에너지(힘)가 들어 있다. 그러므로 살아 있는 동안(에너지를 쓰는 동안)에는 끊임없이 먹어야 한다. 먹을거리 食物는 식물 植物일 수도 있고, 아니면 식물을 먹고 자란 동물 動物일 수도 있다. 앞의 것을 주로 먹으면 초식(채식) 동물, 뒤의 것을 먹으면 육식 동물이라 한다. 먹이를 먹는 것으로 끝이 나지 않는다. 그것을 먹어 여러 소화 기관의 도움을 받아 소화 消化(digestion)가 일어나지 않으면 몸의 세포가 이용하지 못하여 무용지물이 되고 만다. 그렇다면 과연 소화란 무엇이며 어떻

그림 14.9 소크라테스.

게 일어나는 것일까? 소크라테스는 "너 자신을 알라!(know thyself!)"고 했는데, 나도 그것이 알고 싶다. 사람들은 어떻게 소화의 수수께끼(궁금증)를 풀었을까? 우리는 그 많은 여러 가지 음식을 게걸스럽게 먹고 살면서 그것들이 어떻게 잘라지고 분해하여 에너지를 내는지 생각해 본 적이 있는가?

어느 것이나 그렇지 않은 것이 없겠지만, 소화를 이해하는 데도 긴 세월에 수많은 시행착오가 있어 왔다. 예를 하나 들어 보자. 1822년의 일이다. 프랑스계 캐나다 사람인 마틴(Alexis St. Martin)이라는 탐험가가 있었다. 그는 위胃(stomach)의 기능, 작용들에 관해서 많은 것을 알려지게 한 사람이다. 그는 우연찮게(잘못하여) 그만 자기 배에 총을 쏘고 말았다. 큰 상처는 나았으나 작은 구멍(hole) 하나가 배에 남아있어 위 속을 들여다볼 수 있게 되었던 것이다. 미국의 육군병원 외과 의사인 뷰몬트(William Beaumont)는 8년간이나 그 사람의 상처를 통해 위의 소화 기능, 작용 등을 관찰하였고, 스트레스에 위벽이 어떻게 반응하는가 등도 연구, 관찰했다고 한다. 사람이 실험동물로 쓰였다는 것이 특이하다. 그렇지 않은가?

개나 다른 동물의 위에 일부러 구멍을 내놓고, 고깃덩이를 실에 매어 집어넣고 빼면서 그것이 녹는(소화하는) 데 걸리는 시간을 측정하는 실험, 개를 화나게 한 후 위 안에 어떤 변화가 일어나는가를 알아보는 실험 등은 약과요, 다반사다. 연구를 위해 희생된 동물은 이루 말할 수가 없다. 오늘도 세계 도처에서 개구리, 쥐에서 시작하여 개, 원숭이까지 수많은 동물들이 죽어 나가고 있다. 사람 대신 죽어간 수많은 동물의 명복冥福을 빈다. 미안하다. 이렇게 실험과 관찰이 쌓이고 쌓여 지금 우리가 알고 있는 위에 대한 상세한 지식을 얻게 되었다. 로마는 하

그림 14.10 베리마셜.

루아침에 이뤄지지 않았다! 그 한 예로 베리마셜의 일화를 살펴보자.

마셜(Barry J. Marshall)은 스승인 워렌(J. Robin Warren)과 공동으로 2005년 노벨의학상을 받았다. 1984년에 위장의 기능을 밝히는 데 새로운 장을 연 대사건(?)이 있었다. 오스트레일리아 서부에 있는 로열 퍼스(Royal Perth) 병원의 레지던트인 마셜이 대단한 모험을 감행한다. 물론 나중에 마셜은 미생물학자이면서 내과의사가 되었다. 하지만 이것도 실험이라 해야 하는 것일까? 엄청난 만용이라 해도 조금도 손색이 없다.

일반학자들은 음식을 제대로 못 먹거나 스트레스로 인해 위염, 위궤양이 발병한다고 생각하고 있을 때였다. 그러나 그의 지도교수인 워렌은 그렇지 않았다. "세균 감염이 모든 위염(gastritis)과 궤양(peptic ulcer, 식도, 위, 십이지장)의 원인이다."라고 주장했다. 워렌은 병리학자로 1982년에 이미 조직검사를 통해 50 %의 위염 환자는 헬리코박터 파일로리라는 세균 때문이라고 주장을 했다. 마셜은 지도 교수의 주창을 확인하기 위해 박테리아 한 컵을 꿀꺽 마셨다. 일주일 뒤 마셜은 구토가 시작되고 위가 쓰리는 통증으로 배를 움켜쥐고 뒹굴어야만 했다. 소화 질환의 주범이 헬리코박터균임을 증명하기 위해 자신의 몸을 실험용으로 던졌던 것이다. 역시 예상대로 위염을 일으켰고, 그 방의 여러 동료들도 같은 도전(세균 물 마시기)을 반복하여 다 같이 궤양까지 발병한다. 이들이야말로 미지의 세계에 도전하는 모험가들이 아니고 뭔가. 그 후 10여 년간 이 병에 대한 연구, 실험, 토론, 논쟁을 거친 후 위·십이지장염과 궤양을 일으키는 것은 헬리코박터라는 세균이 주범이라는 결론을 내린다. 그리하여 이제는 누구나 그 세균에 대해 알게 되었고, 임상 실험을 거쳐 항생제와 제산제制酸劑를 개발하여 치료하기에 이르렀다. 약 한 봉지 주사 한 대에도 과학자들의 피와 땀이 서려 있음을 잊지 말아야 한다. 연구에 미쳐서 돌보지 못한 아내가 도망간 예는 셀 수 없이 많다.

헬리코박터 세균은 '풀어진 짚신' 꼴을 하며 2~7 μm(마이크로미터, 1 μm는 1/1000 mm)로 강산强酸인 위산에서도 죽지 않는 지독한 세균이다. 아무도 거기에 그런 것이 살 것이라곤 상상도 못했던 것이다. 헬리코박터 파일로리는 문제 세균의 학명이다. 학명은 라틴어이며 그 속에는 한 생물의 특징이 고스란히 들어 있다. 그래서 헬리코박터란 '나선형의 편모를 가진 세균'이란 뜻이고, 파일로리는 위의 아래 부위, 유문부를 의미하는 것으로 세균들이 주로 거기에 자리를 잡고 산다고 붙은 이름이다. 즉, 꼬부라진 실 모양의 편모鞭毛를 몇 개 가지면 주로 위장의 아래에 살고 십이지장에도 그것들이 퍼져 산다. 편모를 가지고 있다는 것은 그것을 움직여서 이동을 할 수가 있다는 것이고, 녀석들이 위나 십이지장의 보호점막을 파고들어가 염증을 일으키게 한다. 그것이 위염이고 공복에 강한 위산胃酸이 닿으면 그래서 쓰리고 아리다. 심해지면 위나 십이지장 벽에 구멍(천공穿孔)이 나면서 출혈이 있게 되니 그것이 궤양이다.

헬리코박터균은 오염된 물이나 채소, 입맞춤, 내시경 검사 장비, 술잔 돌리기 등 입으로 감염된다고 한다. 우리나라 사람들의 감염률은 세계적으로 높아서 어른의 경우는 거의 70 %에 달하고 어린이도 30 %나 된다고 한다. 미국의 10 %에 비하면 아주 높은 편이다. 감염 정도는 생

그림 14.11 우리나라의 식생활 습관(여러 사람이 한 음식을 떠먹음).

활 환경과 위생 상태를 가늠하는 잣대라고 봐도 된다.

아무튼 이 세균은 다른 것들은 엄두도 못 내는 강한 산이 분비되는 위 속에서 살도록 진화했다. 속이 더부룩하여 신트림을 했을 때 넘어온 음식물에서 느껴지는 그 신맛을 연상해 보자. 또한 위산으로부터 보호하기 위해 점막으로 둘러싸여 있는 것은 물론이고, 요소尿素(urea) 분해효소를 많이 만들어내어 요소를 분해하고, 요소가 분해되면 탄산가스와 암모니아가 나오는데, 이 알칼리성인 암모니아가 위산을 중화中和한다. 침이나 위산에는 요소가 많이 묻어나오기에 이런 방어기작*을 개발(?)한 것이다. 오묘하기 짝이 없다! 염산에 타 죽지 않는 또 다른 생존전략이 있었으니, 산성도가 낮은 2 mm 안, 위 점막 안으로 들어가 무서운 염산을 피한다. 펄펄 끓다시피 하는 온천에도 사는 세균이 있다더니만 요지경인 미생물 세상!

---

* 방어기작: 막아내는 기술.

세균 이야기는 이 정도로 끝내고, 누가 뭐래도 위는 신경에 예민한 신경성 기관이다. 자율 신경 중에서 교감 신경이 팽팽히 긴장을 하면 기분이 좋지 못한 상태로 위액 분비가 안 되는 것은 물론이고, 위의 연동 운동도 제대로 일어나지 못한다. 그래서 부교감 신경이 힘을 얻을 수 있도록 항상 웃고 태평스런 마음가짐, 평상심平常心을 잃지 않고 사는 것이 중요하다. 위가 편하도록 말이다. 영어로 위를 'stomach'라 하는데, 이는 "갖은 고통과 오욕五慾(재물, 색, 명예, 음식, 수면)을 참는다."란 뜻이 들어 있는 것도 참고하자.

●●● 소장

　먼저 말하지만 창자란 소장小腸(작은창자, small intestine)과 대장大腸(큰창자)을 총칭總稱(총괄하여 일컬음)하는 말이다. 사람의 소장 길이는 약 7 m이고 대장은 약 1.5 m이다. 대장은 길이에서 소장과 비교가 안 되지만 굵기 하나는 알아줘야 한다. 여기 숫자에서 보듯이 크고, 작다는 것은 길이가 아니라 굵기라는 것을 알았을 것이다. 소장은 무엇보다 입에서 위를 지나 내려온 양분을 이자액과 창자액, 그리고 쓸개즙의 도움을 받아 아주 간단하고, 물에 녹을 수 있는 분자까지 분해하여 흡수하는 곳이다. 탄수화물은 포도당, 과당, 갈락토오스(galactose)로, 지방은 지방산과 글리세린, 단백질은 아미노산으로 소화消化시켜 소장 벽에서 흡수吸收한다. 소장(소에서 이 부위를 '곱창'이라 부름)이 없으면 어떻게 되겠는가? 불문가지不問可知, 물어보지 않아도 알 만한, 소용없는 질문이다.

　위胃에 장시간 머문 음식은 위장의 날문인 유문幽門의 여닫이 운동(열었다 닫았다 반복하는 운동)으로 조금씩 작은창자로 내려간다고 했다.

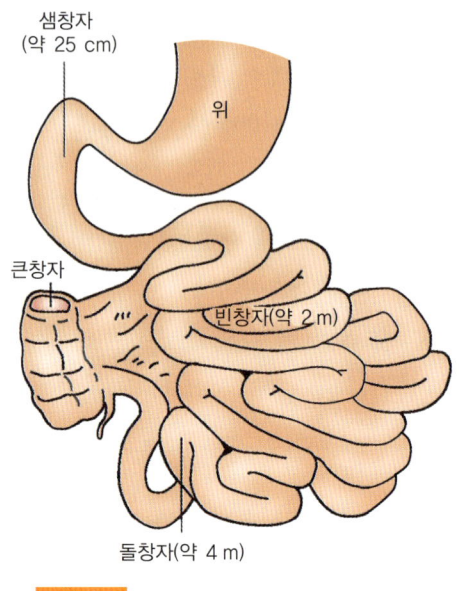

그림 14.12 소장.

단번에 위를 다 비워버리지 않고 시차를 두고 조금씩 밀어 내린다. 위액은 이미 이야기한 것처럼 강산 强酸인 데 비해 소장(십이지장)은 약알칼리성(pH 8~8.5 정도)을 띤다.

 소장은 세 부분으로 나뉜다. 위와 연결된 샘창자(십이지장 약 25 cm), 다음에 빈창자(공장 空腸, 2 m, 양분이 주로 흡수되는 곳으로 보통 식간 食間엔 비어 있음), 돌창자(회장 回腸, 4 m)의 순서로 내려가면서 지름(굵기)이 줄어들고, 이렇게 길고 긴 소장은 배꼽 아래로 굽이쳐 흐른다. 구절양장 九折羊腸*, 아홉 번 꺾어진 양 羊의 창자란 뜻이 아닌가? 인생의 굽은길이나 꼬불꼬불 산길을 비유해 구절양장이라고도 한다. 초식을 하는 소나 양의 창자가 길다는 것은 우리 모두 알고 있다. 소는 창자가 60 m로

---

* **구절양장**: 아홉 번 꼬부라진 양의 창자라는 뜻으로, 꼬불꼬불하며 험한 산길을 이르는 말.

몸길이의 22배, 돼지는 16배, 사람은 대략 5배에 달한다. 초식을 주로 했던 우리나라 사람의 창자 길이가 육식을 하는 서양 사람들보다 조금 길다는 이야기가 있다.

샘창자부터 보자. 샘창자라는 이름은, 창자 중간쯤에 C자 모양의 구멍이 하나 있는데, 그 구멍에서 이자액과 쓸개액이 옹달샘처럼 펑펑 솟아나기에 붙은 것이다. 물론 보통 때는 아무런 일이 없다가 위에서 음식이 내려오면 반사적으로 소화액이 갑자기 흘러나오며, 역시 그 작은 구멍에도 괄약근이 있어서 흐름을 조절한다. 샘창자를 십이지장十二指腸이라고도 하는데, 이는 손가락指 열두 개를 가지런히 이어 놓은 길이와 비슷하다는 뜻이다. 샘창자와 함께 빈창자(안이 비어버린 창자)와 돌창자(돌아가는 창자)에서는 음식을 소화시키고 잘게 잘라진 양분을 흡수한다.

그리고 빈창자와 돌창자 둘레에는 혈관과 신경이 가득 퍼져 있는 장간막腸間膜이 있으며, 여기에 누런 기름이 가득 끼니 사람에 따라서는 뱃살의 원인이 되기도 한다. 부채꼴 모양의 장간막은 창자를 제자리에 머물게(고정) 하는 것인데, 창자의 일부가 그것을 빗겨져 밀고 나가는 경우가 있으니 이것이 창자의 자리 이탈 현상인 탈장脫腸이다. 그리고 샘창자의 이자(췌장)에서는 강력한 소화액이 분비되어, 6대 영양소 중에서 탄수화물·지방·단백질이라는 3대 영양소三大營養素를 소화시킨다. 3대 부副 영양소인 나머지 물이나 비타민, 무기염류 등의 영양소는 소화 효소가 필요 없는지라 물에 녹아 그냥 흡수된다. 나중에 설명하겠지만 이자액과 같이 소장에 분비하거나 간에서 만들어진 쓸개즙에는 소화 효소는 없고, 지방 소화에 도움을 준다.

3대 영양소에는 위액, 이자액, 창자액의 효소가 작용하는데, 우리가 먹는 소화제는 돼지나 소의 이자에서 뽑은 소화액을 정제한 것이다. 이자는 소화액 말고도 인슐린이라는 호르몬을 만들어낸다. 그런데 당뇨병에 사용하는 인슐린도 소의 이자보다 돼지의 것에서 뽑은 것이 더 효과가 있다고 한다. 이런 것이 돼지의 장기가 사람 것과 많이도 닮았다는 증거이며, 따라서 사람의 유전자遺傳子를 돼지에 이식移植하여 그 장기臟器를 잘라 쓰겠다고 연구하고 있다. 사람과 가장 가까이 지내온 동물 중에서 돼지와 사람 덩치가 비슷한 편이고, 소는 너무 크고 개는 작아 그럴까?

소장은 이자액에 들어 있는 트립신(trypsin), 아밀라아제(amylase), 리파아제(lipase) 등 여러 종류의 강력한 가수 분해 효소들과 창자 자체에서 분비하는 소장액(슈크라아제-sucrase-설탕을 포도당과 과당으로 분해함, 말타아제-maltase-엿당을 포도당과 포도당으로 분해, 락타아제-lactase-젖당을 포도당과 갈락토오스로 분해, 펩티다아제-peptidase-단백질을 간단하게 자름)을 서둘러 섞는다. 소장은 다른 소화 기관처럼 음식을 천천히 내려보내는 연동 운동도 하지만, 다른 기관들이 하지 않는 분절 운동 分節運動도 한다. 즉, 부분을 잘록잘록 자르듯 눌러서 음식과 효소를 골고루 혼합(섞음)시키는 것이다. 결국에는 여러 효소들이 탄수화물은 포도당, 지방은 지방산과 글리세린, 단백질은 아미노산(amino acid)으로 잘라낸다. 소화된 저분자 물질低分子物質은 수용성水溶性이기에 우리 몸의 세포막을 투과할 수 있게 된다. 이들 소화액의 하는 일은 나중에 나오는 '소화의 정리'에서 되새겨 보기 바란다.

그러면 쓸개액(담즙)은 어떤 역할을 할까? 간肝에서 만들어진 쓸개즙은 일단 쓸개주머니(담낭膽囊)에 저장돼 있다가 위에서 음식이 내려온다는 신호가 오면 담낭을 쥐어짜서 즙을 내려보낸다. 담즙에는 직접 소화에 관여하는 소화 효소는 없다. 단지 지방脂肪 성분이 잘 소화되게 우유처럼 굳게 하는(유화乳化) 간접 역할을 한다. 그래서 필자와 같이 쓸개를 떼어버린 '쓸개 빠진 놈'은 지방 소화에 지장을 받으니 기름기 있는 음식을 삼간다. 그런데 우리 몸의 적응력은 아주 뛰어나서 쓸개를 제거除去한 후 석 달만 지나면 지방 소화에 아무런 문제가 없다고 하니 말이다.

　소장 자체에 주름이 많고, 거기에는 손가락 모양의 아주 미세한 (1 mm 정도임) 융털(융모絨毛)이 수없이 나 있으며, 그 융털에 또다시 작은 현미경적顯微鏡的인 돌기突起들이 빽빽이 나 있어 마치 부드러운 융단絨緞 모양이다. 그러면 왜 이렇게 이중 삼중으로 주름과 돌기가 나는 것일까? 여러 겹의 주중과 돌기를 통해 소장의 원통 겉넓이(0.33 m²)를 약 600배로 넓혀서 약 200 m²에 달한다. 이럴 때 '상상을 초월'한다고 하는 것이 아니겠는가! 적은 공간(부피)에 아주 넓은 겉넓이를 갖도록 하는 것이 주름이고, 돌기다. 이렇게 해서 수백 배로 흡수 넓이를 넓힐 수 있다. 우리 몸의 모든 조직과 기관이 그러한데, 이를 '생물의 경제학經濟學'이라 부른다.

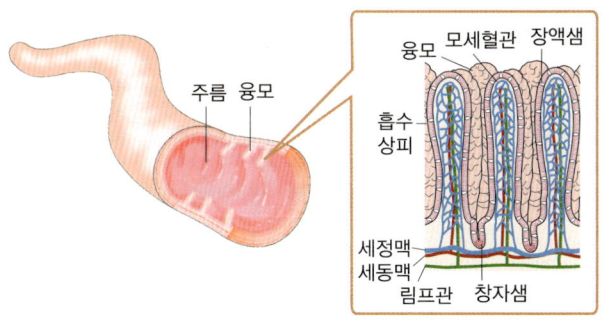

그림 14.13 소장의 단면과 융모(융털)의 구조.

그런데, 반대로 아주 작은 넓이로 많은 부피를 차지하는 경우가 있으니 공 모양의 선인장仙人掌이 그런 구조를 가졌다. 가능한 겉넓이를 줄여서 수분의 증산을 적게 하려는 적응 방법이다.

양분의 흡수는 크게 두 가지로 나눌 수 있다. 하나는 농도가 짙은 곳에서 옅은 곳으로 이동하는 삼투 현상으로, 소장에서 소화된 양분이 소장 벽 세포를 지나 몸 안으로(지방산과 글리세린은 림프관-암죽관-으로, 나머지 영양소는 실핏줄) 농도 차에 따라 저절로 이동하는 것이고, 다른 것은 에너지(ATP)를 일부러 써서 몸으로 빨아들이는 것이다. 앞의 것을 '수동적 흡수'라 한다면 뒤의 것은 '능동적 흡수能動的吸收'라 한다. 양분의 소화나 이동은 말할 것 없고, 그것을 흡수하는 데도 에너지가 쓰인다는 것이다.

겉넓이도 그렇지만, 우리의 작은 뱃속에 창자가 구불구불하게 들어 있는 것도 흥미롭다. 창자를 '빨랫줄'이라고도 한다. 10여 미터에 달하는 빨랫줄이 한 뼘 길이의 배 안에 들어 있을 수 있는 것은, 그것이 돌돌 말려 있기 때문이다. 싹을 틔우는 고사리 싹을 보라. 코일처럼 말려 있고 또 하나의 실타래에 많은 실을 감을 수도 있다. 창자가 꼬여 있는 이유는, 역시 적은 부피에 더 많은 양을 집어넣는다는 경제성에 있다. 비행장의 출입국에도 사람들이 꾸불꾸불 창자 꼴로 서 있는데 한 줄로 세워 놓는 것보다 좁은 장소(넓이)에 많은 사람(부피)을 세울 수가 있기 때문이다. 필자의 눈에는 거기 서 있는, 나를 포함하여 한 사람 한 사람이 대장 속의 대변덩어리로 보였으니, 개 눈에는 똥만 보이고 부처님 눈에는 부처만 보인다?!

그리고 필자는 다음 문제에 대해 항상 의문과 호기심을 가지고 있다. 위암과 대장암은 흔히 들을 수 있는데 소장암이란 말은 들어보기 어렵다. 위는 아무거나 게걸스럽게 먹은 온갖 잡탕을 가늘고 작게 으깨 느라 힘들어 그럴 것이고, 대장은 몹쓸 찌꺼기를 모아 내려보내느라 그렇다고 하자. 그러나 소장도 소화시키고 흡수하느라 쉴 틈이 없다. 부지런해서 그런 것일까? "꿀 따느라 바쁜 꿀벌은 슬퍼할 틈이 없다."고 한다. 어쨌거나 염증에도 잘 걸리지 않는 소장, 그 소장의 특성을 연구하면 무탈하게 살 수 있는 그 무엇을 발견할 수가 있을 것이다. 물론 음식이 머무는 시간이 아주 짧기도 하다. 암튼 바쁘게 사는 사람은 병 걸릴 틈도 없다!

••• 대장

입으로 먹은 그 향기롭고 맛깔스러웠던 음식들은 위와 소장을 거치면서 단물 신물 다 빠지고 드디어 대장(돼지의 것으로는 '순대'를 만든다)에 들어온다. 제 것인데도 보기 싫어하는 '똥'으로 바뀌어 머지 않아 밖으로 배설될 처지에 놓인다. 똥을 더러워만 할 것이 아니다. 똥을 보면 지기의 건강健康이 보이니 하는 말이다. 똥은 건강의 바로미터(barometer)로 굵기와 단단하기, 색깔과 냄새에 건강이 배여 있다. 내장을 다 훑어 나오면서 그것들의 상태를 다 들여다보고 나온 대변大便(stool)이 아닌가. 온몸을 뱅글뱅글 돌아 나온 오줌, 그것을 검사하면 역시 간이나 이자들의 건강 정도를 한눈에 짚어볼 수 있듯이 말이다. 일언지하一言之下*에 대장은 대장정大長程(매우 먼 길)의 소화가 끝나는 기관이다.

사람의 대장大腸(큰창자, large intestine)은 그 길이가 고작 1.5 m로 소

---

* 일언지하: 한마디로 잘라 말함. 또는 두말할 나위 없음.

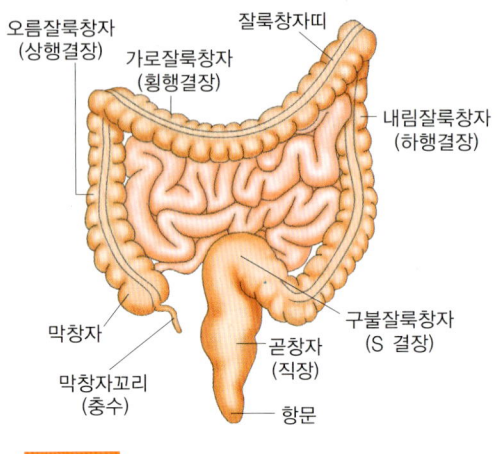

그림 14.14 대장의 구조.

장(6~7 m)의 1/4에 해당하지만, 지름이 6 cm로 소장(2~3 cm)보다 훨씬 크기 때문에 큰창자라 부른다. 대장도 막창자(맹장 盲腸), 잘룩창자(결장 結腸), 곧창자(직장 直腸) 세 부위로 나누고, 대장의 대부분을 차지하는 결장은 다시 네 부분, 즉 올라가는 상행 上行 결장(오름잘룩창자), 옆으로 달리는 횡행 橫行 결장(가로잘룩창자), 아래로 내려가는 하행 下行 결장(내림잘룩창자)과 S결장(구불잘룩창자)으로 나뉘며 S결장에서 대변의 꼴이 형성된다.

소장에서 대장으로 넘어오는 내용물은 하루에 보통 1.5 l 이고 무른 액체 상태이다. 대장 안은 융털이나 주름이 거의 없어 아주 매끈하며, 양분의 흡수는 거의 없고 주로 물을 흡수한다. 대변은 80 %가 수분이고 20 %가 고형 성분이며, 일단 S결장에 차곡차곡 쌓여 무거워지면 배변 排便 을 느끼고, 대장의 마지막 부위인 곧은 직장(13~15 cm)을 밀고 나간다. 대장은 식후 食後 약 30분간 가장 활발한데 이를 '위-대장 반응'이라 하며, 그래서 많은 사람들이 식후에 대변을 본다.

대장도 예민한 기관에 속하는 편이라 설사와 변비 등 까탈을 부린다. 그 중에서 대장암 大腸癌이 가장 말썽이다. 흔히 대장을 정화조 淨化槽에 비유한다. 소장에서 양분은 흡수되고 찌꺼기가 내려와 모이는데, 여기에는 유산균, 낙산균 등 유익한 세균들과 해로운 것들을 합쳐 100조 兆 마리가 득실거린다. 그걸 통틀어 '대장균(Escherichia coli, 줄여서 E.coli)'이라 하는데, 대장균 大腸菌이 다 나쁜 것은 아니다. 이것들이 섬유소 등을 분해하여 살아가면서, 부산물로 비타민 B나 K를 내놓아 이것을 대장이 흡수한다. 물론 대장은 물을 주로 흡수하는 곳이다. 그래서 살모넬라(Salmonella spp.)균들 때문에 대장 벽이 헐면 물을 제대로 빨아들이지 못해 설사 泄瀉를 하게 된다. 그런데 대장암의 전조 前兆(미리 나타나 보이는 조짐)로 폴립(polyp)이라는 것이 생긴다. 대장 벽에 버섯처럼 혹이 생기니 이를 폴립 또는 용종 茸腫이라고도 하는데, 용종을 그대로 번역하면 '버섯 닮은 혹'이 된다. 이것을 오래두면 95 % 이상 대장암으로 변한다고 하니, 나이를 먹으면 자주 대장 내시경을 하여서 폴립을 떼어내는 것이 옳다. 폴립은 위 벽, 간, 자궁 등 여러 기관에 악성 惡性이 아닌 양성 陽性 상태로 생기기도 한다. 필자도 3년 주기로 두 번이나 대장 내시경을 하여 여러 개를 잘라 냈다. 내 대장은 한마디로 '버섯 밭'이다. 3년 후에는 또 얼마나 자랐나 보고 버섯 수확을 할 참이다. 모름지기 예방 豫防이 최고의 치료 治療다! 그럼 그렇고 말고, 호미로 막을 것을 가래로 막는 우 愚(어리석음)를 범하지 말아야 한다.

그리고 대장에 사는 여러 세균들이 세력의 균형을 이루고 있으면 장이 평화로운 것이고, 그렇지 않아서 어느 나쁜 세균이 득세 得勢(세력을 얻음)하면 장에 탈이 난다. 몸에 좋은 세균 중에 가장 대표적인 것이 유산균 乳酸菌(젖산균), 낙산균 酪酸菌들로 이것들이 세균의 평형(균형, 평화)을 유지시켜 주기 때문에 장에 좋다고 하는 것이다. 그리고 섬유소 (cellulose) 성분을 많이 먹으면 대장균이 활발하게 활동하고 따라서 대장도 활성活性을 얻기에 '섬유소(fiber)'를 외치고 부르짖는다. 고기는 양분을 소장에서 다 흡수해 버리므로 대장균들이 먹을 게 없어진다는 것이다. 그래서 나중에는 암도 생긴다고 하는데, 우리 같은 보통 사람들은 섬유소纖維素를 되레 너무 많이 먹어서 탈이다. 우리나라 대부분의 사람들이 비싼 고기는 못 먹고 푸성귀로 살지 않는가?

나이 먹으면 식물성이 좋다고 하지만 어린이, 그리고 젊은이들은 반드시 고기를 한껏 먹어야 힘을 쓴다. 필자는 언제나, 삼대三代가 잘 먹어야 기운 좋고 큼직한 사람, 장골壯骨이 난다는 말을 염불처럼, 노래처럼 외고 부른다. 실은 '칠십에 육肉'이라고 나이 든 사람들도 자주 고기를 먹는 것이 옳다.

대장의 첫 부위가 맹장이다. 사람의 것은 퇴화退化하여 새끼손가락만 한데, 그것을 '충수蟲垂'라 하고, '벌레 닮은 돌기'라는 뜻이며 다른 말로 '충양돌기蟲樣突起'라고도 한다. 옛날에 곡식이나 과일을 주식主食으로 했을 적엔 제법 길었을 것이다. 그러나 아무리 작아졌다고 해도 쓸모는 있다. 어디 필요 없는 것이 우리 몸에 달라붙어 있겠는가? 얼마 전만 해도 걸핏하면 '맹장염盲腸炎'에다 무용론無用論이 우세하여 다른 일로 배 수술을 할 때 일부러 그것까지 몽땅 잘라 버리기 일쑤였다. 그러나 지금은 신주神主처럼 모신다. 맹장 수술을 한 사람은 하나같이 힘이 없고 기력이 떨어진다. 바로 몸의 면역에 관여한다는 증거다. 그림 14.15에서 보듯이 작은창자(돌창자)와 큰창자(막창자) 사이에도 조임근(괄약근)이 있으니 이를 '돌막창자판막'이라 한다.

그런데 초식 동물인 토끼나 잡식 동물은 맹장이 아주 크고 길다. 그들의 맹장은 발효탱크醱酵(tank) 역할을 한다. 다시 말하면 초식 동물 중에서도 소나 염소 같은 것은 반추위(되새김위)를 가지고 있고, 토끼나 말은 대신 엄청 큰 맹장을 가진다. 이렇게 초식 동물을 두 가지로 나눌 수 있다. 반추 동물은 위가 발효통이라면 반추위가 없는 토끼나 염소는

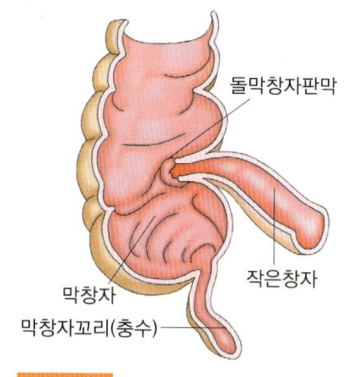

그림 14.15 막창자 단면.

맹장이 풀(섬유소)을 분해하는 탱크 역할을 한다. 여기서 '발효탱크'라는 말은, 여러 가지 세균이나 원생 동물들('미생물'이라 해도 좋다)이 섬유소를 분해하는 곳이란 뜻이다.

사람이나 초식 동물이나 모두 다 섬유소를 분해하는 효소가 없다. 즉, 다당류인 셀룰로오스(cellulose)를 이당류인 셀로비오스(cellobiose)로 분해하는 셀룰라아제(cellulase)나 셀로비오스를 단당류인 포도당으로 분해하는 셀로비아제(cellobiase)를 가지고 있지 못하다. 그러면 초식 동물들이 풀(섬유소)을 어떻게 분해한단 말인가? 바로 반추위나 맹장에 서식棲息하는 미생물들이 이들 효소를 내어 섬유소를 분해한다. 다시 말하면, 소나 염소는 반추위에 사는 미생물이, 그리고 토끼나 말은 맹장에 사는 미생물들이 섬유소를 분해하고, 분해된 포도당을 동물이 흡수한다. 물론 미생물들은 살터를 얻어 섬유소를 분해하면서 에너지를 얻어 번식하고, 초식 동물들은 그 대가代價로 포도당이나 다른 양분을 그들에서 얻으니, 그렇게 미생물들과 초식 동물은 '누이 좋고 매부 좋은' 공생共生을 한다. 사람도 반추위나 커다란 맹장만 있었다면 풀만 뜯어먹고 살 수 있었을 터인데……. 사람의 난자에 이들 동물의 맹장이

나 되새김위 유전자를 집어넣어서 풀만 먹고 사는 '초식인간'을 만들어 버린다?

사람으로 돌아와서, 세균들이 음식을 분해할 때 다양한 가스(gas)를 내놓는다. 메탄(methane, CH_4), 수소(H_2), 산소(O_2), 이산화탄소(CO_2), 질소(N_2)들은 냄새가 없는 가스이고, 주로 암모니아(NH_3), 인돌(indole), 스카톨(skatole), 황화수소(H_2S) 등의 여러 가스가 방귀 냄새를 주도 主導한다. 이것들은 단백질을 분해할 때 더 많이 나오는 것들이다. 이것이 모여서 몸 밖으로 나오면 방귀고, 그 냄새가 방귀 냄새다. 그래서 단백질이 많은 고기를 먹은 후의 방귀 냄새가 더 독하며 소변에서도 더 지린내를 풍긴다. 보리밥만 먹은 '보리방귀'는 냄새는 없고 뻥! 소리만 요란하다!

보통은 우리가 먹은 음식물은 24시간 후면 대변 大便(stool)이 되어서 나가는데 나가지 못하고 대장에 오래 머물면 가스가 차고, 그것이 흡수되면서 대장 벽을 상하게 한다. 그래서 변비가 아주 해롭다. 또 섬유소가 적으면 연동 운동(꿈틀운동)도 제대로 일어나지 못한다. 여러 가지

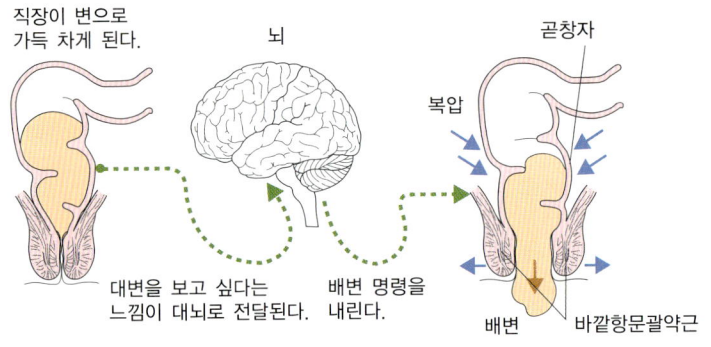

그림 14.16 대변을 보게 되는 과정.

원인으로 대장에 암 세포가 생기는 수가 있으니, 직장에 암이 제일 많고, 심한 경우엔 항문 괄약근을 잘라내고 인공 항문을 만들어 붙인다. 인공 항문이란 별게 아니고 실은 배에 비닐 주머니를 다는 것이다. 비참하지 않은가? 똥주머니를 차고 다녀야 하는 신세가 참담慘憺하다. 그러나 누구도 장담하지 못한다. 그 주머니에 대변이 차면 손으로 그것을 비우고, 차면 비우고. 저 세상에 먼저 간 친구가 한 말이 아직도 기억에 생생하고 쟁쟁하다. "방귀나 한 번 시원하게 뀌어 봤으면 죽어도 원이 없겠다."고 말이다. 늙고 병들면 누구나 서럽다. 순대 하나가 우리의 생명을 담보하고 있음을 예사로 생각하지 말아야 한다.

대변의 절반은 세균이다. 대변을 분석하면 약 33 %가 세균이고, 33 %는 창자의 상피 세포上皮細胞가 떨어져 죽은 것, 34 % 정도가 음식물 찌꺼기라니 크게 틀린 말은 아니다. 아무튼 음식 찌꺼기를 먹고 자라는 세균이 그만큼 많고, 모든 상피 세포는 끊임없이 죽어나고 새로 생기는 일을 반복한다는 것이다.

대장 이야기를 하면서 항문肛門(anus)을 쏙 빼고 지나가기가 어쩐지 불편하다. 입의 반대쪽 입구(출구)가 항문이다. 입이 input(집어넣음)을 하는 곳이라면 항문은 output(내놓음)에 관여한다. 뿌린 만큼 거둔다고 하듯이 당연히 먹은 것이 많으면 대변 양도 많다. 항문에서 안으로 3∼5 cm 정도는 창자와 전연 다른 상피(피부)의 특성을 가지고 있어서, 땀샘, 피지선皮脂腺은 물론이고 털까지 난다. 바로 이 자리에 치루(치질)가 생긴다. 하여튼 대장이 편해야 만사가 술술 풀린다. 상쾌하게 보는 대변, 쾌변快便이 으뜸이다!

대소변이 누르스름한 것은 적혈구(붉은피톨)가 죽어서 파괴된 부산물 때문이다. 즉 적혈구의 헤모글로빈(hemoglobin)이 파괴될 때 철(Fe)

과 담즙 색소인 빌리루빈(bilirubin)이란 물질이 생겨 나는데, 후자의 색깔이 노란 '똥색'을 띤다'는 글을 '적혈구'의 설명에서 읽었다. 또 다른 이야기는 '간'에서 다시 보기로 한다.

다음 글은 우리 몸에 관여하는 '생물리학'의 일부를 설명하고 있다. 배에서 왜 꼬르륵 소리가 나며 흰 머리카락은 어찌하여 흰 색을 띠는가 등을 다룬 글이다.

나이를 먹어 가면 머리카락 속이 대통처럼 텅텅 비고 그 틈에는 공기가 가득 들어찬다. 문제는 공기空氣다! 정년 한 해를 남겨둔 내 모습이 그리 추하지 않아 보인다고들 한다. 얼굴엔 그래도 기름기가 배어 있어 아직은 주름살 하나 없으니 말이다. 그러나 위로 올라가면 말이 아니다. 머리털이 세어 백새(흰 머리카락의 사투리)가 된 지 오래다.

사실 어느 털이나 가운데는 공기가 조금씩 들어 있다. 살 밑에서 털이 만들어져 자라는 과정을 보면 멜라닌(melanin)이라는 검은 색소가 털뿌리毛根에 녹아들고 공기도 조금씩 묻어 들어간다. 그러나 중병을 앓거나 영양 상태가 아주 좋지 못할 경우 또 심한 스트레스를 받게 되면 색소가 제대로 들어가지 못하고 공기는 더 많이 들어찬다. 물론 유전이 가장 큰 몫을 하는데 머리털 하나에도 묻어 나온다. 그래서 대물림하는 씨(DNA)는 절대로 못 속인다는 것이다.

그림 14.17 늙어가면서 머리털과 수염이 허옇게 세고 피부도 따라 늙는다.

그런데 머리털이 흰 것은 멜라닌이 적은 것도 문제지만 그 속을 채우고 있는 공기(air)가 주범이다. 그 속의 공기가 햇살을 받아 빛을 산란散亂 (scattering)시키기 때문에 털이 희게 보인다. 뿐만 아니라 눈송이가 흰 것은 송이송이 틈새에 든 공기의 빛 산란 때문이오, 흰 꽃의 꽃잎이 희게 보이는 것도 세포 틈을 채우고 있는 공기 때문이다. 공기 이야기를 좀더 해보자. 자기 손가락을 꺾어보면 '딱!' 하고 소리가 난다. 이건 또 왜 그런가? 손마디는 다름 아닌 관절이다. 무릎, 팔, 목 등 구부리고 펴고 틀 수 있는 뼈마디가 모두 관절이다. 관절의 뼈끝에는 말랑말랑한 연골(물렁뼈)이 붙어 있고 연골 사이에는 액체가 들어 있어서 움직임을 원활하게 한다. 그런데 역시 나이가 들면 그 사이에 공기가 들어차게 된다. 손가락을 비틀어 꺾으면 두 뼈 사이에 들어 있던 공기가 눌려 밖으로 나가면서 '딱!' 하고 소리를 낸다. 일종의 마찰음이다. 물리학에서는 '마찰적 파동(음파)'이라고 한다.

'우리 몸과 공기와의 관계'를 더 보자. 늙으면 자주 허기를 느낀다. 배가 고프다 싶으면 뱃속에서는 창피하게도 '꼬르륵 꼴꼴' 소리가 난다. 이건 또 왜 그럴까? 얼마 전만 해도 방구들에 파이프를 깔아서 뜨거운 물을 흘려보내 방을 데웠다. 그런데 가끔씩 '에어(air)'를 뽑아줘야 물이 잘 돈다. 그때도 방바닥에서 '꾸르르 꿀꿀' 물 흐르는 소리가 나지 않던가? 맞다! 우리 뱃속에서 나는 소리도 보일러의 물소리와 하나도 다르지 않다. 그런데 뱃속에서 나는 소리는 크게 두 가지다. 하나는 위에서 소장(십이지장)으로 음식이 내려갈 때 내는 소리이고, 또 하나는 대장이 꿈틀거리면서 내는 소리이다. 큰창자에 내려온 음식 찌꺼기는 물이 죄다 흡수되고 제법 굳은 대변덩이 모양을 갖춘다. 대장에는 500가지가 넘는 세균(미생물)들이 소화가 다 끝난 것을 분해하며 살고 있다. 그런데 그것들이 분해할 때 여러 종류의 가스(공기)가 나오니 이것이 모여서 방귀가 된다. 이 가스가 변덩어리 사이에 고여(뭉쳐) 부풀어나고, 그 공기 뭉치가 변덩어리에 눌려 아래로 빠져나갈 때 꼬르륵 소리를 낸다. 그것 또한 마찰음이다.

대체 늙음이란 무엇일까? 머리카락에 공기 들고, 뼈마디에 바람 스미고, 대장에 가스 차는 것이 늙음이다. 그러나 동안학모 童顔鶴毛*, 어린이 얼굴에 학 머리를 가진 모습이 바로 필자이다. 주름투성이와 흰털 뭉치는 세월이 준 훈장이다! 서러워할 일이 아니다. 세월의 풍화 작용을 어쩌겠는가. 늙음을 순순히, 그리고 담담히 받아들여야 한다.

●●● 이자

이자를 췌장膵臟(pancreas)이라고도 한다. 이것이 다른 기관과 아주 다른 특성 중 하나는 소화액(외분비 물질)을 합성하고 또 호르몬(내분비 물질)도 만들어낸다는 것이다. 어느 기관이나 다 한 가지 일을 맡는 것이 보통인데, 이것은 두 가지 일을 해낸다. 슈퍼 기관(super organ)이라고나 할까? 인슐린(insulin) 주사는 대부분 돼지의 '이자'에서 뽑은 것이 아주 좋다고 설명하였고, 소화가 되지 않을 때 먹는 소화제도 소나 돼지의 이자에서 뽑은 것이라 했다. 우리가 쓰는 소화제消化劑들은 소나 돼지의 이자를 냉동 건조한 후 그것을 정제精製(인공을 가하여 한층 좋은 물건으로 만듦)하고, 정제錠劑(알약 형태로 만듦)하여 만든 것이며, 전 세계 곳곳의 여러 도살장에서 죽어가는 소, 돼지는 고맙게도 껍질과 살, 뼈와 내장 말고도 이자까지 우리에게 주고 간다는 말이다. 쉽게 말해서

---

* 동안학모 : 머리카락은 희어 늙어 보이지만 얼굴은 어린아이 같이 젊음.

이자는 소화 기관(외분비 기관)이면서 내분비 기관이다. 그런데 많은 독자들은 내분비 內分泌와 외분비 外分泌란 말을 헷갈려 한다. 내분비는 말 그대로 '안으로 분비한다.'는 뜻으로 혈관으로 들어간다는 것이고, 외분비는 핏줄이 아닌 다른 관으로 흘러 나간다. 즉, 소화액이나 땀, 침, 눈물, 콧물은 모두 외분비에 해당한다. 호르몬만이 내분비 물질이라고 생각하면 된다.

이자는 위胃의 뒤(안)쪽, 바로 아래에 길게 드러누워 있다. 길이 15 cm, 폭이 5 cm로 길고 납작하며 회색을 띠고, 그 전체 모양이 올챙이를 닮았으며, 무게는 약 100 g 정도로(보통 달걀 한 개의 무게가 60 g) 하루에 무려 1 *l* 정도의 소화액을 만들어낸다. 이자도 위와 마찬가지로 단백질로 되어 있고, 이자에서 분비하는 단백질 분해 효소인 트립신(trypsin)에 이자 자신이 녹을 수 있지만, 역시 위처럼 자기방어 장치를 가지고 있다. 그러나 그것이 제대로 안 되면 췌장염이나 췌장암이 된다. 많은 조직과 기관이 아무 탈 없이 건강하게 살아가는 것은 누가 뭐래도 최상의 행복인 것이다. 무한히 감사하며 살 지어다!

그래서, 이 조그마한 것이 우리의 생명을 담보하고 있다니! 췌장이 고장 나면 무엇보다 소화 불량에다 인슐린이 나오지 않아 당뇨병을 일

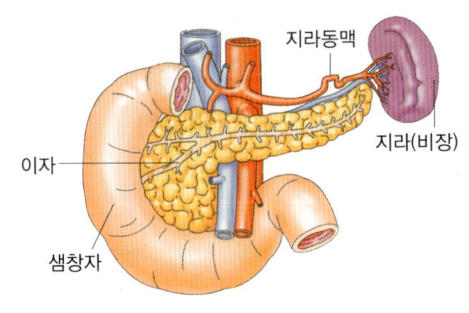

그림 14.18 이자와 지라.

으키고, 심하면 염이나 암이라는 것이 생명을 앗아간다.

우리 몸에서 어느 것 하나 귀중치 않은 것이 없는 줄 알면서도 몸을 함부로 다룬다. 자기가 몰고 다니는 자동차에 조금만 이상이 생겼다 싶으면 정비소로 잽싸게 달려가면서, 어찌하여 내 몸에 이상이 있어 보이는 데도 미련을 부린단 말인가. 병원에 가는 것을 꺼린다는 말이다. 여자들이 남자보다 오래 사는 이유가 여러 가지 있겠지만, 무엇보다 자기 몸을 자동차처럼 소중하게 다루어서 그렇다고 한다. 일리가 있는 주장이다. 필자도 남자라고, 예외 없이 병원 가기를 무척 싫어한다. 고집불통인 남성들이여, 병을 키울 대로 다 키운 다음에야 병원을 찾아서 되겠는가. 병은 어릴 때 그 싹을 도려내야 하는 것! 암도 조기 발견하면 거의가 다 낫는다. 죽고 싶으면 미련을 부려라! 그렇다고 병에 너무 예민하여, 견뎌 이겨 낼 수 있는데도, 방정을 떨어 이 약국, 저 병원을 전전轉轉하는 것도 그리 바람직하진 않다. 미련해도, 예민해도 다 좋지 않다는 말이다!

다음은 이자의 외분비 특성부터 살펴보자. 이자에서 만들어진 강력한 소화액은, 위에서 음식이 아래로 내려오면, 반사적으로 십이지장으로 쓸개즙과 함께 흘러나간다고 했다. 이자액은 pH 8.5 정도로 약 알칼리성(alkalinity)이며 이자액에는 20여 종의 소화 효소가 있지만 대표적으로 3대 영양소를 분해하는 이자아밀라아제(amylase), 리파아제(lipase), 트립신(trypsin)의 예만 본다. 침에도 아밀라아제(침 아밀라아제)가 들어 있어서, 음식을 꼭꼭 씹어 녹말을 이당류(엿당)로 만들지만, 녹말 상태로 내려온 나머지 것은 이자아밀라아제가 이당류로 분해한다(소화시킨다). 탄수화물의 소화다. 녹말이 분해된 엿당은 다시 소장액小腸液에 든 말타아제(maltase) 효소가 단당류인 포도당으로 분해하고, 드디어 흡

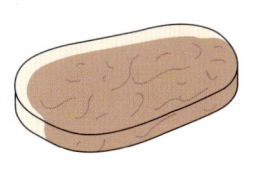
단백질(육류)
단백질은 이자액의 트립신, 키모트립신이 분해한다.

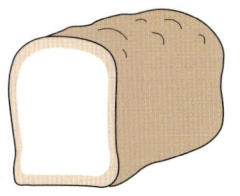
탄수화물(빵)
탄수화물은 이자액 속의 아밀라아제가 분해한다.

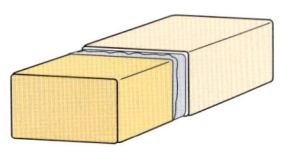
지방(버터)
지방은 이자액 속의 리파아제와 쓸개즙이 함께 분해한다.

그림 14.19 이자액의 소화 역할.

수가 가능해진다. 지방은 분해되지 않고 거의 그대로 고스란히 내려오기에, 이자의 리파아제가 지방을 지방산과 글리세린으로 분해하고, 이것은 바로 흡수가 가능하다. 그리고 트립신은 고분자 물질인 단백질을 아직은 흡수가 불가능한 펩티드(peptide)까지 잘라 주고, 소장액이 그것을 드디어 아미노산(amino acid)으로 분해하여 소장에서 흡수한다. 이렇게 이자액에는 3대 영양소를 분해하는 효소가 다 들어 있다.

다음은 이자의 내분비 차례다. 한마디로 인슐린 분비 이야기이다. 늙으면 제일 무서운 병이 '혈血'자가 붙는 것으로, 혈압血壓과 혈당血糖, 고지혈증高脂血症이 문제가 된다. 앞에서 말한 것처럼 이자에는 소화액을 제조하는 샘이 있는가 하면, 혈당 조절을 하는 인슐린(insulin)과 글루카곤(glucagon)을 만드는 랑게르한스섬(islets of Langerhans)이 따로 있다.

인슐린은 혈당을 떨어뜨리는 일을 하지만, 글루카곤은 혈당을 높이니 이렇게 서로 반대, 보완되는 작용을 길항 작용拮抗作用이라 한다. 같은 이자에서 만들어지는 호르몬이 하나는 떨어뜨리고 하나는 높여서 혈당을 일정하게 유지한다. 일정한 농도로 머물게 하는 것을 항상성恒

常性(homeostasis)이라 하는데, 혈당은 역시나 많아도 탈 적어도 탈이다. 인슐린이 혈당을 어느 정도 이하로 줄이면 저혈당이 되어서 머리가 어지러워지고 맥을 못 쓴다(이럴 때는 초콜렛이나 사탕을 먹어야 함). 그때는 이자에서 단방에 글루카곤 분비를 촉진시켜서 혈당을 곧바로 높여 준다. 너무 올라가면 내리고, 너무 내려가면 올리고, 이런 것을 '되먹임현상(feedback)'이라 했다. 암튼 이렇게 혈당도 시소(see saw)를 탄다. 더 상세한 혈당 조절 방법은 그림 14.20을 참조하기 바란다.

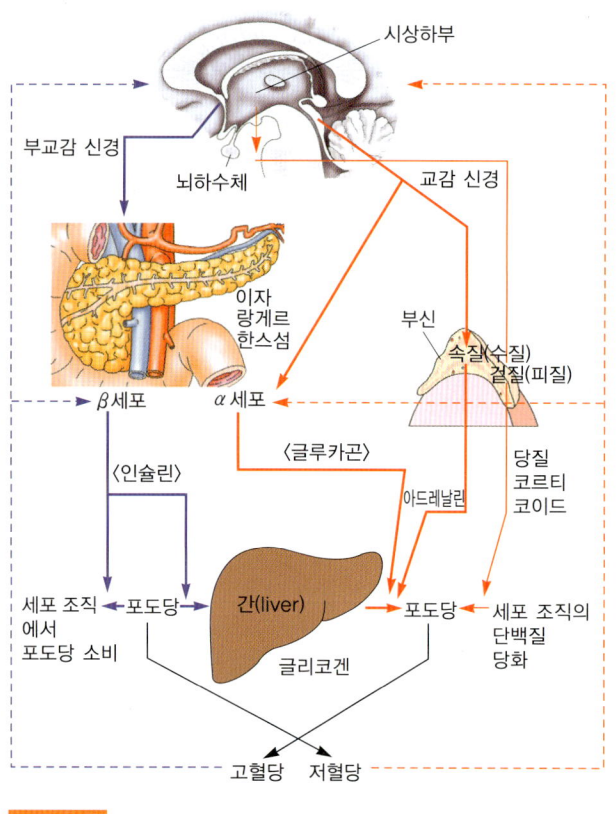

그림 14.20 혈당량 조절.

핏속에 들어 있는 포도당을 혈당血糖이라 하는데, 그 농도가 100 mg/dl(0.1%) 정도가 정상으로 120 mg/dl(0.12%)가 넘으면 조심하라는 경고가 내린다[1 mg은 1/1000 g이고, 1 dl(deciliter)는 1/10 l임]. 좀더 설명을 보태면, 사람이 굶었을 때(음식을 먹은 후 8시간 후) 잰 혈당이 100 mg/dl 이하라야 정상이다. 이 말은 혈액 100 ml에 포도당이 100 mg 이하가 들었다는 말이다. 한 사람의 전체 피의 양이 약 5 l이므로 핏속에 들어 있는 총포도당은 약 5g에 지나지 않는다. 그런데 포도당 1 g은 약 4 Cal의 에너지를 내므로 모두 계산하면(5×4=20) 약 20 Cal에 지나지 않는다. 하루에 기초 대사량이 1,400 Cal라는 것을 참고하면, 현재 핏속에 들어 있는 것은 아주 쉽게 쓰니, 20 Cal 정도면 약 3분간 걷기만 하면 다 소비되고 만다. 이렇게 쓰이고 나면 혈당이 떨어지는 저혈당이 되지만 다행히 간이 근육에 양분을 충분히 저장하고 있어서 그때그때 곧바로 포도당을 공급한다.

포도당을 흡수하고 세포 안에서 산화(분해)하여 열과 에너지를 내야 하는데, 그렇지 못하니 탈이 생기는 것이다. 즉, 몸의 세포가 포도당을 잘 빨아들이지 못하여 피에 포도당이 넘치다 보니 여러 세포들에게는 해害가 되고 결국 소변으로 넘쳐 난다. 그리하여 소변에 당이 섞여 나오니 이를 당뇨糖尿라 부른다.

당뇨에는 크게 두 가지가 있으니 이자가 고장 나서 인슐린 분비를 제대로 못해 포도당이 세포막을 투과(통과)하지 못하는 경우와(인슐린은 포도당이 세포막에 흡수되는 것을 촉진시킴), 나이를 먹어 세포의 여러 기능이 떨어져 세포막이 늙어 흡수 못하는 것이다. 전자는 유전성이 대부분이고, 후자는 누구에게나 올 수 있는 노화老化의 결과다. 보일러(boiler)에 기름은 잘 나오는데 산소가 부족하여 불연소不燃燒 현상이 일어나는 것을 당뇨병에 비유한다. 제대로 타지 못하니 그을음이 끼이고 연통이 막히며, 기름은 끊임없이 타는 데도 열이 나오지 않는다. 음식을 아무리 먹어도 효율성이 떨어지고 마는 것이 당뇨병이다. 포도당은 넘쳐흐르는데 세포가 그것을 이용하지 못하고 있으니 세포는 쫄딱 굶고 있는 상태다.

당뇨병의 모든 증상이 노화 현상과 꼭 같다고 한다. 그러니 그 병에 걸리면 빨리 늙어버리는 조로早老*에 걸린 셈이 된다. 부작용으로 신경이나 혈관에 합병증이 생기기 쉽고, 감염에 대한 저항력이 떨어진다. 그리고 피지샘의 기능이 떨어져 피부가 건조해지고, 발에 상처가 생기며 심하면 발을 잘라야 한다. 또 혈압이 높아지고 백내장에 걸린다. 그외에도 수많은 안 좋은 증세가 나타난다. 그래서 세포를 건강하고 젊게 유지하는 길은 역시 소식小食(적게 먹음)하고, 소식素食(고기반찬이 없는 밥)에 운동이 제일이다. 그래서 혈압이나 혈당이 있는 사람은 걷거나 뛰라고 권하는 것이다.

어쨌거나 포도당이 세포막을 투과하는 데 인슐린이 작용하므로, 부족하면 돼지의 것이라도 주사를 맞아야 한다.

다시 말하지만 이자는 여느 기관과 달리 소화액과 호르몬 모두를 만드는 기관이다. 그래서 췌장염이나 췌장암 같은 병은 더욱 치명적致命的일 수가 있다. 부디 내 몸을 아끼는 마음 자세를 잃지 말자. 사람들이 너 나 할 것 없이 권력, 재산, 명예라는 삼부三富를 좇아 살고 있지만 건강健康 하나를 잃으면 그것 모두를 잃는다.

필자의 글, '돼지'를 읽고 넘어간다.

---

* 조로: 나이에 비하여 빨리 늙음.

돼지는 멧돼지과 科(family)에 속하는 포유동물로, 산돼지를 순치한 것이 집돼지다. 한국 토종돼지를 포함하여 품종을 개량한 것은 요크셔, 버크셔 등 1,000가지가 넘는다. 산돼지가 말 그대로 공격적이고 저돌적 猪突的('猪'자는 돼지나 산돼지를 이름)이라면 집돼지는 길이 들어서 말을 잘 듣는다. 잡식성인 돼지는 몸통에 비해 다리가 짧고 껍질(피하 지방)이 아주 두꺼우며, 눈이 작은 편이고 유달리 꼬리가 짧다. 발가락은 네 개씩이고 그중 두 개가 갈라진 발굽이다. 소와 돼지는 발굽이 둘인 우제류 偶蹄類이고 말은 한 개인 기제류 奇蹄類이다. 돼지는 목통이 아주 굵고 뻬죽한 입 위에 둥그렇고 두꺼운 육질이 있으며 거기에 콧구멍이 뻥 뚫려 있다. 또 주둥이가 튼튼하고 길어서 땅을 잘 판다. 잘 보면 돼지는 코와 윗입술이 따로 없고 둘이 하나로 붙어 있다. 코끼리는 그것이 아주 길게 늘어났는데 '코끼리 코' 역시 코와 입술이 합쳐진 것이다. 코끼리의 상아는 앞니가 길어진 것이고, 산돼지의 뻐드렁니는 송곳니다.

필자가 국민학교(초등학교) 다닐 때는 돼지가 아니라 '도야지'가 표준어로 여겨졌다. 말도 진화를 한다. 돼지의 원래 말은 '돝'이었는데, 그것이 '도야지', '도치'로 불렸다. 윷놀이에서 '도'는 돼지의 곁말이다. 윷놀이는 도, 개, 걸, 윷, 모(돼지, 개, 양, 소, 말)가 달리기를 하는 것이다. 그리고 집집마다 돼지거름을 얻기 위해서라도 돼지를 한두 마리씩 키웠다. 돼지는 고기에 기름, 가죽, 내장, 갈비뼈, 털, 피, 족발까지 인간에게 준다. 돼지기름으로 전을 부치고 비누를 만들며, 피와 내장(대장)으로 순대를 만들고 뼈로는 감자탕을 해 먹는다. 그럼 털은 어디에 쓸까? 예전에는 억센 털을 구둣솔로 썼다. 돼지 족발은 우리만 먹는다고 생각하면 오산이다. 멕시코 사람은 물론이고 중국 사람, 독일 사람도 즐겨 먹는다. 중동 사람이 돼지고기를 먹지 않는 것은 일종의 '환경 적응 현상'이라고 볼 수 있다. 지금이야 에어컨이 있지만, 예전에는 더운 날씨에 돼지고기와 지방까지 먹으면 몸에 열이 나서 견디기 힘들었던 것이다. 중동 사람이 술을 잘 마시지 않는 것과 비슷하다. 그리고 돼지고기는 더운 날씨에 금방 상하기 때문에 탈이 많이 나서 피하게 된 것이다.

그런데 어쩌다가 산돼지가 그렇게 많아졌을까? 근교에는 물론이고 도시 한가운데에까지 나타나고 있으니 말이다. 생태계는 참 오묘하게 얽혀 있어서 먹고 먹히는 복잡한 관계 즉 '약육강식의 정글법칙'이 존재한다. 알고 봤더니 산돼지의 천적天敵이 없어 무적 산돼지가 된 것이다. 사람에게도 덤비는 산돼지가 아닌가. 먹이 피라미드의 제일 꼭대기에는 호랑이, 늑대가 차지해야 하는데 얄궂게도 산돼지가 그 자리에 올라 판을 치고 있는 것이다. 개체 수가 늘어나다 보니 먹이와 영역 다툼질이 일어나 약한 것이 밀려나서 그것들이 도시에까지 출현하기에 이르렀다.

그래도 돼지는 참 사람과 가까운 동물이다. 척추동물의 호르몬은 사

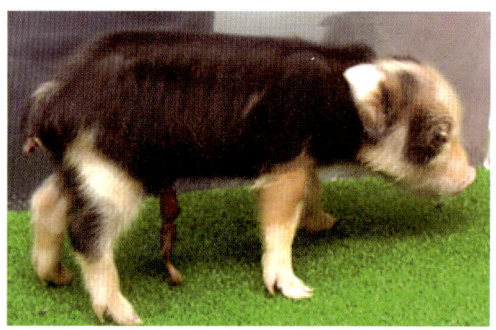

그림 14.21 무균 돼지.

람의 것과 아주 흡사하여 무균 無菌 돼지가 길러지고 있다. 무균 돼지의 장기(심장이나 콩팥 같은 내장)를 사람에게 이식하기 위해서이다. 다시 말하면 사람의 장기와 돼지의 장기는 아주 닮았고 크기도 비슷하다. 부부는 닮는다더니, 긴긴 세월 같이 살아온 돼지라서 사람을 닮은 것일까? 아니면 사람이 돼지를 닮은 것일까?

●●● 간

간 肝(liver)은 그 무게가 체중의 약 2 % 정도(1.5 kg)로, 좌우 20 cm, 상하 16 cm, 전후가 12 cm나 되는 우리 몸에서 뇌腦와 함께 가장 큰 기관 중의 하나이다. 간은 혈관이 가득 분포하고 있어서 암갈색 暗褐色을 띠고 오른쪽 갈비뼈 밑에 들어 있어서 손으로 만져지지 않는다. 그러나 간경화 肝硬化에 걸렸거나, 심호흡을 하고 손가락을 갈비뼈 아래로 집어넣으면 간 끝이 살짝 만져지는데, 보통 사람은 그것을 느끼지 못한다. 간은 3,000억 개 이상의 간세포가 모여 있으며, 돼지의 간을 만져보면 묵을 만지듯 아주 부들부들하다. 돼지의 간과 사람의 것이 하나도 다르지 않다. 그리고 간에는 감각 신경이 없어서 아픔을 느끼지 못하여 흔히 '침묵의 장기'라고 부르며, 간은 재생력 再生力이 아주 강하여 간의 2/3를 잘라내어도 얼마 지나면 원래 크기로 자라나 정상적으로 제 기능을 해낸다.

간을 다룬 속담이 꽤나 많다. "간뎅이가 부었다."는 말은 근래 만들어진 것으로, 아마도 "철없이 설친다."는 뜻에 가까운 의미다. 제게 조금만 이로운 일이면 체면과 지조를 돌보지 않고 아무에게나 달려가서 아첨하는 경우를 놓고 "간에 붙고 쓸개에 붙는다." 하고, 음식을 조금 먹어서 배가 차지 않음을 일러서 "간에 기별도 안 간다."거나 "간에 안

찬다."고 한다. 또 매우 두렵거나 다급할 때를 비유하여 "간이 콩알만 하다.", "간에 불붙었다." 하고, 행동이 실없음을 비유하여 "간에 바람 들었다." 하기도 하며, 매우 춥거나 분통이 터질 때 "간이 떨린다."고 한다.

사실 아주 추우면 몸 밖의 근육만 덜덜 떠는 게 아니라 뱃속의 간도 떨어서(shivering) 저장해둔 글리코겐(glycogen)을 분해하여 보통 때보다 서너 배의 에너지(열)로 내장이 어는 것을 막는다. 간에 붙고 쓸개에 붙는다는 것도, 생물학적으로 딱 들어맞는 표현이다. 사람의 간은 오른쪽 갈비뼈 아래에 들어 있으며 그 바로 아래에 쓸개주머니(담낭)가 붙어 있다. 간에서 만들어진 담즙을 임시로 잠깐 담아두는 주머니가 담낭이다.

동물들이 어떻게 극한極寒(아주 추움)을 이겨 나가는지, 글 한 토막을 읽고 넘어간다.

"간 떨리게 춥다."는 말은 "춥다!"라는 소리가 입에서 저절로 나오는 것이다. 우리는 동식물들이 이 한겨울에 어떻게 얼어 죽지 않고 추위를 견디는지 봤다. 식물은 세포 안에 당분糖分을 넉넉히 넣어 두어 추위를 이겨내고 청개구리는 주로 지방을 많이 넣어 두고 있다. 그렇다면 북극의 차가운 물속에 사는 물고기는 어떻게 체온을 보존하고 있을까? 보통 생물들이 부동액不凍液(antifreeze)으로 쓰는 포도당이나 글리세

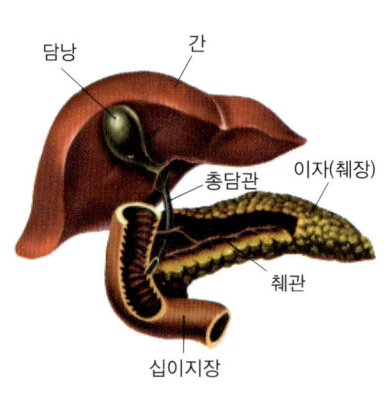

그림 14.22 간과 담낭(쓸개주머니).

롤(glycerol) 외에 당단백질糖蛋白質(glycoprotein)을 이용하기도 한다는 점이 약간 다르다. 그것을 특수 단백질이라 해두자. 이 단백질 덕분에 북극의 '얼음물고기(ice fish)'는 바닷물이 얼기 직전 온도인 섭씨 영하 1.8도에서도 끄덕 않고 헤엄을 친다.

사람의 몸에도 추위를 견디기 위한 장치가 있다. 우선 기온이 뚝 떨어지면 피부 밑의 피하 지방皮下脂肪과 창자를 얽어매고 있는 장간막腸間膜에 기름이 가득 쌓인다. 그런데 하필이면 왜 탄수화물이나 단백질이 아닌 지방(기름)을 몸 안에 저장한단 말인가? 미리 말하지만 누런 기름은 일종의 청정 저장물이다. 탄수화물과 단백질은 각각 1 g에 약 4 Cal의 열을 내지만 지방은 같은 무게에서 두 배가 넘는 9 Cal가 나온다. 사람이나 동물들이 살이 찐다는 것은 바로 기름 덩어리가 저장되는 것이고 적은 부피에 많은 연료를 저장할 수 있다는 이점이 있다. 지방은 저장 물질로 쓰일 뿐 아니라 열이 쉽게 전달되지 못하는 부도체(절연체)라는 장점을 가지고 있다. 즉, 피부 아래에 그것이 두껍게 한 겹 쌓이니 결국 기름옷을 한 벌 걸친 셈이 아닌가. 그래서 여성들이 한겨울에도 얇은 스타킹만 신고 견딜 수 있다.

한편 내복을 입지 않는 남성들도 더러 있다. 그런 사람은 다리에서 열이 술술 새어 나가기 때문에 남보다 더 많이 먹지 않으면 얼어 죽는다. 그래서 "내복을 입자."고 캠페인을 벌인다. 겨울 길바닥에서 벌벌 떨고 있는 저 많은 사람들을 보기에 민망하지 않은가? 더운 방에 소매 없는 내복 바람으로 지낸다고 자랑하는 사람들 말이다. 어쨌든 겨울엔 좀 춥게 여름엔 덥게 지내는 것이 건강에 좋다. 기름기 외에도 머리에 나 있는 털 덕분에 열이 날아가는 것을 막는다. 옛날에는 전신에 털이 부숭부숭 나서 추위를 견뎠다. 얼굴의 수염도 깎지 않고 두면 열 보관

그림 14.23 수염이나 머리카락도 보온의 효과가 있다.

에 좋다. 추운 산을 오르는 산악인들에게 수염은 어떤 의미를 갖는 것일까? 알고 보면 몸에 생겨난 것들 치고 우리에게 득이 되지 않는 것이 하나도 없다.

그리고 기온이 뚝 떨어지면 몸을 웅크려 열이 날아가는 겉넓이를 줄이려고 몸을 부들부들 떨어서 근육이나 간에 저장해둔 글리코겐을 분해하여 포도당으로 바뀌게 한다. 너무 추우면 턱도 떨어서 이 부딪치는 소리가 난다. 러시아 사람들은 얼음 추위에 버터를 얼굴이나 손등에 발라 살이 트는 것을 막고 보드카를 마신다(알코올은 재빨리 열을 발산함). 아무튼 심히 추울 때 내뱉는 "간이 떨린다."란 말이 맞는 말이다. 간을 떨어서 글리코겐을 당으로 분해하니 말이다. 추위도 심하면 병이 되므로 찬 겨울에는 다른 계절보다 먹는 양을 늘리고 특히 기름기 많은 음식을 섭취하는 것이 좋다. 지방이 3대 영양소 중 하나인 것을 잊은 사람이 많다.

간의 기능은 500가지가 넘어서 일일이 모두 다루기가 힘들다. 무엇보다 양분의 저장貯藏과 그것을 분해分解하여 사용하는 물질대사가 제일 으뜸이다.

① 탄수화물炭水化物(carbohydrates) 대사를 먼저 보자. 탄수화물(다당류)은 엿당, 설탕, 젖당으로 분해된 후, 그것들은 포도당, 과당, 갈락토오스라는 세 종류의 단당류로 바꾸고 소장의 융털 둘레를 싸고 있는 모세혈관으로 흡수되어 문맥을 지나 간으로 들어온다. 과당과 갈락토오스는 일단 포도당으로 변한 다음에 그중 약 60 % 가까이는 간에서 다당류인 글리코겐으로 바뀌어 저장되고 나머지는 지나간다. 그래서 글리코겐을 '동물녹말(animal starch)'이란 말을 쓴다. 글리코겐은 몸에 포도당이 떨어지면 제때 포도당으로 바뀌어 필요한 곳에 공급된다. 간에 저장된 글리코겐은 24시간만 굶으면 다 소비되고 말기에 우리는 끊임없이 삼시 세끼를 먹는 것이다. 그래도 영양 공급이 없을 때에는 단백질이나 지방을 포도당으로 전환하여 쓰게 된다. 위기의 상항을 대비하여 우리 몸에는 일정 양의 살을 찌워 놓는다. 그래야 등산을 갔다가 길을 잃어 며칠을 굶어도 죽지 않고 살아남을 수 있다!

② 간은 단백질蛋白質(protein) 대사에 관여한다. 소장에서 단백질이 분해된 아미노산은 포도당과 함께 융털의 모세혈관으로 흡수되어 간에 와서 다시 단백질로 전환(합성)된다. 간에서는 하루에 약 50 g의 단백질이 만들어지며, 그것의 약 20 %는 피에 녹아있는 알부민(albumin)이다. 간이 좋지 않은 사람은 알부민 대사가 제대로 되지 않아서 몸이 붓고 배에 물이 찬다. 그것이 복수腹水다. 피에 알부민 단백질이 부족하면 (피의 농도가 옅어져서) 조직의 물을 빨아내지 못해 몸이나 배가 붓는 것으로, 일종의 부종浮腫이다. 우리도 옛날에 그랬듯이, 못 사는 나라의

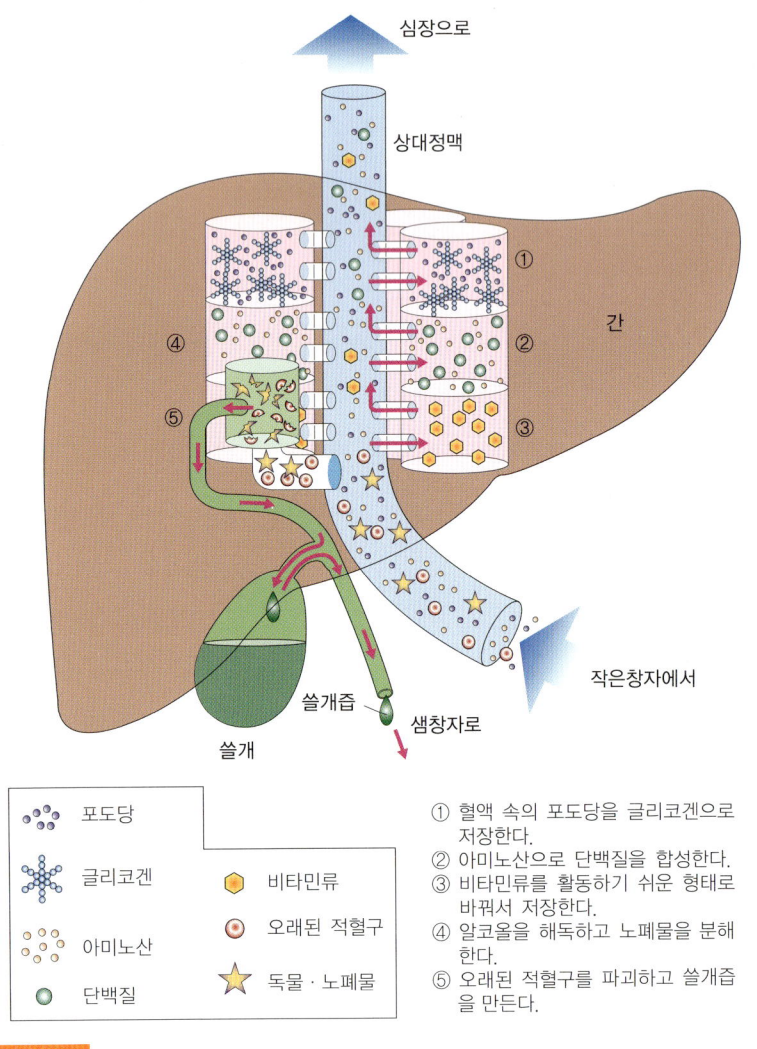

그림 14.24 간의 역할.

어린이들 배가 왜 그렇게 불룩 나왔는지 알 수 있다. 한마디로 단백질 결핍缺乏(부족) 현상이다.

③ 지방脂肪 대사 이야기다. 앞에서도 말하였지만 지방이 분해된 지

방산과 글리세린, 지용성 비타민(비타민 A, D, E, K 등)은 융털 곁에 분포한 '실핏줄'을 통과하지 않고, 안에 있는 '암죽관'으로 흡수되어 림프(lymph)관으로 들어가기 때문에 간을 거치지 않고 직접 혈관(피)으로 들어간다. 피를 돌던 지방산과 글리세린은 간에 와서 지방(fat)과 콜레스테롤(cholesterol)을 만든다. 그리고 간은 글리코겐으로 합성하는 데 쓰고 남은 포도당을 지방으로 변화시켜 피하皮下(피부 밑)나 장간막에 저장한다. 그래서 밥만 먹어도 살이 찐다. 지방이 간에 턱없이 많이 쌓인 것을 지방간脂肪肝이라 하니 보통 간의 5%가 지방인 경우다. 그리고 포도당이 아주 부족하면 다시 이 지방이나 단백질을 포도당으로 전환하여 쓴다.

다시 정리하면, 지방이나 단백질은 모두 포도당으로 바뀔 수 있고, 포도당은 지방으로 전환이 되지만, 지방이나 포도당 어느 것도 단백질로 바뀌지 않는다. 그래서 단백질은 일정 양을 항상 공급해줘야 하고 때문에 영양소하면 언제나 단백질이 문제가 된다.

간이 하는 일 중에서 요소 대사尿素代謝 또한 매우 중요하다. 소변에 섞여 나오는 지린내 나는 요소는 콩팥(신장)에서 만들어지는 것이 아니고 바로 이 간에서 생성된다. 3대 영양소인 탄수화물, 지방, 단백질 중에서 앞의 두 가지는 분해돼 이산화탄소와 물이 되지만, 단백질은 질소화합물窒素化合物이라 분해되어서 이산화탄소와 물 말고도 암모니아(NH_3)가 생기는데, 이것은 세포에 매우 해로운 물질이다. 특히 뇌로 흘러들어 뇌세포를 손상시킨다. 그래서 간 질환이 심한 사람은 혼수상태에 빠지는 경우가 있다. 때문에 간에서 좀 덜 해로운 물질인 요소로 전환시키니 이를 '요소회로' 또는 '오르니틴회로(ornithine cycle)'라고 한다. 간이 나쁜 사람은 고단백질의 음식을 먹어야 하지만, 너무 많이 먹으면 도리어 요소합성을 제대로 못하여 암모니아가 간에 해를 끼치니 이런 점도 간이 나쁜 환자들의 애환 哀歡(슬픔과 기쁨)이다. 단백질 또한 많아도 탈 적어도 탈인 것이다.

그러니 평소에 술이나 담배를 삼가고, 건강을 잘 다져 놓아야 한다. 그리고 고기(단백질)를 많이 먹으면 오줌에 지린내가 더 나고 방귀 냄새도 독하다. 하여, 고기를 많이 먹은 사람의 오줌에는 요소(비료)가 많이 들어 있다!

간은 우리 몸에서 나들이를 체크(check)하는 '수위실 守衛室' 역할을 한다. 사람의 입으로 들어간 그 많은 것들이 소장에 가서 다 소화되고, 그것들이 지방 성분을 제외하고는 일단 간을 거쳐 간다. 그중에서 몸(세포)에 해를 끼치는 물질을 죄다 가려내어서 분해(해독, 제독)한다. 위나 소장에서 지방을 제외하고는(지방은 암죽관을 지나 림프관으로 들어감) 실핏줄에서 흡수되어 문맥 門脈(정맥성인 혈관임)을 지나 간으로 들어간다. 술, 담배나 항생제 등은 물론이고 죽은 적혈구(수명이 120일)까지도 분해를 해야 하니 간은 정말로 힘들고 피곤하다. 사람들은 제 간이 이렇게 부담 負擔을 가지고 있는데 그것도 모르고 혹사 酷使시키고 있으니, 이 어찌 무지몽매 無知蒙昧*하다 하지 않겠는가.

다음은 적혈구가 죽는 이야기이다. 골수(뼛속)에서 만들어진 적혈구는 넉 달 정도 제 맡은 일을 다 하고 나면 간이나 지라에서 죽는다(파괴된다). 적혈구가 죽으면 그 속의 헤모글로빈도 분해되니 그것이 빌리루빈(bilirubin)이다. 이 빌리루빈은 간에서 쓸개로 내려가 대변에 섞이고, 또 콩팥을 지나 소변에 묻어 나가는데 빌리루빈의 색은 노랗다. 때문에

---

* **무지몽매**: 아는 것이 없고 사리에 어두움.

똥오줌이 누르스름한 것도 바로 적혈구가 분해하여 생긴 빌리루빈 때문이다. 새로운 사실을 알았을 때는 가슴이 두근거리고 입에선 자기도 모르게 기쁨과 놀람의 탄성歎聲이 흘러나와야 한다. "아, 그랬구나!" 다시 말하지만 작은 것에 감동하는 동심童心을 잃지 말자!

   이번에는 수면제나 항생제 같은 약을 왜 일정한 시간에 먹어야 하는지도 알아보도록 하자. 만일에 간이 이 약을 분해하지 못한다(않는다)고 가정하면, 한 번 먹은 수면제는 영원히 분해되지 않아서 계속 잠에 빠져들게 될 것이다. 무섭고 섬뜩한 일이다. 항생제도 일정한 시간에 간이 그것을 분해하기 때문에 시간이 되면 다시 먹는 것이다. 그리고 선천적으로 유전 인자가 없어서 알코올 분해 효소가 생기지 않는 알코올분해효소결핍증(alcohol dehydrogenase deficiency syndrome)인 사람들이 적은 술을 마시고도 술을 분해하지 못하고 고통받는 것을 보면 간의 분해 기능이 얼마나 중요한가를 느낄 수가 있다. 그런데 여기서 간과看過(대충 보아 넘기다가 빠트림)하지 말아야 할 것은 이런 약품이나 술을 분해할 때는 간세포들이 큰 해를 입게 된다는 사실이다. 약을 함부로 먹지 않는 것은 건강과 장수의 최고의 비법이고 특히 우리의 간이 약을 무척 무서워하고 싫어한다는 것을 바로 알아야 한다. 목이 쉬도록 하는 말, 약은 독이다! 어느 약이나 그것을 분해하느라 간을 다치게 한다.

   다음은 '간에 붙고 쓸개에 붙는다.'는 쓸개 이야기다. 초식 동물인 말이나 노루는 쓸개가 없다. 초식 동물에게 쓸개는 그리 중요한 역할을 하지 못한다. 쓸개액은 영양소 중에서도 주로 지방의 소화에 관여하고, 그것도 직접 소화를 시키지는 못하고 간접적으로 소화가 잘 되게 도와준다. 쓸개즙은 간에서 하루에 약 1 *l* 정도가 만들어지는데, 거기에는 담즙산, 콜레스테롤, 빌리루빈이 들어 있다. 곰쓸개만도 못한 내 쓸개

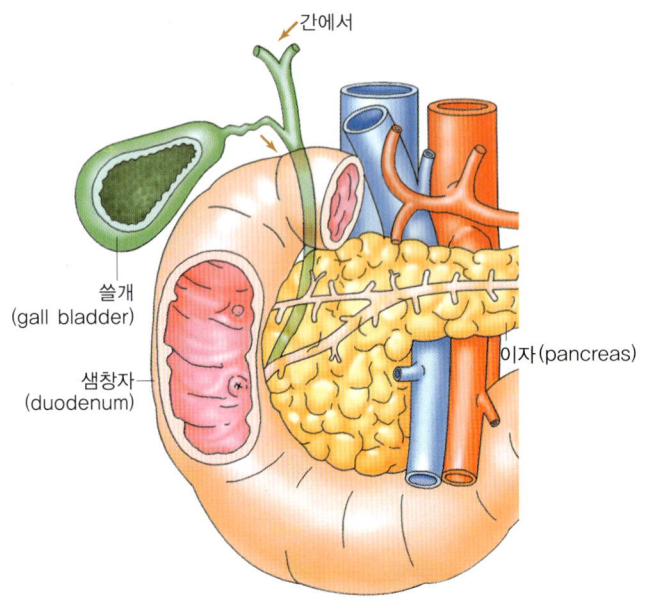

그림 14.25 쓸개 구조.

지만 그래도 배를 갈라서 쓸개를 떼어내고 쓸개관(담도膽道)에서 엄지손가락 반 마디 만한 담석膽石(콜레스테롤이 주성분임)을 들어내지 않았던가. 그것을 그냥 둬 죽어 화장(불에 태움)하면 사리골舍利骨이 되는 것을…….

쓸개는 길이가 약 7 cm(centimeter), 폭이 3 cm 정도의 주머니로 30~50 ml(milliliter)의 쓸개즙을 농축하여 담는다.

쓸개관(담도膽道)은 간 안에 그물처럼 얽혀 있는 아주 작은 것까지 합치면 2 km나 되지만, 간에서 십이지장까지 담즙이 내려가는 길은 고작 13 cm에 지나지 않는다. 그것이 간 안의 것도 또 밖의 것도 모두 까탈을 부린다. 필자의 담도도 한 때 사고를 쳤다. 30여 년간 담도에서 자라나 관을 막아버리는 지경에 처했으니 얼마나 아팠는지 모른다. 물론 쓸개와 함께 담도에 끼인 담석膽石 둘을 들어냈다. 담도가 아픈 것을 모르고 위경련이라고 마냥 위장약을 먹어 댔으니 지금 생각해도 쓴웃음이 나온다. 와신상담臥薪嘗膽*, 쓰디쓴 쓸개를 핥으며 기다림과 견딤을 일궈낸 구천句踐**을 닮아보리라……. 그리고 간흡충肝吸蟲(간디스토마)이란 기생충은 바로 이 담도에 기생한다.

그런데 담석이 생겨 쓸개관이 막히면 황달黃疸이 되어 얼굴, 눈의 흰자위, 전신의 피부가 누런색을 띤다. 간에서 적혈구 파괴로 만들어진 빌리루빈이 쓸개관을 타고 소장으로 내려가지 못하고 전신을 돌아 온몸을 누렇게 물들인다. 빌리루빈은 하루에 약 300 mg (milligram)이 형성된다. 어쨌거나 나갈 것이 못 나가고 피에 섞여 돌면 보나마나 조직이나 기관을 다치게 한다. 그리고 빌리루빈이 나가지 못하기에 대변이 횟가루 색을 띤다. 나갈 건 제대로 나가야 하고 통할 것은 통해야 하고 흐를 것은 흘러야 하는 법이다. 그것이 건강이다.

지금까지 공부한 소화 내용을 종합하여 간단하게 되새김해 보자.

소화란 간단히 말해서 음식을 물리적으로, 화학적으로 잘게 잘라서 세포막에 흡수되게 하는 것이다. 고분자 물질이 저분자로 잘라지려면 그 과정에 물이 들어가기에 소화를 다른 말로 '가수 분해加水分解'라 하고 소화 효소를 가수 분해 효소라고도 한다. 물리적인 소화란 이로 음식을 씹거나 부수고 위와 장에서 연동 운동을 하여 잘게 자르는 것을

---

* **와신상담**: 원수를 갚거나 마음먹은 일을 이루기 위하여 온갖 어려움과 괴로움을 참고 견딤을 비유적으로 이르는 말.
** **구천**: 중국 춘추 시대 월나라의 왕. 오나라의 왕 합려와 싸워 이겼으나, 그의 아들 부차에게 대패하여 후이지 산에서 항복하였다. 그 뒤 기원전 473년에 범여의 도움으로 오(吳)나라를 멸망시켰다.

말하며, 화학적 소화란 각 기관에서 서로 다른 여러 소화 효소를 분비하여 고분자 물질을 저분자 물질로 분해하여 물에 녹게 하는 것이다. 물에 녹을 수 있는 단계가 되어야 세포막을 통과하여 세포 안으로 들어간다.

예를 들면 탄수화물은 포도당으로, 지방은 지방산과 글리세린으로, 단백질은 아미노산으로 소화되어 흡수된다. 그리고 소화는 한 기관에서만 일어나는 것이 아니라 여러 소화 기관에서 다양하게 일어나니 이들을 통틀어 '소화계'라 부른다. 소화계에 속하는 것을 위에서 아래로 순서대로 써보면, 입(이, 혀, 침샘), 식도, 위, 소장, 대장의 순서로 내려가고, 부속 소화 기관에는 간(쓸개를 만들고 직접 소화시키는 물질은 없음)과 이자가 있다.

소화에는 소화 효소가 있어야 한다고 했다. 소화 효소는 소화액에 들어 있고, 그것의 분비에는 여러 단계가 있다. 예를 들어, 위액 분비의 과정(단계)을 보자. 첫째, 뇌가 관여한다. 음식을 보거나 냄새를 맡으면, 또 음식을 생각만 해도 그것이 부교감 신경을 자극하여(부교감 신경 반사) 위액을 분비하게 한다. 둘째, 위에서 일어나는 단계다. 호르몬이 소화액 분비를 조절하고 지배할까? 그렇다. 위에 들어온 음식이 호르몬인 가스트린(gastrin)을 분비케 하고, 이것이 위액 분비를 자극한다. 여기서 강조하자는 것은 신경과 호르몬이 소화액 분비를 조절한다는 것이다. 십이지장(샘창자)에서는 세크리틴(secretin) 호르몬, 소장 벽에서 분비하는 콜레시스토키닌(cholecystokinin) 호르몬이 이자액의 분비를 촉진시킨다. 모든 호르몬은 분비관이 따로 없고 혈관을 타고 가서 이자를 자극하는 것으로, 그래서 내분비 기관이라 부른다. 땀이나 소변 등은 관으로 이동하여 밖으로 나가기에 외분비 기관이라 한다.

소화액 분비나 소화관의 운동에는 자율 신경이 관여한다. 신경을 쓰거나 스트레스를 받으면 소화가 안 된다는 것은 우리가 너무나 잘 아는 사실이 아닌가? 자율 신경은 교감 신경交感神經과 부교감 신경副交感神經이 있고 둘 다 모든 내장에 같이 분포하게 된다. 알다시피 교감 신경에서는 아드레날린(에피네프린)이 분비하고 부교감 신경에서는 아세틸콜린이 나온다. 교감 신경이 자극을 받았다는 것은 흥분, 초조, 불안 등 기분이 예민한 상태이고, 기분이 좋고 안락하며 만족한 정신 상태라면 부교감 신경이 항진(흥분)된 것이다. 그래서 두 신경은(두 분비물은) 서로 반대(길항拮抗)로 작용한다. 사람이 아주 흥분하여 신경질을 부리다가도(교감 신경이 자극됨) 시간이 지나면서 마음의 안정을 찾으니 서서히 부교감 신경이 우세하게 작용하기 때문이다. 또 편안하게 지내다가도(부교감 신경 흥분) 길을 떠나거나 수업을 듣기 시작하면 교감 신경이 흥분되어 긴장하게 된다. 강조하지만 사람이 살아가는데 언제나, 항상 한 신경이 몸을 지배하여서는 안 되고 교대로 이들이 일정한 평형 상태를 조절해야 한다. 신경이 예민하거나 건강 상태가 좋지 못한 것이 연속된다면 교감 신경이 계속 긴장된 상태로 소화액 분비가 잘되지 않고 소화 기관의 운동도 좋지 않아서 소화 불량이 되고 만다. 소화에까지 신경들이 끼어들어 관여를 한다!

마음을 편히 다스린다는 것은 다름 아닌 교감 신경을 잡아 눌러 주는 것이다. 마음 한 번 잘 먹으면 우주를 덮을 수 있으나 그렇지 못하면 바늘구멍 하나도 가리지 못한다고 했다. 일체유심조 一切唯心造* 라 하여 건강은 제 마음먹기에 매였다.

---

* **일체유심조**: 모든 것은 오로지 마음이 지어내는 것임을 뜻하는 불교 용어.

이제 각 영양소들이 어떤 과정을 밟아 소화가 되는지를 간략하게 알아보자. 어떤 소화 효소가 어느 소화 기관에서 나오는 지도 알아 두면 좋다. '소화의 얼개'를 알아보자는 것이다.

① 탄수화물 : 탄수화물의 다당류 多糖類에는 대표적으로 녹말(starch)이나 섬유소(cellulose, 셀룰로우스)가 있다. 여기서는 녹말을 대표로 그것의 소화 과정을 본다. 다당류는 어느 것이나 이당류 二糖類로 잘라지고 마지막에는 포도당(glucose)이라는 단당류 單糖類로 분해되어 그것이 세포에 흡수된다. 탄수화물은 단당류인 포도당, 과당, 갈락토오스가 있고 이당류인 엿당(포도당+포도당), 설탕(포도당+과당), 젖당(포도당+갈락토오스)이 있으며 다당류인 녹말(식물들이 저장하는 탄수화물), 글리코겐(동물들이 저장하는 탄수화물), 식물 세포벽의 성분인 셀룰로오스가 있다. 이들 중에서 가장 중요한 탄수화물은 포도당이라 감히 말한다. 우리의 뇌는 포도당을 주요 영양소로 사용하기 때문이다. 또한 섭취량이 가장 많은 탄수화물은 몸의 구성 성분으로는 적고 우리 인체 활동에 주요 에너지원으로 사용된다.

[녹말 —아밀라아제(침샘, 이자)→ 설탕, 엿당, 젖당 —슈크라아제, 말타아제, 락타아제(소장)→ 과당, 포도당, 갈락토오스]

② 지방 : 지방의 소화는 의외로 간단한 편이다. 리파아제(lipase)라는 효소 하나만 관여하니 말이다. 그리고 간에서 분비하는 쓸개즙(담즙)은 지방 소화를 간접적으로 돕는다고 했다. 즉, 거기에는 지방 분해 효소가 들어 있지 않으며, 지방을 젖처럼 부드럽게 하여 소화가 잘되게(유화 乳化) 한다.

[지방 —리파아제(위, 이자)→ 지방산, 글리세린]

③ **단백질** : 고분자 물질인 단백질은 일단 덜 복잡한(간단한) 펩티드(peptide)로 분해되고, 다음에 흡수 가능한 작은 분자인 아미노산으로 잘라진다.

[단백질 —펩신(위), 트립신, 키모트립신(이자)→ 펩티드 —펩티다아제(소장)→ 아미노산]

④ 나머지 영양소인 물, 비타민, 무기염류는 어떻게 소화가 일어나는 것일까? 그것들은 이미 물에 녹을 수 있는 상태의 물질들이라서 따로 소화 효소가 없이 바로 세포에 흡수 가능하다.

아무튼 소화된 양분은 두 길을 따라 흡수된다. 즉 포도당과 아미노산은 모세혈관으로, 지방산과 글리세린은 암죽관으로 들어간다. 암죽관으로 들어간 지방산과 글리세린은 곧바로 지방으로 재합성이 일어나서(어린 아이에게 먹이는 묽은 죽인 암죽색으로 바뀜) 림프관을 통해 전신에 흘러간다. 나머지 양분들은 혈관에 모여서 일단 간으로 가니, 소장과 간 사이의 큰 혈관을 문맥門脈, 또는 문정맥門靜脈이라 한다. 간에서는 양분의 저장이 일어나기도 하지만, 음식에 묻어 들어온 불순물이나 독성 성분을 파괴한다고 하지 않았던가. 때문에 우리 몸에서 수위 역할을 하는 곳이 바로 간이다. 이렇게 하여 소장에서 흡수된 양분들은 피를 타고 전신으로 흘러가서 각각의 세포에 흡수되고, 거기에서 세포 호흡이 일어나 에너지와 열을 낸다. 부수적으로 이산화탄소가 나오는 것은 물론이다.

이렇게 소화된 양분이 흡수된 다음에 나머지 찌꺼기들은 아래 대장으로 밀려 내려간다. 대장은 소장처럼 소화 효소를 분비하거나 양분 흡수를 하지 못하지만 소화 기관임을 부인하지 못한다. 대장에 들어온 90 %의 수분을 흡수한다. 뿐만 아니라 대장균이 섬유소 등의 분해되지 않은 음식물을 분해하여 비타민 B 무리와, K 등의 비타민 흡수를 돕는다. 사람의 소화액으로는 분해하지 못하는 섬유소를 대장균은 분해(소화)시켜 에너지를 얻어 살고, 번식을 한다! 또한 대장은 자주 연동 운동을 하지 않는다. 물론 설사를 만나면 하루에도 여러 번 일어나지만 정상일 경우에는 하루에 2~3번 강한 운동을 일으키니 이때 배변을 하는 것이다.

15
생식과 발생

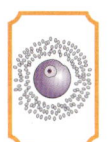

●●● 정소

정소 精巢(정집, testis)는 정자 精子(sperm)와 남성 호르몬이 만들어지는 남성 생식기 男性生殖器 중 하나다. 사전에서 '불알'을 찾아보면 "포유동물의 웅성 雄性* 생식기의 한 부분이며 붉은 곧 음낭 陰囊 속에 싸여 있는 좌우 두 개의 타원형의 알, 곧 고환 睾丸"이라고 나와 있다.

사람도 포유류일진대 이 공식에 들지 않을 수 없으매, 한마디로 '불'은 불알을 싸고 있는 살로 된 주머니 음낭이고, '불알'은 그 속에 들어 있는 알맹이 고환을 일컫는 것이다. 그런데 사전에는, 그 아래 설명이 더 재미있다. "불알 두 쪽만 대그락대그락 한다."라는 말은 가진 것이 아무것도 없고 알뿐이란 말이다. 필자도 장가갈 적에 그것만 가지

---
* 웅성: 수컷.

고 간 셈이다. 그래서 아직도 아내가 "당신은 장가올 때 숟가락 몽당이 하나 안 가지고 왔다."고 필자의 기를 죽인다. 보다 재미나는 비유 하나가 더 있다. "불알을 긁어주다."란 말이다. 남의 비위를 살살 맞춰 아첨한다는 뜻이다.

그건 그렇고, 남성 생식에는 음경, 음낭, 고환 말고도 전립선前立腺이 있다. 그런데 음경은 여자의 음핵陰核, 음낭은 음순陰脣, 고환은 난소와 발생 근원이 같은 상동相同이라 다 같이 유사한 것이다. 하지만 전립선(정액의 일부를 만듦)은 남자에게만 유일하게 있는 기관으로, 남자가 늙으면 전립선 비대라거나 전립선암으로 고생을 한다. 대신 여자는 남자에게 없는 자궁을 가지고 있다!

잠시 이야기가 비껴갔다. 정자(올챙이 모양으로 길이 40~50 μm)는 정소(고환)의 세정관細精管(정세관精細管이라고도 함)에서 만들어져서 옆에 붙어 있는 부고환副睾丸으로 이동하여 수정관受精管을 타고 나가 정낭精囊에 저장되었다가 사정射精(정자를 뿜어냄)할 때 음경의 요도를 타고 나간다. 정소를 구성하는 아주 작은 관인 세정관의 정원 세포精原細胞가 정모 세포精母細胞(2n 상태로 염색체 46개를 가짐)로 바뀌고 그것이 두 번의 감수 분열減數分裂(염색체 수가 반으로 줄어 n=23개 상태가 됨)을 거쳐 정세포精細胞가 된다. 그

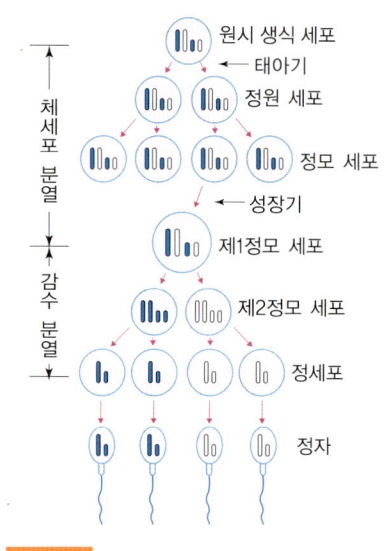

그림 15.1 정자 형성 과정.

리고 정세포는 탈바꿈(변태)을 하여 꼬리를 가진 정자가 된다.

독자 여러분, 정자와 정모 세포를 비교해 보라. 무엇을 발견하였는가? 그렇다. 정자는 정모 세포의 세포막과 세포질을 모두 잃어버리고 염색체染色體가 들어 있는, 머리(head) 부위의 정핵精核과 운동에 필요한 꼬리(tail)만 가진다. 다시 말하지만 정자는 세포막과 세포질을 잃은 기형畸形 세포다.

하나의 정모 세포가 두 번 분열하여(감수 분열) 4개의 정자를 만드는데, 그 과정에서 정자

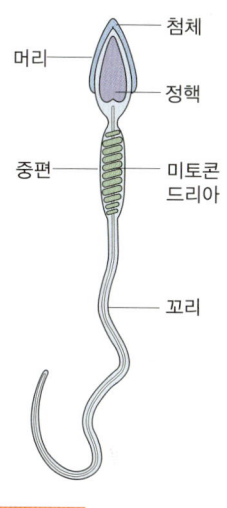

그림 15.2 정자의 구조.

는 정세포의 세포막과 세포질을 모두 잃고 말았다. 정자의 최대 임무는 염색체(유전 인자, DNA)를 난자에 집어넣어 주는 것이기 때문에 힘 센 꼬리를 갖는 것이다. 여기서도 난자는 정적靜的이라면 정자는 동적動的이다! 그것들의 성질이 어쩌면 여자와 남자의 성질을 무던히도 빼닮았다. 모름지기 남자가 용감하게 여자에게 프로포즈(propose)를 한다!

2n의 체세포가 세포 분열細胞分裂을 하여 2n 상태의 두 딸세포(낭세포娘細胞)를 만드는 분열은 감수 분열과 그 성질이 다르다. 감수 분열(meiosis)은 체세포가 2번의 분열을 하여 n 상태의, 4개의 생식 세포(배우자配偶子)를 만드는 것이라면, 체세포 분열體細胞分裂은 1번 분열을 하고 2n 상태인 두 개의 체세포를 만든다. 재언再言하면, 체세포 분열은 하나의 모세포母細胞(어미세포, mother cell)가 두 개의 딸세포(daughter cell)를 만드는 분열로 염색체 수의 변화가 없고 체세포 분열을 유사 분열有絲分裂(mitosis)이라고도 부른다. 그리고 감수 분열은 제1, 제2 분열

을 하면서 세포의 크기가 작아져버리고 마는 데 비해서, 유사 분열로 부피가 반으로 준 딸세포가 일단 어미세포의 크기로 큰 다음에 다시 유사 분열을 하는 점이 다르다 하겠다. 감수 분열은 두 번 분열이 계속해서 일어나므로 배우자 세포의 크기가 작아지고, 염색체가 반半數(n, haploid)으로 줄어드는 반면에, 유사 분열은 여전히 염색체는 배수倍數 (2n, diploid)로 남고 두 개의 딸세포가 생기는 점이 다르다. 우리 몸에서 배우자(난자, 정자)를 만드는 난소와 정소에서만 감수 분열이 일어나고 나머지 모든 조직과 기관에서는 체세포 분열이 일어난다. 체세포 분열이 왕성하게 일어나야 몸이 쑥쑥 자라는 것이 아닌가!

그런데 체세포 분열에서 왜 아비세포, 아들세포라는 말을 쓰지 않고 어미세포(모세포), 딸세포(낭세포)라 부르는 것일까? 생물 용어生物用語는 하나같이 외국어를 거의 그대로 번역하여 쓴다. 생물학(과학)의 뿌리가 서양에 있어서 어쩔 수 없다. 태권도를 하려면 우리나라 말을 조금은 알아야 하지 않던가? mother cell, daughter cell이란 말은 서양학자들이 만든 말이고 그것을 우리가 따라 쓰는 것이다. 세포 분열을 전공하는 학자들이 왜 father cell, son cell을 생각하지 않았겠는가? 그러나 그들의 생각도 우리와 다르지 않아서 '어머니'와 '딸'이 더 가깝게 느껴졌고, 그래서 그렇게 쓰게 된 것이다. 동양이나 서양이나 사람이 느끼는 과정은 똑같다.

그런데 염색체染色體는 단백질과 핵산(DNA)으로 구성되어 있고, 그 DNA에 유전 인자가 들었다. 즉, DNA 가닥의 일부(조각)가 하나의 유전 인자이다. 여기 필자의 글 한 토막을 소개하니, 유전자에 대해 간단히 알아보자.

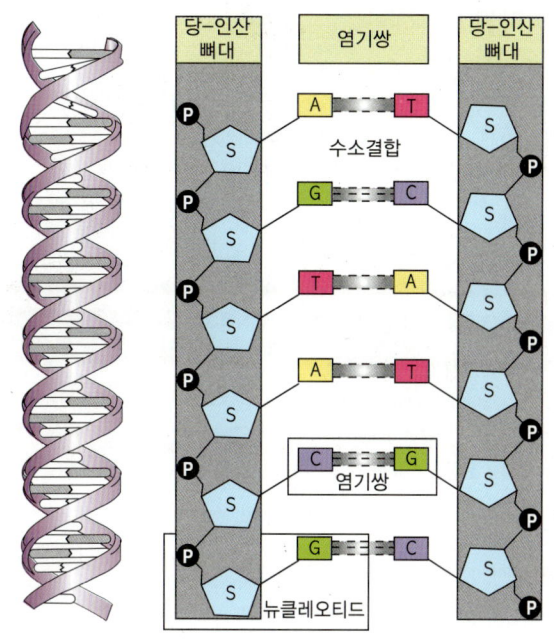

그림 15.3 DNA 이중 나선 구조와 그 얼개.

 '부전자전 모전여전'이란 말이 있다. 아들은 아버지를, 딸은 엄마를 닮는다는 것이다. 서양 사람은 반대로 아들은 엄마, 딸은 아버지의 닮은꼴이라 여긴다. 둘 다 맞으면서도 틀렸다. 후손에겐 부모의 유전 인자遺傳因子가 딱 반반씩 전해지기 때문에 모두를 닮는다. 그런데 어머니와 친한 사람 눈에 그 자식은 어머니의 복제로, 아버지와 가까운 사람에게는 아버지의 판박이로 보인다. 도대체 유전 인자(gene)란 어떤 물질이기에 "씨 도둑은 못 한다."고 하는 것일까? 바로 유전 물질은 다름 아닌 핵산(DNA)이다.
 DNA(데옥시리보핵산)에 '닮음', '내림', '물림'이 들어 있다. 사람 세포의 핵에는 46개의 염색체가 있고, 그 염색체는 단백질과 DNA로 구

그림 15.4 자녀에게는 부모의 유전 인자가 반반씩 전해져서 모두를 닮는다.

성되어 있다. 즉 핵의 염색체에 유전자가 들어 있다는 것이다. 염색체의 단백질이 실타래라면 거기에 실(핵산)이 친친 감겨 있다. 46개의 염색체에 들어 있는 DNA를 뽑아내면 놀랍게도 183 cm나 된다. 이 분야에 먹통(?)인 보통 사람에겐 무슨 말인지 실감이 나지 않는다. 눈에 보이지 않는 세포에서, 그것도 그 속에 들어 있는 핵, 또 그 안의 46개의 염색체에서 뽑은 DNA가 두 팔을 벌린 길이보다 더 길다! 실은 거기에 3만~4만 개의 유전자 조각이 들어 있다. DNA 어느 부위에 어떤 유전자가 들었나를 밝히는 것이 '인간게놈 계획'인 것이다. DNA라는 말은 어느새 보편화되면서 다른 영역에서도 널리 사용하기에 이르렀다. 일이나 사건이 매우 중요하거나 정수精髓, 핵, 중심, 기질基質이 된다는 의미로 DNA를 비유하니, "대한민국의 DNA가 거기에 녹아 있다.", "그것은 오늘 토론의 DNA다.", "DNA가 서로 다른 탓이다.", "일본과 우리의 DNA가 다르지 않은가.", "영혼의 DNA, 민족의 원형질인 DNA

를 계발할 것이다." 등으로 쓰인다. 어디 그뿐인가? 'DNA는 생명의 기본 물질', 'DNA에 각인된 내림 물질', '부모에게서 이어받은 DNA', '속일 수 없는 DNA', '생명의 본질인 DNA' 등 온통 DNA 타령이다.

전자 현미경으로도 잘 보이지 않는 DNA는 두 가닥이 꽈배기 모양으로 꼬인 '이중 나선 구조二重螺旋構造'이다. 거기에 들어 있는 유전 정보의 명령에 따라 세포질에서 단백질이나 효소들을 만들어낸다.

근래에는 이 과정에 학자들이 전적으로 매달려 산다. DNA는 A(아데닌), T(티민), G(구아닌), C(시토신)라는 단지 4개의 '문자(letter)'로 이루어져 있는데, 그것이 어떻게 배열되느냐에 따라서 세포의 성질(형질)이 달라진다. 아무튼 핵의 DNA에 이상이 있으면 단백질 합성에 문제가 생기니 결과적으로 세포에 탈이 난다. 핵산이 우리의 생명을 담보하고 있으며 암癌도 이렇게 해서 생긴다. 최근에는 친자 감별, 혈연관계, 범죄 확인에 DNA 감별법(DNA 지문법)을 쓴다. 세포에는 핵이 아닌 미토콘드리아에도 DNA가 들어 있으니 이것은 누구나 어머니 것을 받으므로 모계를 추적하는 데 쓴다. 그리고 Y염색체는 항상 아버지에서 아들로 이어지는 것이라 그것의 DNA를 분석하여 부계의 연관을 찾는다. 이렇듯 생명은 영원한 것! 죽어도 유전자(씨·DNA)를 남겨 거듭나는 것임을 알기에 생물은 종족 번식에 모든 걸 건다. 긴 말 필요 없다. 아들딸 구별 말고 셋만 낳자!

정소를 직역하면 '정자를 만들어내는 집'이라고 했다. 귀소본능歸巢本能이란 동물이 얼마 동안 멀리 떨어져 있다가도 집巢으로 돌아가고 싶어하는 성질을 말하지 않는가? 이 정소는 발생 초기에 뱃속 위의 안쪽, 여자의 난소가 있는 배꼽 근처에서 만들어지는데, 시간이 지나면서

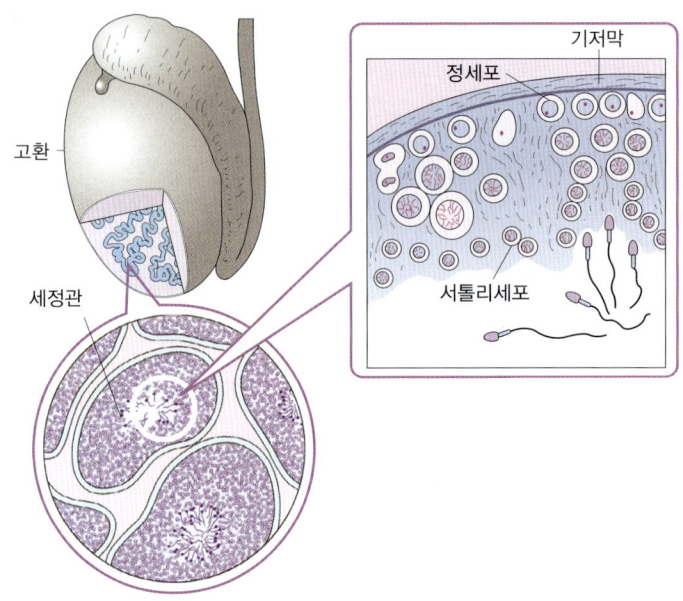

그림 15.5 정자가 만들어지는 장소.

서서히 아래로 내려와 태어나기 2개월 전 즈음에 몸 밖으로 밀고, 불거져 나온다. 그런데 이상하게도 아이를 낳았는데 덩그러니 껍질 불만 있고 동그란 씨알이 없는 수가 더러 있다. 그것이 내려오다가 그만 배 안(복강腹腔)에 머물러버린 것이다. 이를 잠복고환潛伏睾丸이라 부르는데, 신생아들은 별의 별 탈이 다 있는지라 그리 놀랄 일은 아니다. 수술하여 간단히 불알을 끌어내리면 된다. 남자 독자들은 어서 만져보아 확인해 보자. 동그란 것이 만져지는가? 만일 잠복고환을 수술하지 않고 그냥 그대로 두면 어떻게 될까? 옛날에는 그런 아이를 언덕배기에 올려놓고 뛰게 했다는데, 그게 그리 쉽게 내려올 물건이 아니다.

한편 고환이 열을 받으면 정자가 만들어지지 못하고, 만들어져도 힘이 없거나 기형일 수가 있다. 고환은 체온(36.5 ℃)보다 보통 3~5 ℃ 정도 낮아야 정상적인 정자가 형성된다. 몸에 딱 달라붙는 삼각팬티(panty)가 그래서 해롭다고 하는 것이다! 운전을 시작하여 2시간 후면 고환의 온도가 약 2 ℃나 증가한다고 한다. 암튼 불에 언제나 축축하게 땀이 나는 것은 불을 식히기 위한 장치로서, 음낭 밑에 지방이 없어서(아무리 살이 찐 사람도 그렇다!) 열을 잘 발산한다. 불알은 예민한 체온계體溫計라 조금만 따뜻하면 아래로 축 처지고 추우면 몸에 바싹 달라붙는다. 소와 같은 다른 포유동물들의 수컷도 다르지 않아서, 한여름의 소 불알을 보기만 해도 위험천만하게 느껴진다. 너무 축 처져 덜렁거리니까 말이다. 줄여서, 정자는 더운 것을 무척 싫어한다! 포유류들이 모두 그렇다는 말이다.

옛날에 어린아이들에게 입힌, 밑이 툭 터져 있는 개구멍바지(짜개바지)는 물론 오줌이나 똥을 쉽게 누일 수 있는 필요성도 있었지만, "불알은 얼려 키워야 한다."는 과학성이 놀랍기만 하다. 옛것이나 낡은것은 모두 버려야 한다는 생각 그 자체를 버려야 한다. 노마지지老馬之智*, 늙은 말의 지혜를 무시하다간 큰 코 다치며 온고지신溫故知新**, 옛 것을 익히고 나서 새 것을 배워야 한다! 어른들의 말씀에는 언제나 자기가 경험한, 또 배워 익힌 슬기로움이 스며 있고 배여 있다. 그들의 말씀을 귀담아듣고 천금 같은 지혜知慧를 얻어야 할 것이다.

메추리알보다 조금 더 큰 고환은 정자를 만드는 집인 것은 두 말 할 나위가 없다. 뿐만 아니라 남성 호르몬인 테스토스테론(testosterone)을 만든다. 남성 2차 성징男性二次性徵은 이 호르몬의 작품인 것이다. 목소

---

* **노마지지**: 늙은 말의 지혜.
** **온고지신**: 옛것을 익히고 그것을 미루어서 새것을 앎.

리가 굵고 턱에 수염이 나며 근육과 뼈가 탄탄해지는 등 무수히 많은 일을 하는 것이 남성 호르몬이다. 돼지나 소를 거세去勢(불알을 깜)하고, 사람도 불의의 사고로 그것을 잃으면 '남성'이 사라지고 만다. '불알이 없는 남자'들이 환간(내시)이었다. 내시에게 권력이 있어서 일부러 음경을 못 쓰게도 했다니, 인간들이 참 모질고 독하다. 그놈의 권력이 뭐기에…….

테스토스테론의 '힘'을 다른 동물에서 살펴보자. 호르몬을 공부할 때 "척추동물의 호르몬은 그 성질이 같다."고 했다. 암평아리에게 테스토스테론 호르몬 주사를 몇 대 놓았다. 그랬더니 암평아리가 자라면서 볏이 커지고 꼬리깃도 수탉 꼴을 했다. 반대로 여성 호르몬인 에스트로겐(estrogen)을 수평아리에게 주사를 놓았더니 암탉 태態를 낸다는 것이다. 안(밖)은 암컷(수컷)인데 겉은 수컷(암컷)이라는 말이다!

사람도 별 수 없다. 남자가 늙으면 남성 호르몬이 줄어들고 젊을 때는 조금 생기는 여성 호르몬을 간肝에서 제대로 파괴하지 못하니 얼굴도 여자 모습을 하게 되고 목소리도 여성 목소리 닮고, 다른 곳은 다 쇠진衰盡해지면서 유방이 커지며 중성中性에 가까워진다. 반대로 할머니는 성질이 사나워지며 코밑에 굵은 수염이 난다. 여성답게 하는 에스트로겐은 줄어들고 젊을 때 간에서 없애 버렸던 남성호르몬이 파괴되지 못하고 작동한다. 늙으면 늙을수록 남자는 여성화, 여자는 남성화가 된다! 필자가 아내 고함 소리에 주눅 드는 까닭이 거기에 있다.

고환을 해부해 보면 수없이 많은 작은 관(다 모으면 250 m 됨)이 들어 있다. 이를 세정관細精管 또는 정세관精細官이라 부르는데, 거기에서 정자精子(sperm)가 만들어진다고 했다. 두 개의 고환에서 평균하여 하루에 1억 2천만 개의 정자가 만들어진다. 여자는 한 달에 1개의 난자를

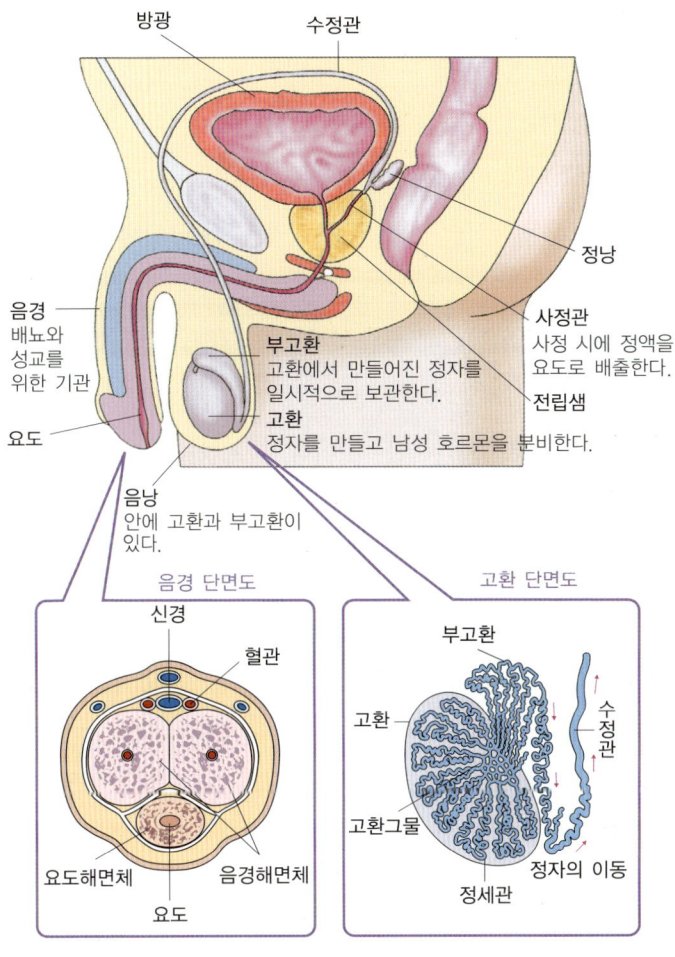

그림 15.6 남성 생식기의 구조.

만들어내는 데 비하면 대단한 숫자다. 미분화未分化한 정자는 고환에 붙어 있는 구불구불한 부고환副睾丸(완전히 펴면 5~6 m나 됨)으로 이동해 오면서 완전히 성숙한 후 정낭精囊으로 가서 정액精液(semen)과 함께 사정射精하게 된다. 정액은 정자를 담는 그릇이 될 뿐더러 요도尿道

에 묻어 있는 소변 성분, 세균 등을 깨끗이 청소하는 것은 물론이고, 자궁에서는 정자가 건강하게 오래 죽지 않고 머물게 돕고, 정자에게 양분을 공급해 주기도 한다. 정액의 2/3는 정낭에서, 나머지 1/3은 전립선과 요도구선尿道球腺이라고도 부르는 쿠퍼선(Cowper's gland)에서 만들어진다. 정액 특유의 스퍼민(spermin)이라는 밤꽃 냄새는 바로 전립선에서 만들어진 정액의 냄새이다.

그리고 가족 계획을 위해 정관 수술精管手術을 한다. 정자를 만드는 고환과 정자를 저장하고 정액을 만드는 주머니인 정낭 사이의 정관精管(수정관)을 끈으로 묶어버리는 것이다. 이로 인해 고환에서 만들어진 정자는 갇히게 되고, 별 수 없이 녹아서 재흡수되는 불행한(?) 운명을 맞는다. 그러므로 정관 수술을 했어도 정액의 양에는 변화가 없으며, 때론 수술 후에도 임신이 되는 경우가 있다. 그때 부인은 얼마나 당황하게 되겠는가? 그것은 수술 전에 정낭에 남았던 정자가 나와 수정을 한 탓이다. 여자의 난관 수술은 난자가 지나가는 난관卵管을 묶는다. 이렇게 묶는 수술은 의당 남자가 하는 것이 옳다. 여성의 생식기는 너무 예민해서 허리가 아파 오는 등의 부작용이 있으나 남성은 별 탈이 없다고 하니 말이다.

정관 수술을 하면서 제일 크게 걱정을 하는 것이 있다. 수술하면 발기勃起(erection)나 성욕에 문제가 생기지 않을까 하는 것이다. no problem! 발기는 고환과 전혀 관계없이 음경이 하는 것이다. 간단히 말해서 페니스(penis)로 들어가는 동맥이 퍼지고 나오는 정맥이 좁아지면 저절로 혈액이 해면 조직海綿組織에 고여서 부풀어나니 그게 발기다. 때문에 정관을 묶는 것과 그것은 전혀 무관하다. 도대체 발기는 어떤 원리일까? 다음 글에서 까닭을 찾아보자.

성性이란 과연 무엇인가? 식물, 동물에 하등, 고등할 것 없이 온통 살아가는 목적을 여기에 두니 말이다. 종족 보존 본능은 강하고 강해 어느 것도 이것을 앞지르지 못한다. 불경에 '차라리 남근男根을 독사 아가리에 넣을지언정 여자 몸에는 대지 말라'고 한다. 그것이 얼마나 끈질기고 독하기에 그렇게 타이르고 있단 말인가? 허나, 보통 사람에게는 해당되지 않는다. 생식 본능이 있기에 후손을 남기는 것이니 그렇게 욕하고 금기할 것이 아니다.

정情 중에서 가장 강한 것이 '육정肉情'이라 하지 않았던가. 마흔아홉에 죽었다는 진시황이 찾았던 불사약도 알고 보면 '환상의 알약'이니, '신비의 약'이라고 부르는 비아그라(Viagra) 같은 약이 아니었을까? 자연히 발기부전증의 원인은 무엇이며 비아그라는 어떤 원리로 머리를 치켜들게 하는가에 관심이 간다.

보고 듣고 만지고 냄새를 맡아 오감이 발동하면 그 감각을 대뇌가 일단 받아서 간뇌에 소식을 보내 주고, 바로 아래에 있는 자율 신경 조절 중추인 시상 하부視床下部는 그 신호를 음경에 전한다. 신호가 와도 반응이 없는 사람을 영어로는 임포텐스(impotence)라 하고, 줄여서 '임포'라고 한다. 음경이 곧추서는 원리는 알고 보면 간단하다. 음경으로 들어오는 동맥이 활짝 열리고 나가는 정맥이 가늘게 닫혀서 그 피가 남근의 해면 조직을 가득 채운다. 그 결과 빳빳하게 굳어지면서 발끈 일어서는 것이 발기다.

아무튼 임포인 사람은 어떤 이

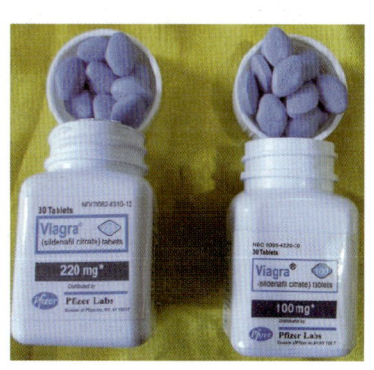

그림 15.7 비아그라.

유로 음경에서 나가는 정맥이 좁아지질 못한다. 그래서 들어오는 피의 양과 나가는 피의 양이 같아지고 때문에 해면 조직에 피가 고이지 못한다. 그런데 새벽녘, 방광에 소변이 차거나 대변이 직장에 쌓이면서 음경 정맥을 짓눌러 피의 유출이 적어져서 음경 발기가 일어나는 것도 같은 원리다.

성기의 발기에는 자극이 있어야 한다. 정상인의 경우 시상 하부의 성욕 신호를 음경이 받으면 해면 조직의 세포에서는 환상 지엠피(cyclic GMP : cGMP)라는 화학 물질이 만들어진다(보통 때는 분비하지 않음). 이것이 동맥을 확장시키고 정맥은 꽉 닫히게 하여 음경에 피가 괴게 한다. 그런데 이 화학 물질이 파괴되지도 않고 계속 분비된다면 어떻게 되겠는가? 때문에 일정한 시간이 지나면 cGMP를 분해하는 효소가 이것을 분해하게 된다. 그 효소가 바로 포스포디에스트라제 5형(Phosphodi-esterase type 5 : PDE5)인데, 이것이 항상 세포 조직에 존재하면서 cGMP를 분해한다. 효소 하나가 사람을 웃게도 울게도 하는 것이다.

다시 말하면 발기부전증인 사람은 PDE5 효소가 cGMP를 생기는 대로 파괴해서 결국 혈관의 이완과 수축이 조절되지 못하는 경우다. 그렇다면 PDE5 효소를 억제하는 물질만 있으면 cGMP가 파괴되지 않고 발기가 되지 않겠는가? 여기에 착안한 것이 비아그라다. 쉽게 말해서 비아그라는 PDE5 효소 억제 물질이다. 비아그라가 PDE5 효소를 억제하여 cGMP가 파괴되지 않으니 피는 음경에 고이게 된다! 비아그라(Viagra)도 원래는 그 목적이 딴 데 있었는데, 우연히 여기에 들어맞았다고 한다. '우연의 산물'을 '기적'이라고 한다던가? 알고 보니 PDE5라는 효소 하나가 그렇게 뭇 사내의 기氣를 죽여 왔다니 우습기도 하다. 언젠가 외국 만화를 보니 '타이타닉'이 상영되는 영화관보다 약국 앞에 더 많은 사람이 줄을 서 있고, 침대 위에서 나누는 부부의 대화 중에 "이것이 당신의 사랑이에요, 아니면 알약의 사랑이에요?"라고 묻고 있었다. 사랑의 마음이 아닌 약의 힘? 그래도 그게 어딘가! 무엇보다 늙다리에게 삶의 희망을 준 묘약이 비아그라다.

덕분에 야생동물도 살판이 났다. 몸에 좋다고 하여 많이도 잡아먹혔던 지렁이, 뱀, 개구리도 한숨 돌리게 됐다. 물개의 신, 해마 가루, 사슴피나 뿔을 안 먹어도 되고, 인삼값도 폭락하게 생겼다. '세기의 명약' 비아그라가 있으니 말이다. 아무튼 인간이 유별난 동물임엔 틀림이 없다.

이야기하기가 두렵지만 할 말은 해야 한다. 세계적으로 불임률 不姙奉이 가파르게 높아지고 있다. 보통 불임의 원인을 여자, 남자 반반의 비율로 여겨왔다. 그러나 이제는 남성의 비율이 더 높아지고 있다는 것이다. 고환에 정자가 생기지 않는 무정자증 無精子症과 정자가 생기기는 하지만 그 수가 워낙 적어 수정이 되지 않는 등의 일들이 허다하다. 정자도 이상한 꼴이 늘어가고 있다. 자업자득 自業自得*이란 말이 딱 들어맞는다. 인간들이 자연을 죽일 대로 죽여 놓아 그 업보를 받기 시작한 것이다. 여러 가지 유해 물질들이 결국엔 불알에 달라붙었다. 모름지기 씨앗이 튼실해야 단단하고 우람한 열매를 맺는다. 선업선과 善業善果**, 착하게 살아야 좋은 과일을 얻는 법! 착하게 살자!

---

* **자업자득**: 자기가 저지른 일의 결과를 자기가 받음.
** **선업선과**: 좋은 일을 해야 복을 받는다.

●●● 난소

　난소卵巢(ovary)와 정소精巢 두 가지를 묶어 생식소生殖巢라 부르고, 재언再言하지만 거기에 붙은 한자 '巢'자는 '집'이란 뜻이다. 그러니 정소는 '정집'이고, 난소는 알을 만드는 집, 즉 '알집'인 것이다. 어디 누가 집과 모태母胎 없이 태어났는가. 꽃도 암술 아래에 씨방이 있고 그 안에 밑씨가 있으니 동물의 난소인 셈이다. 근본적으로 동식물에 차이가 없다.

　난소는 배꼽을 중심으로 양쪽, 조금 아래에 들어 있다. 길이 5 cm, 두께 1.5 cm, 너비가 약 3 cm로, 무게가 7 g밖에 안 되는 편도扁桃, 즉 아몬드(almond)를 닮았다. 두 개의 난소는 다달이 교대로 걸러 가면서 난자 하나씩을 만든다. 이달에 오른쪽 난소에서 난자卵子(ovum)가 만들어지면 다음 달에는 왼쪽 것에서 배란排卵한다. 생리 때 배가 아프다면 바로 난소 부위가 아픈 것으로, 사람에 따라서는 어느 한쪽 것에서 배란할 때 유별나게 통증을 느낀다고 하던데……, 여자들은 원죄(?)를 사하느라 그 아린 생리통을 매달 경험한다. 허나, 여자만이 갖는 숭고崇高한 새 생명의 탄생을 준비하는 아픔과 괴로움이라 여기면서 모두가 참고 견딘다.

　난자는 제1난모 세포卵母細胞($2n$으로 역시 46개의 염색체를 가짐)가 역시 두 번의 분열(감수 분열) 결과 3개의 극핵極核과 하나의 난세포(난자)가 만들어진다. 정자는 두 번의 분열 결과 4개의 정자가 만들어지지만 난자는 한 달에 오직 한 개만 만들어진다.

　정자는 하루에 1억 2천만 개를 만들 수 있는 데 비해 난자는 한 달에 오직 1개를 만든다. 값지고 보석 같은 난자라 해두자. 그런데 난자는 세포막(난막)에 세포질, 그리고 난핵(n상태로 염색체가 23개임) 모두를

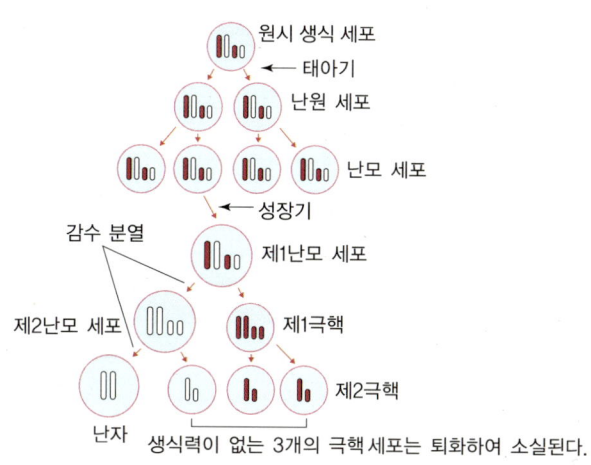

그림 15.8 난자 형성 과정.

가진, 정자에 비하면 극히 정상적인 세포다.

다음에 나오는 '수정'에서 다뤄도 될 이야기지만 여기서도 좋다. 세포막과 세포질이 없는 정자와 그것들 모두를 갖는 난자가 수정하여 아기가 태어난다. 그렇다면, 그 아기들(우리들)의 체세포를 구성하는 세포막과 세포질은 누구에게서 받은 것일까? 물론 체세포의 핵에 들어 있는 염색체는 정자와 난자에서 반반씩 받은 것이다. 다시 말해서 유전 물질은 부모에서 각각 반반씩 받지만 세포막과 세포질들은 어떻게 된 것일까? 세포질 속에는 리보솜, 골지체, 중심체, 소포체, 미토콘드리아 등 여러 '세포소기관'들이 들어 있다. 이제 독자들은 눈치를 챘을 것이다. 우리 체세포의 세포막과 그 안에 들어 있는 세포질의 세포소기관들은 난자, 즉 어머니에게 받는다는 것을 말이다. 여기에서 우리는 '어머니'의 의미, 뜻을 음미해 볼 수 있다. 다음 필자의 글을 읽어보자.

모계성 유전하는 미토콘드리아! 제목부터가 독자들을 어리둥절하게 하는지 모르겠다. '미토콘드리아(mitochondria)'는 무엇이며 또 '모계성 유전 母系性遺傳'이 뭐란 말인가? 세포 細胞(cell)가 여러 개 모여서 이뤄진 세포 덩어리가 생물체다. 그러면 과연 사람은 몇 개의 세포가 뭉쳐진 생물일까? 헤아릴 수 없을 정도로 많다! 평균하여 100조 개나 된다! 그런데 그 숫자는 서양 생물 교과서에 쓰인 숫자니 아마도 우리나라 사람들의 평균 세포 수는 그것보다 조금 적은 70조 개 정도로 봐야 옳지 않을까 싶다. 사람의 덩치가 크다는 것은 세포 수가 많고 또 세포 하나하나의 크기가 크다는 것을 의미한다.

한편 모든 세포 속에는 미토콘드리아('알갱이'란 뜻임)라는 것이 들어 있다. 미토콘드리아는 세포의 핵보다 훨씬 작은 알갱이 모양을 하고(확대하여 보면 소시지 꼴임) 세포 하나에 여러 개가 있다. 생리 기능이 아주 활발한 간세포 하나에 미토콘드리아가 무려 2,000~3,000개나 들어 있고, 운동(일)을 열심히 하면 그것의 수가 증가한다. 운동이 심폐 기능, 근육의 탄력성뿐만 아니라 세포의 미토콘드리아 수에까지 영향을 미친다고 하니, 늙어서도 부지런히 몸을 놀리는 것이 옳다는 이유가 거기에도 있다. 우리 몸에서 나오는 힘(에너지)과 체온을 유지하는 열은 모두 이 미토콘드리아에서 나온다. 우리가 먹은 음식물이 창자에서 소화되어 모든 세포에 들어가 그 안의 미토콘드리아에 도달하고, 양분은 거기에서 숨 쉬어 온 산소와 결합(산화라 함)하여 에너지와 열을 낸다. 그래서 미토콘드리아를 '세포의 발전소'라거나 '세포의 난로'라 부른다.

다음은 '모계성 유전' 설명으로 들어가자. 쉽게 말해서 어머니를 닮는 내림이 모계성 유전이다. 아버지와는 전혀 관련 없는 유전이라는 말이다. 어찌 그런 유전이 다 있단 말인가? 미리 말하지만 미토콘드리아의 모계성 유전은 사람만이 아니고 모든 동식물(생물)에 똑같이 해당한다.

그런데 흔히 말하는 유전이란 난자(난핵) 속의 23개의 염색체와 정자(정핵)의 23개의 염색체가 각각 만나서 46개의 염색체를 갖는 수정란이 되고, 그것이 분열하여 모든 자식의 체세포에 46개의 염색체가 전해지는 것을 말한다. 그래서 어느 자식이나 어머니와 아버지를 반반씩 닮는다. 염색체에 유전자(DNA)라는 유전 물질이 들어 있어서 그렇다. 그런데, 미토콘드리아는 그게 아니다. 난자는 30만 개의 미토콘드리아를(물론 핵이 아닌 세포질 속에), 정자는 겨우 150개를 가지고 있고, 수정을 하면 정자가 가지고 들어온 미토콘드리아를 난자가 모두 부숴버린다고 한다. 일종의 거부 반응인 것이다. 이렇게 수정이 일어난 난자를 수정란이라 하는데, 결국 수정란 속에는 아버지의 미토콘드리아는 없고 오직 어머니의 것만 들어 있다. 그래서 생겨난 자식의 체세포 속에는 어머니의 미토콘드리아만이 있게 된다! 이것이 바로 미토콘드리아의 모계성 유전이다.

다시 말하지만 어머니와 아버지에게서 핵 안의 염색체(유전 인자)는 똑같이 반반씩 받으나('핵유전'이라 함) 세포질에 있는 미토콘드리아는 오직 어머니에게서만 받는다는 것이다. 이런 일은 사람이 아닌 모든 생물이 똑같다. 이제 모든 세포에 들어 있는 그 많은 미토콘드리아는 모두 어머니에게서 물려받았다는 것을 알았다. 그렇다면 어머니는 누구에게서 그것을 물려받았을까? 그렇다! 외할머니의 것을 받았다. 결국 우리가 가지고 있는 미토콘드리아는 죄다 외조모의 것이 어머니에게로, 어머니의 것이 내게로 내려온 것이다! 모든 유전 물질은 부모에게서 다 같이 받지만 미토콘드리아는 오직 어머니에게서만 받는다는 것을 알았다. 지고지순한 그 모정母情은 아마도, 아니 틀림없이 미토콘드리아에 있나 보다.

그런데 생리 주기는 28일이고 아기의 탄생도 수정한 날로 계산하면 열 달(280)이 아닌가(생리가 없었던 날로 환산하면 265일)? 스물 여드렛날 만에 한 바퀴씩 돈다면 이것은 양력이 아니고 음력陰曆으로 계산한 것이다. 결론적으로 생물의 생식에는 달의 인력引力(gravity)이 커다란 영향을 미친다. 정월 대보름날 해거름 녘에 남보다 먼저 뒷산으로 힘들게 올라가는 여인네들이 달의 정기, 월정月精을 마시기 위해 달을 보러 가는 것이다. 갯지렁이 중에는 보름날에 산란을 하고 수정을 하는 종이 많다. 그날은 물 밑에 살던 갯지렁이 암수가 죄다 수면으로 올라오기에 바다 색깔이 바뀐다고 한다. 여성들이여, 달月에게 잘 보여야 임신이 잘 된다는 것을 명심하자.

여성 생식기(그림 15.9)에서, 난자와 소변이 나가는 길이 다르나 남성 생식기(그림 15.6)를 보면 정자와 소변이 음경의 요도로 나가는 길이 같다. 여성과 남성의 생식기를 비교하면 여성 것이 더 분화(발달)하였다. 하여, 여성이 남성보다 진화하였다고 보는 근거가 된다. 그리고 여성 생식기의 음핵은 남성 생식기의 음경과 상동相同이고 음순들은 음낭과 상동이다.

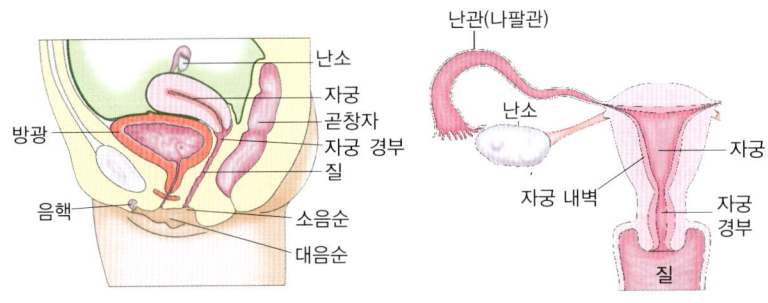

그림 15.9 여성 생식기.

어쨌거나 난자(egg)는 물론 난소에서 만들어진다. 사람 난자만 단세포 單細胞인 알이 아니다. 지름이 20 cm나 되는 공룡 알, 15 cm인 타조 알, 6 cm인 달걀도 동급의 알이 아닌가? 사람이 만드는 알은 너무 작아서 100~150 μm(1 μm는 1/1000 mm)로 육안으로 겨우 보일 정도다(사람의 눈은 100 μm, 즉 0.1 mm까지만 봄). 앞의 큰 알을 가진 동물은 어미 몸에서 양분을 얻지 않고 혼자 발생을 해야 하기에 커야 하지만 사람 등의 포유류는 태반 胎盤을 통해 모체에서 양분을 얻기 때문에 알이 매우 작다.

헌데, 여자 아이는 이미 난소에 아이가 될 난자를 가지고 태어난다면 믿겠는가? 약 40만 개의 미성숙 난자인, 제1난모 세포(감수 분열 제1분열 전기에서 멈춤)가 벌써 난소에 들어 있다. 믿거나 말거나가 아니다. 사실이다. 그래서 초경 初經 무렵이면 그중의 하나가 성숙하여 배란하기 시작한다. 그런데 여성들이 평생 만들어내는 난자는 450여 개에 못 미치니 나머지 것들은 난자가 될 기회를 얻지 못하고 만다. 왜 그런지는 아무도 모른다. 아니, 신만이 알 것이다. 그래서 잘 모르면 'God knows'라 하던가.

여성은 누구나 생식 세포를 난소에 가지고 긴긴 시간을 지내야 하기에 미성숙 난모 세포가 해로운 영향을 받을 가능성이 크다. 즉, 먹은 음식에 묻어 든 화학 물질이나, 방사능, 자외선 등 여러 것들이 돌연변이를 일으키고 또 다치게 한다. 다른 말로, 염색체 이상으로 기형아 畸形兒의 출산율 出産率이 높아진다. 그러므로 결혼은 늦기 전에 하는 것이 좋다. 그리고 젊은 부부가 아들 낳는 확률이 높다는 것도 참고할 일이다.

아무튼 여자가 남자보다 육체적으로 또 정신적으로 일찍 성숙하는데 그것이 자성선숙 雌性先熟이다. 여학생은 빠르면 초등학교 5학년에 초경을 시작하는데 사내 녀석들은 '아이스케키'하면서 여자 아이들 치마나 들치고 있다. 닭도 같은 배와 짝짓기를 하지 않으며 암탉이 먼저 자란 수탉과 만난다. 사람도 일반적으로 몇 살 위의 남자와 결혼을 한다. 그것은 경제적으로 독립된 짝을 찾는다는 것 외에도 그만큼 신체적으로 문제가 없는 남자라는 것 등 여러 원인이 있다고 한다. 반면에 수컷이 먼저 성숙하는 것은 웅성선숙雄性先熟이라 한다. 예를 들면 식물에서 도라지, 패랭이꽃, 봉선화들은 수술이 먼저 익어서 자기 꽃의 암술과 꽃가루받이 하는 것을 피한다. 잘 알다시피 식물들도 자가 수분自家受粉(제꽃가루받이)을 하지 않는다. 이런 성질을 자가 불화합성自家不和合性이라거나 자가 불임성自家不稔性이라 한다. 우리가 근친결혼近親結婚을 꺼리는 것과 같다.

    난소에서 난자가 만들어져 튀어나오는 것을 배란排卵이라 한다. 생리를 시작한 다음, 14일 째 되는 날에 배란을 한다. 배란된 난자는 나팔관(난관)에 뚝 떨어진다. 난관卵管 상피上皮에는 섬모가 많이 나 있어서 난자를 자궁 쪽으로 서서히 이동시킨다. 그리고 나팔관의 연동 운동도 동참한다. 배란된 난자는 대략 24시간만 수정 능력을 갖기 때문에 그 전에 정자가 나팔관 끝자락까지 달려와야 수정이 된다. 수정되지 못한 난자는 그냥 떠내려가야 하고, 님 만난 난자는 수정하여 난할(세포 분열)을 하면서 자궁까지 약 일주일의 '밀월여행'을 한 다음 자궁벽에 착상着床한다.

    그런데, 임신을 하면 태몽胎夢을 꾼다. 그런데 꿨다면 하나같이 알 꿈이 아니면 용 꿈이다! 알 꿈을 꾸는 것은 둥근 난자가 나팔관 벽을 자극한 것이 꿈으로 화한 것이고, 용 꿈은 나팔관(수란관)의 꿈틀 운동(연동 운동)의 결과다. 꿈의 원인 중 하나는, 신체의 변화(현상)가 꿈이 된다는 것이다. 만일에 술에 취한 상태에서 넥타이(necktie)를 매고 잔다면 목 매이는 꿈을 꾸게 되고, 배탈이 났다면 홍수 나는 꿈을 꾸는 것도 그런 이유다. 꿈에 도둑이 들어 일어나 보니 도둑이 문을 따고 있었다면? 역시 잠결에 딸가닥 소리를 들었다는 말이다.

한편 한 번 사정한 정자는 3~5억 마리가 된다. 그중에서 아주 건강한 것들 200여 마리가 나팔관(수란관) 끝에 있는 난자에 도착하게 된다. 먼저 도달했다고 난자가 문을 열어 주지 않는다. 난자는 여러 정자들 중에서 이모저모 따져서 선택을 한다. 선택권은 난자 쪽에 있으니 가장 건강한 정자를 만나 문을 열어 준다. 한 마리만 문 안에 들고 나면 철문을 닫아버려 아무리 두드려도 더 이상 열어 주지 않는다. 난자가 부리는 오묘한 재주(이야기)를 다 하려면 한이 없다.

나팔관의 길이는 12~15 cm 정도가 되는데, 이것을 묶어 난자와 정자의 통행을 막아버리는 것이 '복강경수술'이다. 실은 여성의 불임不姙 대부분을 차지하는 것이 바로 나팔관이 막히는 것이다. 한쪽은 막힌 관을 뚫고 있는데 다른 쪽은 그것을 묶어버리고 있다니 세상만사 참 고르지 못하다. 무자식 상팔자라는 말이 있지만 반면에 인공수정 등으로 애써 아기를 갖고 싶어 하지 않는가? 필자가 강의 시간마다 강조하는데, 자식은 다섯에서 일곱(5~7!)을 낳아야 한다는 것! 그것이 좀 심하다면 최소한 셋은 낳아야 할 것이다. 다다익선多多益善이란 말은 여기에 해당한다. 집안에서 끼리끼리 서로 경쟁하고, 타협하고, 협조하면서 자라야 사회성이 키워지기 때문이다. 외동 아이들은 독립성이 떨어지는 것은 물론이고 자기만 아는 이기주의자들이 되는 것은 당연하다. 최소한 셋은 돼야 정상적인 사람이 될 수가 있다. 튼튼한 난자가 부강한 나라를 만들기 때문에 나라사랑도 염두에 두자. 인구가 줄어든다고? 절대

그림 15.10 여럿이 어울려 살아야 사회성이 강하게 길러진다.

로 안 될 말이다. 자식을 천덕꾸러기로 여겼던 중국과 인도가 거대한 나라를 이룰 수 있었던 원인을 다 잘 알고 있지 않은가. 한 집안도 사정은 마찬가지이다.

●●● 수정

불어로 랑데부(rendezvous)는 두 사람이 은밀히 만나는 밀회密會를 말하고, 영어의 도킹(docking)은 두 우주선이 결합하는 것을 의미한다. 생명의 씨앗인 배우자配偶子 즉, 난자와 정자의 만남과 결합이 랑데부요 도킹이 아니고 무엇이겠는가. 그것의 생물학적 용어는 수정受精(fertilization)이다. 수정이란 단어 'fertilization'은 땅이 기름지다(fertile)란 뜻에 근원을 두고 있다. 기름진 땅이라야 생산력이 높다. 논밭에 뿌려진 한 톨의 씨앗이 정자라면 그것을 보듬어 싹 틔워 키워 주는 땅은 어머니의 자궁이 아니겠는가. 튼튼한 종자도 귀하지만 거름진 논밭 또한 중하다. 둘이 맞아떨어져야 좋은 자식을 기약한다.

어쨌거나 정자와 난자의 수정에서 새 생명의 탄생이 시작한다. 정자부터 좀 살펴보자. 산길을 가다보면 흐드러지게 떨어진 송홧가루가 황黃가루 되어 길바닥을 뒤덮고 있다. 송화松花란 다름 아닌 소나무 꽃가루(화분花粉)다. 몇 개 안 되는 암꽃을 수정시키겠다고 그 많은 꽃가루를 만든다. 그리고 저녁 밥상에 필자가 좋아하는 생태가 올랐다. 수놈의 커다란, 하얀 정소 덩어리에 정자가 과연 몇 마리나 될까? 정녕 사람이 한 번 사정하는 데 약 5억 마리의 정자를 쏟아내니 묘한 일들이다! 버섯이 쏘아대는 홀씨(포자)가 뿌연 연기로 보이지 않던가. 동식물, 미생물 할 것 없이 수컷(male)들은 수많은 정자(꽃가루, 홀씨)를 만든다는 공통점이 있다. 암컷(female)이 만드는 난자에 비해서 에너지가 덜 드는 생식 세포이기에 가능한 것이리라(그림 15.11 참조).

또 그 이유를 사람에서도 찾아보자. 여성의 질膣(vagina) 안쪽 깊숙이 뿌려진 정자들은 떨어지는 순간 달리기를 시작한다. 물론 남성들은

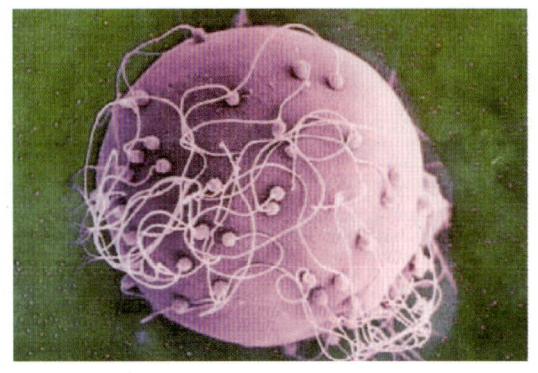

그림 15.11   여러 정자가 난자에 붙어 있다.

가능한 정자를 난자 가까이에 던져 놓기 위해서 온 힘을 다해 깊숙이 삽입挿入하여 정자를 뿌려 놓았다. 마라톤 출발을 알리는 총소리는 벌써 났고, 밀고 밀치고 야단법석이다! 어찌 녀석들이 난자가 있는 쪽을 알아차린단 말인가? 그 말이 무엇인지 모르는 독자들도 있을 것이다. 난소는 좌우 두 개가 있다고 했다. 이달에 이쪽에서 난자 하나가 만들어지면 다음 달에는 저쪽 난소에서 또 하나가 만들어진다. 정자는 매달 교대로 하나씩 만들어내는 난자가 있는 쪽으로 가야 한다. 난자는 자기가 있는 곳으로 정자를 유인誘引(꾀어 끌어들임)하기 위해 수정소受精素라는 물질을 분비한다. 그래서 정자들은 그 냄새를 맡고 한쪽 난관(나팔관, 수란관) 쪽으로 죄다 떼를 지어 달려 나간다. 말 그대로 질주疾走(미친 듯 빨리 달려감)한다!

여성의 질 안쪽 어귀에 뿌려진 정자는 첫 번째 위기를 맞는다. 질에 묻어 있는 산성 물질에 죽는다. 그것은 원래 세균들의 침입을 막기 위한 장치였던 것이다. 그래서 인해전술人海戰術을 쓴다. 전우의 시체를 넘고 넘어 드디어 자궁 안쪽에 도착한다. 거기에도 병원균의 침입을 감시하는 백혈구들이 지키고 있다. 피아彼我*를 구별 못하는 백혈구에게도 수많은 정자가 희생을 당한다. 그러나 무리를 짓는다는 것은 아주 종족 보존에 유리한 구석이 있다. 물고기들이 떼를 지어 다니는 것도 그렇다. 아무튼 이제는 나팔관을 오를 차례다. 힘차게 달려가는 용감한 친구들에게 박수를 보내야 한다. 그 많은 정자 중에서도 유별나게 기운 좋고 힘 센 건장健壯한 놈들만이 거기를 오르고 있으니 말이다.

사투死鬪를 계속한 지 30~60분만에(정자의 운동 속도는 1분에 1~4

---

* 피아: 그와 나 또는 저 편과 이 편을 아울러 이르는 말.

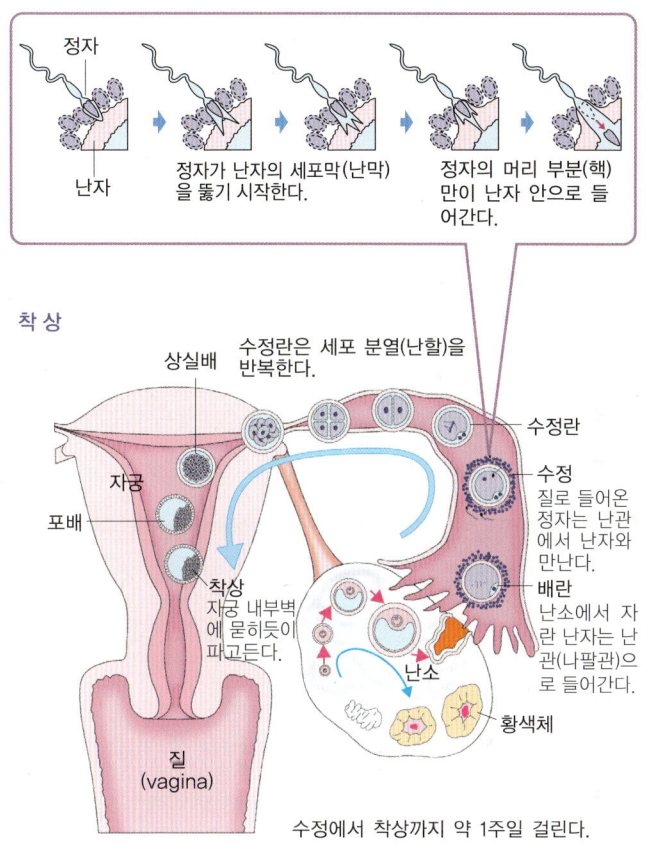

그림 15.12 수정과 착상 과정.

mm로 질에서 나팔관의 끝까지 길이가 약 20 cm임) 나팔관(난관)의 제일 끝자락에 도착한 전사 戰士가 약 200여 명! 5억 명 중에서 고작 200여 명이 살아남고 죄다 전사 戰死하고 말았다. 이제야 왜 수컷들이 그 많은 꽃가루, 정자, 홀씨를 만드는지 알 수 있다. 만일에 5억 마리 대신에 5천만 마리의 정자만 사정했다 치자. 당연히 임신 불가다. 정자 숫자가 부족하면 임신이 안 된다는 '정자부족증 精子不足症'이 뭘 의미하는지 알 수 있다. 역시 다다익선, 정자 숫자도 많을수록 좋다. 값지고 에너지가 많이 드는 난자는 한 달에 오직 하나인 데 반해서 정자는 한 달에 과연 몇 마리를 만들고 있는가!

200여 마리의 정자는 어서 난자를 만나야 한다. 난자가 난소에서 이미 배란排卵되었으면 곧바로 수정되지만 아직 난자가 난소에서 나오지 않았다면 기다려야 한다. 기다림도 한계가 있어서, 3일 이내에 난자를 못 만나면 정자는 죽고 만다. 야아, 정자와 난자의 만남이 그리 쉬운 게 아니었구나! 200마리 중에서 선택 받을 녀석이 누구일까? 누가 뭐래도, 로또(Lotto)에 당첨될 확률보다 더 힘든 것이다!

난자의 냄새를 맡은 정자들은 눈에 불을 켜고 달려든다. 난자의 막(난막 卵膜)이 그리 쉽게 뚫리지 않는다. 일찍 달라붙는다고 1등하지 못한다. 정자를 받아들이느냐 않느냐는 전적으로 난자에게 매였다. 난자는 서두르는 것이 없이 냉철하기 짝이 없다. 수정은 한 번밖에 이뤄질 수 없으니 말이다. 가장 건강하고, 튼튼하고, 잘 생기고, 맵시 나는 유전자를 가진 놈을 골라내어서 문을 열어 준다. 난막을 뚫는 데는 다이너마이트(dynamite)가 있어야 하는데 정자들은 머리 끝 첨체尖體(acrosome)에 가수 분해 효소加水分解酵素가 들어 있다. 첨체를 터뜨려 효소를 분비하여 난자의 막을 녹이고 들어가는데 꼬리는 버리고 머리만 안으로 밀고 들어간다. 정자의 머리를 정핵精核이라 하는데 거기에는 유전 물질인 염색체, 즉 유전자(DNA)가 들어 있다. 결국 정핵과 난핵이 만나 융합融合(fusion)이 일어나니 그 순간을 수정이라 한다. n(반수체, 염색체 23개)과 n(23개)이 만나 2n(배수체, 46개의 염색체)으로 염색체가 복원復元(원래대로 회복함)이 되는 순간이다. 다시 말하면 어머니와 아버지의 염색체(유전 인자, DNA)가 결합하는 것이 수정인 것이다! 부모의 DNA 혼합混合, 그것이 새 생명체를 만들어내니 그것의 산물産物이 바로 자식, 우리다.

여기까지 어렵사리 일어난 수정까지의 과정을 봤다. 난핵과 정핵이 갖는 23개씩의 염색체는 드디어 46개가 되었다. 체세포 하나엔 46개씩의 염색체를 갖는다는 것을 우리는 다 안다. 이렇게 엄마와 아버지의 유전자를 반반씩 받은 수정된 세포를 수정란受精卵이라 하고, 수정란은 곧바로 세포 분열로 접어든다. 수정란은 밖에 두꺼운 수정막受精膜을 재빨리 만들어서 다른 정자가 들지 못하게 한다. '다정자침입多精子侵入'을 예방하는 것이다. 오직 한 난자에 하나의 정자이다!

수정란의 분열(난할)은 보통 세포 분열과는 달라서 단단한 수정막 안에서 분열을 한다. 분열을 하면 할수록 세포의 수는 늘지만 크기는 계속 줄어드는 분열 즉, 난할卵割을 한다. 2세포기가 되는 데 30시간이, 4세포기가 되는 데는 10시간, 이렇게 난할을 하면서 아래로 아래쪽으로 내려 낭배기囊胚期가 되면서 드디어 자궁子宮에 착상한다. 수정이 일어난 나팔관 끝에서 자궁까지 약 1주일이 걸려 여행을 한 것이다. 허참, 아이 하나 낳는 것도 그리 쉬운 게 아니군!

●●● 발생과 탄생

우리는 지금까지 정자와 난자가 어디서 만들어져서 어떻게 그것들이 만나는가(수정)를 이야기했다. 여기서는 수정란受精卵이 분열(난할)을 하여 태아가 탄생하게 되는 발생發生(development) 과정을 간단히 기술한다. 실제 일어나는 일의 만분萬分의 일(1/10,000), 아니 억만분의 일도 되지 않는 이야기지만 말이다.

먼저 세포 분열과 그것의 일종인 난할卵割의 차이를 보고 넘어가자. 체세포 분열에서는 어미세포(모세포)가 일단 분열하여 두 개의 딸세포가 생기고, 그것들이 어미세포만큼 자란 다음에 다시 분열을 한다. 그런데 난할은 말 그대로 수정란이 계속해서 반씩 잘라지기에 세포(할구割球)의 크기가 점점 작아지기만 한다. 한마디로 세포 분열을 보통 체세포의 분열이라면 난할은 수정란의 분열을 말한다. 낭배기가 지난 다음 수정막이 없어진 다음에는 정상적인 체세포 분열(유사 분열)을 하기에 이른다.

아무튼 수정란은 처음 난할을 하여 2개의 할구, 그것들이 계속 분열하여 4개, 8개……로 계속 난할을 한다. 왜 그런지는 아무도 그 이유를 모른다. 알면 노벨상을 여러 개 받을 수 있다. 붙어 있어야 할 두 개의 할구가 무슨 까닭으로, 수정 후 13시간이 지날 무렵에 그만 반으로 잘라지는가를. 그것들이 따로 성장한 것이 일란성 쌍생아一卵性 雙生兒(identical twins)다. 물론 어쩌다가 난자 두 개가 생겨나서 따로 수정하여 자란 것이 이란성 쌍둥이(fraternal twins)다. 물론 이란성이 일란성 쌍둥이보다 훨씬 더 많다. 일란성 쌍둥이는 둘의 유전자, 외모, 성 등이 똑같으니 일종의 '자연산 복제 인간'인 셈이다. 일부러 두 할구를 떼어서 자궁에서 키운 것이 '인조 복제 인간'이다. 만일에 4할구기에 할구 하나하나를 떼서 키우면 네 쌍둥이가 되니, 사람이 아닌 소들에게는 이미

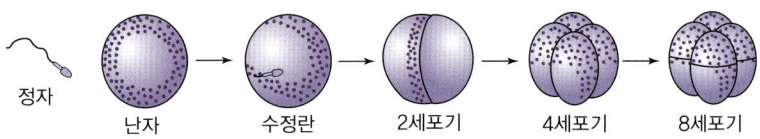

그림 15.13 수정란의 초기 난할.

예사로 하는 일이 되고 말았다. 그런데 세상에 이런 일이 다 있을 수 있을까? 두 할구가 완전히 잘라져서 떨어지지 않고 머리, 허리, 등짝의 일부가 붙어 있는 경우가 있으니, 그게 바로 몸이 붙은 샴쌍둥이(Siamese twins)다.

쌍둥이 이야기 끝에 우리는 '복제 인간複製人間' 이야기를 하지 않을 수 없다. 다음 글에서 복제양 돌리(Dolly)의 탄생 과정을 간단히 읽을 수 있을 것이다(2003년 2월 25일 죽음). 그 기술을 인간에 응용하면 곧바로 복제아複製兒가 생겨난다.

여기에서 양 돌리(Dolly)가 어떻게 태어났는지 간단히 보자. 6년생 어미 양의 세포 분열이 매우 왕성한 젖꼭지에서 ① 세포(체세포)를 떼어 내 일주일을 굶겨 세포 분열을 정지시킨 다음 핵을 들어내고, ② 그것의 핵을 제거한 난자 가까이 갖다 놓고, ③ 약한 전기를 단속적으로 통하면 핵이 난자 안으로 들어간다. ④ 세포 분열을 촉진시키는 화학 물질을 첨가하여 배양하고, ⑤ 1주일간 분열(난할)이 진행된 배아胚芽

그림 15.14 복제양 돌리.

(embryo)를 대리모代理母의 자궁에 착상시킨다. 이렇게 하여 태어난 것이 바로 돌리다. 성공률 1~2 %로, 놀랍게도 277번째 시도 끝에 돌리가 태어났다. "성숙한 체세포는 다시 발생하지 않는다."는 '불가소성不可塑性'을 뒤집은 것이 돌리의 탄생이었던 것이다. '배아'라거나 '줄기세포' 이야기를 많이 들었다. 배아胚芽(embryo)란 정자와 난자가 만나 형성된 수정란이 세포 분열을 시작한 직후부터 자궁에서 착상돼 태아가 되기 전까지를 말한다. 그리고 할구가 200여 개가 된 배아, 즉 배반포胚盤胞(blastocyst) 안의 미분화된 세포를 배아줄기세포(embryo stem cell)라 하며, 장차 심장이나, 폐 등 각종 장기로 자라날 수 있는 만능 세포로 배아에서 추출한 세포를 배양해 만들어내며 궁극적으로 신체의 모든 조직과 기관을 만드는 기본 단위를 말한다. 여기서 잠깐! 만일 돌리의 배아처럼 인간 배아를 대리모의 자궁에 착상시킨다면 그것이 인간 복제요, 복제 아기가 태어나는 것이다. 이제 복제 인간을 만드는 것은 누워서 떡먹기가 된 것이고 그것이 우리 손에 달려 있다. 어쨌거나 세포 하나에 돌리가, 한 인간이 들어 있다는 것이 신묘하지 않은가! 한 개의 세포에 한 생물의 모든 유전자가 다 들어 있다.

돌리도 어미의 세포 하나에서, 일란성 쌍둥이로 잘라진 세포 하나에서 만들어졌다는 것은 무엇을 의미하는가?

그것은 세포 하나에 양과 사람이 될 모든 것(유전 인자)을 가지고 있음을 말한다. 가만히 손을 펴고 손바닥을 내려다보자. 거기에 있는 세포 하나에 내가 들어 있다 하지 않는가? 염색체 46개에 내가 고스란히 들었다고 하니, 믿어지지 않지만 믿어야 할 일이다.

헌데, 왜 쌍둥이를 키울 때 똑같이 입히고 먹이는 것일까? 형제자매

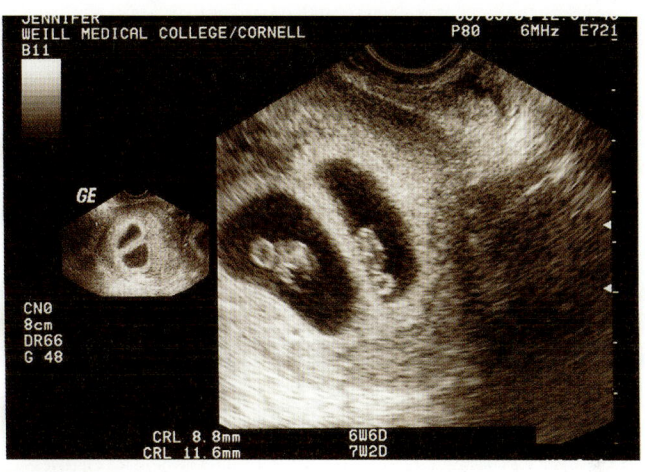

그림 15.15 쌍둥이 초음파 사진.

사이에도 경쟁심, 질투, 시기가 얼마나 강한가는 자식을 키워보면 안다. 그것은 아주 정상적인 행위로 일종의 사회성이 자라는 과정이고, 행위다.

수정란이 수란관을 타고 약 1주일간 난할을 하면서 내려와 드디어 자궁벽에 착상할 시간이다. 그간에 난할을 하여서 상실배 桑實胚, 포배 胞胚를 거쳐서 이젠 낭배 囊胚 시기까지 발생을 하였다. 이 낭배 시기인 배아는 자궁을 뚫고 들어가니 이것을 착상이라 한다. 이것이 곧 임신 姙娠이라는 것이다. 사람과 좀 다른 임신의 세계를 보고 사람 이야기를 계속한다.

사실 한 토막의 글을 쓰기 위해서는 전문서적에서 속담사전까지 '곰 가재 뒤지듯'해야 하니, 누구 말처럼 '글 쓰는 일은 자기를 파먹는 일'이라 말 못할 어려움이 따를 때가 많다. 그래도 땡땡 언 얼음판에서 북극곰의 겨울나기보다는 힘들지 않을 터이니……

곰熊은 우리뿐만 아니라 일본 원주민은 물론이고 서양 사람도 신성한 동물로 여겨서 신화에 자주 등장한다. 신화란 그 시대의 여러 자연현상과 사회현상을 원시적인 인생관과 세계관에 따라 설명한 것으로, 역사·과학·종교·문학적 요소를 포함하고 있는 것이다. 단군신화에 곰, 호랑이, 마늘, 쑥이 등장하는 것도 그 시대의 여러 상相을 반영하는 것이리라. 다시 말해서 그때 그 시절에 곰이 많이 살았고, 녀석들이 어리석고 둔하면서도 참을성이 있는 것을 알았으며, 마늘과 쑥이 사람 몸에 좋다는 것도 체험하고 있었을 것이다. 곰은 털색을 기준으로 크게 세 무리로 나눈다. 백곰(white bear), 흑곰(black bear), 갈색곰(brown bear)이 그것들이고, 갈색곰 무리가 지능이 높아 학습이 잘 되니 '재주는 곰이 넘고 돈은 ×가 받는다.'는 말이 생겨났다. 백곰은 흰 눈밭에 살기 때문에 털이 희지만(보호색) 털 밑의 피부는 검은색이라 햇볕을 흡수해 체온을 올린다.

아무튼 '복 없는 놈은 곰을 잡아도 웅담이 없다.'고 하는데, 곰은 쓸개주머니 때문에 죽어난다. 살코기, 발바닥도 사람들이 눈독을 들이는 대상이며, 털은 가공하여 방석으로 쓰니 하나도 버릴 게 없다. 쓸개가 빠지고 없는 나 같은 사람은 곰 값도 못 받을 판이다.

북극곰은 꼬리가 귀보다 짧다. 추운 지방에 사는 동물(포유류)들은 죄다 몸집이 둥그스름하면서 큰 대신에 코나 귀 등의 말단 부위가 작아서 체온의 손실을 줄인다. 그리고 북극곰의 먹잇감은 바다표범이 유일하다. 겨우내 얼음 벌판, 뻥 뚫린 구멍(바다표범이 숨쉬기 위해 만든 숨구멍)가에 숨죽이고 쪼그리고 앉았다가 먹잇감이 머리를 쏙 내밀면 넓적한 발로 내리쳐서 잡는다. 이렇게 겨울에 체중을 두 배로 늘려서 봄이 오면 짝짓기를 한다.

그림 15.16 북극곰과 바다표범.

　북극곰은 아주 야릇한 생식(발생)을 한다. 봄에 암놈 몸속에서 수정된 수정란 受精卵은 곧바로 자궁에 착상 着床, 발생하지 않고 그대로 머물다가 먹을 것이 풍부한 가을이 되어서야 발생 發生을 한다. 이를 '착상 지연 着床遲延'이라 한다. 얼음이 녹아버리는 늦봄에서 초가을까지는 먹이를 잡을 수 없어 쫄딱 굶어야 하니 새끼를 키울 육체적, 정신적인 겨를이 없다. 박쥐(bat) 중에도 착상 지연을 하는 것이 있는가 하면 '정자 저장 精子貯藏형'인 놈이 있다. 박쥐는 살이 찔 대로 찐 늦가을에 교접 交接을 하지만 정자는 곧바로 수정되지 않고 겨울 동안 자궁에 머물다가 다음 해 4~5월경, 먹이 활동을 시작하면서 수정한다. 곰이나 박쥐는 일단 힘이 남아돌 때 교배 交配를 한다. 그리고 정자를 보관하거나 수정란으로 머물다가 먹잇감이 충분할 때 발생한다. 이런 오묘한 생리 현상에 초미의 관심을 두지만 우리가 아는 것이 빙산일각 氷山一角

이라 아직도 그 신비(비밀)를 풀지 못하고 있다.

어쨌거나 유학 나간 부부들이 임신이 되지 않아 애를 태우는 경우가 더러 있다. 정신적으로, 또 물질적으로 넉넉하고 남음이 있을 때 수태受胎하는 것임을 이들 동물이 가르쳐 주고 있지 않은가. 그래서 그들은 언제나 우리의 스승님이시다!

이어서, 어미의 자궁벽을 침입하는 것이 어디 그리 쉬운 일인가. 트립신과 같은 단백질 분해 효소를 분비하여 벽을 녹이면서 비집고 들어가 앉으니 그 과정이 암세포가 다른 조직에 침투浸透하는 원리와 같다고 한다. 그래서 생물학적으로 말하면(표현이 거칠지만), 숙주 엄마 몸에 '기생충' 자식이 들어앉는 셈이다.

태아를 보고 '기생충寄生蟲'이라니? 필자는 다음 글을 쓴 후 한 독자로부터 호된 질책을 받았던 기억이 난다. 곧 태어날 아이가 있다면서 말이다. 그래도 사실은 사실인 것을 어찌 하겠는가. 찬찬히 읽어보기 바란다. 어머니의 입덧 이야기다. 우리는 그렇게 태어나기 전부터 어머니를 괴롭혔던 것이다. 어머니, 미안합니다 그리고 무한히 고맙습니다! 또 보고 싶습니다! 어머니의 정은 모정母情이요, 그리워하는 심정을 모정慕情이라 한다지요?

유선형동물類線形動物에 속하는 '연軟가시'라는 무리가 있다. 한여름에 웅덩이나 얕은 냇물가에서 볼 수 있는 벌레. 굵기가 1 mm 정도고, 길이가 10~70 cm에 이르는 회갈색 철사 모양이다. 어린 시절 그것을 만지면 손가락이 잘린다고 하여 손도 못 대고 꼬챙이로 놈들을 괴롭혔던 기억이 난다.

물구덩이에 있는 연가시는 성체成体로, 거기서 암수가 교미를 하여 낳은 알은 깨어 물 밖으로 기어나가 근처 풀에 딱 달라붙는다. 메뚜기가 풀을 뜯어먹을 때 이 유생도 같이 먹히고, 메뚜기 내장에서 자라 성충이 된다(그 메

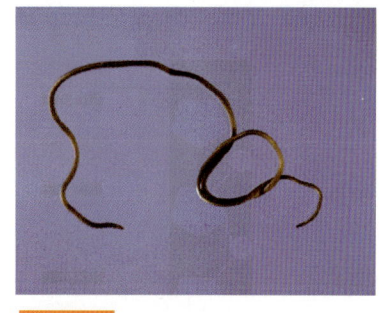

그림 15.17 연가시.

뚜기를 잡아먹은 사마귀도 또한 이 기생충에 걸리게 된다). 여기서부터가 재미있다. 기생충이 자라나 배가 불룩해진 메뚜기나 사마귀는 전혀 엉뚱한 곳을 찾아 나선다. 물가로 가고 있는 것이다! 이 곤충들이 알을 낳는 곳은 양지바른 저쪽 언덕인데, 왜 물을 찾는단 말인가? 뱃속의 연가시가 이들을 물 냄새 나는 곳으로 가게끔 숙주를 꼬드기고 있는 것이다. 물에 도달하면 똥구멍에서 꾸물꾸물 재빨리 연가시가 연달아 나와 물로 뛰어든다. 배불뚝이 사마귀를 잡아보면, 놀란 연가시가 항문에서 스르르 기어 나오는 것을 볼 수 있다.

또 다른 예를 보자. 광견병狂犬病을 공수병恐水病이라고도 한다. 개의 뇌에 들어간 광견병 바이러스는 개를 매우 사납고 겁 없게 만든다. 결국 이 바이러스는 숙주 개로 하여금 다른 동물을 사정없이 깨물게 하여, 침에 묻어서 다른 동물에게 옮으려 한다. 그 바이러스는 그렇게 개를 포악하게 바꿔 놓는다. 또 사람에게 옮은 광견병 바이러스는 코의 신경을 자극하여 재채기를 자꾸 나도록 한다. '에취!' 하는 재채기 바람을 타고 저 멀리 이동하려는 것이다. 광견병 바이러스의 재주가 기발하도다!

본론으로 들어가서 왜 임신을 하면 입덧(악조증惡阻症)이 나는 것일

까? 식욕 부진에다 음식을 보기만 해도 속이 메스꺼워 구역질을 한다. 어찌하여 오심구토 惡心嘔吐*로 입맛 쓴 그 고생을 시킨담? 이를 삼신 할머니의 시기 질투라고 해야 하는가? 이것은 태아 胎兒를 보호하는 긴요한 생리 현상이다. 임신 3개월까지는 태아의 기관 발생 器官發生이 가장 활발할 때인데, 이 기간이 지나면서 입덧의 굴레에서 벗어나게 된다. 가령 초기 발생 시기에 산모가 게걸스럽게 이것저것을 먹다 보면 음식에 묻어(들어) 있는 독毒 성분이 몸에 들어와서 태아에게 치명적인 해를 끼치게 되는 것은 당연한 이치다. 바로 저능아, 기형아 출산이나 유산의 위험이 늘게 된다. 바이러스, 곰팡이, 세균에다 음식 자체가 갖는 독은 물론이고 농약, 제초제 등 기피해야 할 독이 수두룩하다. 입덧 역시 몸이 알아서 하는 필요불가결한 반응이다. 입덧이 심하면 심할수록 유산 확률이 줄고 튼튼한 아이를 낳는다! 엉뚱하고 해괴망측한 해석에 놀라지 말자.

그리고 산모와 태아 사이에도 피 터지는 다툼이 있다. 엄마는 태아가 적게 먹어서 작게 태어났으면 하고 바라지만, 태아는 엄마의 건강은 아랑곳 않고 뼈와 살을 다 뽑아 가니 야위어진 엄마는 이름 모를 병에 걸리고 영양 결핍이 되기도 한다. 이렇게 발칙할 수가! 입이 열 개라도 할 말이 없다. 어미로 하여금 입덧을 나게 한 것도 바로 태아인데 우리는 어머니의 고마움을 모르고 살아왔으니 말이다. 표현이 좀 살벌하지만 '어미는 숙주요, 태아는 기생충'이라는 식이 성립된다. 짓궂게도 기생충이 숙주의 행동을 바꾸는 예가 바로 산모의 입덧이었다니!? 허허, 기생충이 숙주를 가지고 논다. 놈들의 기막힌 작전들에 갑자기 놀라지

---

* **오심구토:** 가슴 속이 불쾌해지면서 토함.

않을 수 없다.

　착상 후에 2주가 지나면 물질의 이동에 필요한 태반胎盤이 형성되니 드디어 모체에서 양분, 산소, 항체 등 모두를 받게 된다. 이 태반은 태생胎生하는 포유동물에게만 생기는 기관이다. 조류나 파충류는 어미에게 양분을 받지 않고 발생하기 때문에 그렇게 큰 알을 낳지만, 사람만 해도 태반으로 양분을 얻어 자라기에 난자의 크기가 0.1 mm에 지나지 않는 눈에 보일 듯 말 듯한 크기다.

　그런데 태반을 통하여 좋지 않은 물질도 통과하는 것이 문제다. 그 중에서 제일 문제 되는 것이 약물이다. 태아가 3개월이 되어야 눈, 코가 생기고 내장까지도 형성된다. 3개월 이전에는 약물이 치명적인 해를 입힌다. 기형아의 출산은 바로 이런 것이 원인이다. 그러므로 산모가 약을 쓸 때는 반드시 담당 의사와 상의하여 태아에 영향을 덜 미치는 약을 골라 써야 한다. 그리고 산모가 화를 내거나 스트레스를 받으면 태아도 같은 상황에 놓이다 화를 낼 때 분비하는 아드레날린(adrenalin)이나 스트레스 호르몬(stress hormone)이 태반을 타고 고스란히 들어가니 태아도 편치 못하고 혈액 순환도 제대로 되지 못한다. 바로 태교胎教를 말하는 것이다. 어머니가 마음이 편할 때 태아도 따라서 평화를 얻는다. 뱃속에서 신경질 부리던 녀석이 나와서도 말썽꾸러기가 된다는 말이 있다!?

　3개월이 된 태아胎兒(fetus)는 '미니 인간'이다. 무게는 달걀(60 g)보다 적은 약 50 g에 길이 9 cm이다! 그 전까지는 태아란 말을 쓰지 않고 보통 배아라 부른다. 이제는 좀 이상한 물질이 들어와도 크게 문제 되지 않는다. 이때부터 엄마는 입덧이 끝나면서 음식이 먹히기 시작한다.

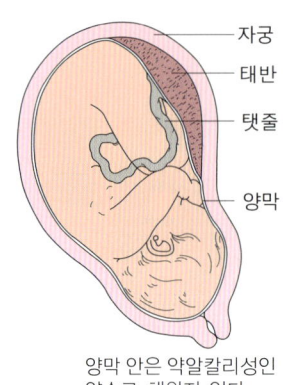

양막 안은 약알칼리성인 양수로 채워져 있다. 양수는 외부 압력으로부터 태아를 보호한다.

그림 15.18 태아 모습.

7개월의 세월이 흐르면 태아가 태어날 시간이다. 수정 후 280일(음력)이 지났으니 익을 대로 익었다. 다른 아이들은 모두 머리를 밀고 나오는데(머리를 아래로 두고 지냈기에) 어떤 녀석은 송아지처럼 다리를 먼저 내밀고 나온다. 그런 아이를 '거꾸리'라고 한다. 이 녀석은 여태 머리를 위로 두고 지냈던 것이다. 분만에서 제일 먼저 보이는 증상이 "물이 비친다."는 것으로, 양수 羊水의 분비에서 시작한다. 그리고 세상에서 제일 아프다는 진통陣痛을 시작한다. 얼마나 아픈지 남자는 모른다. 헌데, 산모가 진통을 계속하고 있으면 남편은 머리에 엉뚱한 그림을 그리고 있다. 처음엔 인간 본능이 발작하여, '아들이면 좋겠다.'는 생각에 젖는다. 산모가 아파하는 시간이 길어지면 질수록 '딸이면 어때'로 바뀌다가, 너무 오래 걸리면 '산모나 건강했으면'하는 생각으로 바뀐다. 이때 아이가 큰 소리를 내지르면서 태어나는 순간, '아들이었으면' 하는 생각으로 회귀回歸(되돌아감)한다. 이것은 필자가 겪었던 일인데, 아마 다른 아버지들도 별로 다르지 않을 것이다.

고고지성呱呱之聲*(아기의 첫 울음소리)의 소리가 강렬하면 할수록 건강한 아이다. 여태 풍선처럼 쪼그라져 있던 허파를 확 펴게 하는 것이 소리 지르기요, 심장에서도 우심방에서 좌심방으로 흐르던 곳이 막

---

* 고고지성: 매우 높고 크게 내지르는 소리.

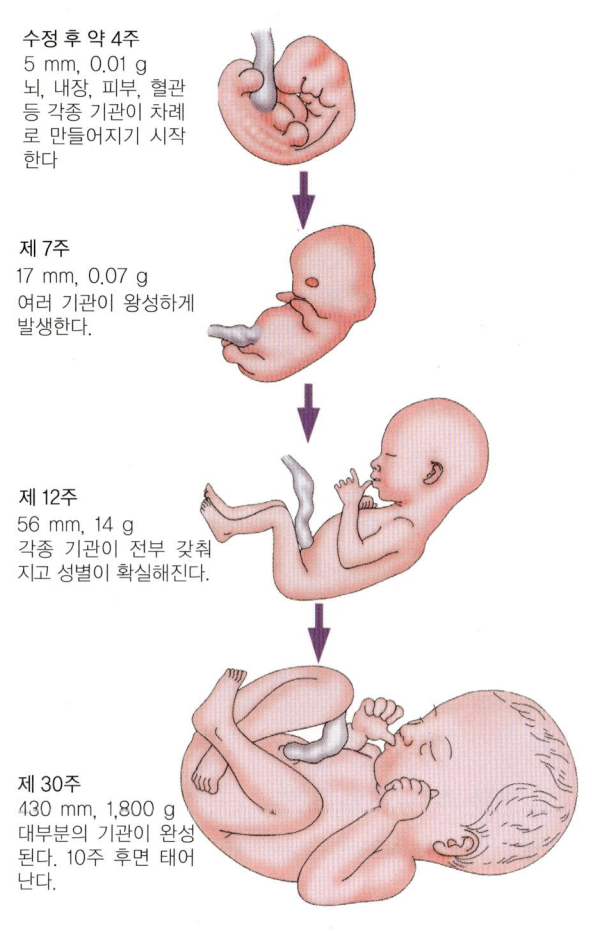

수정 후 약 4주
5 mm, 0.01 g
뇌, 내장, 피부, 혈관 등 각종 기관이 차례로 만들어지기 시작한다

제 7주
17 mm, 0.07 g
여러 기관이 왕성하게 발생한다.

제 12주
56 mm, 14 g
각종 기관이 전부 갖춰지고 성별이 확실해진다.

제 30주
430 mm, 1,800 g
대부분의 기관이 완성된다. 10주 후면 태어난다.

그림 15.19 태아의 성장 모양.

히는 등 여러 가지 변화가 일어난다. 이 모든 것이 탄생의 순간에 일어난다. 제발 탈 없이 티 없이 잘 크거라, 아가야! 사람의 한 평생이 그렇게 녹록치 않으니 말이다.

locomotive organ

16
운동 기관

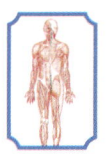가만히 서서 자기 몸을 큰 거울에 비춰 보거나 다른 사람을 뚫어지게 살펴보자. 겉으로 본 우리 몸은 과연 어떻게 구성되어 있는가? 필자는 인체를 건물에 비유하기를 좋아한다. 사실 많이 닮았다. 건축 설계사들이 자기 몸을 잘 들여다본 결과일 것이다. 건물의 주체主體는 철근과 시멘트벽이다. 요즘은 옛날과 달리 굵은 철근을 이어 세우고 그 사이에 정교하게 조립한 시멘트벽을 순서대로 크레인(crane, 날개를 벌리고 있는 것이 '학'을 닮았다고 크레인이라 부름)으로 끌어올려 채워 나간다. 그 과정을 보고 있으면 신기하게 느껴진다. 거기에 유리를 붙이고, 전선을 깔고, 수도 파이프(pipe)를 넣고, 벽지를 바르면 어느새 새로운 건물이 탄생한다.

인터넷에 올라온 글 중 하나를 소개하면, "삼성물산이 아랍에미리트에서 건설 중인 '버즈 두바이'가 21일 512.1 m까지 올라가 대만의 '타이베이 101'(높이 508 m)을 제치고 세계 최고층 빌딩이 됐다고 프랑스

공공라디오가 보도했다. 앞서 버즈 두바이는 영국 일간 더 타임스사 선정한 '경이로운 세계 10대 건축 프로젝트' 중 하나로 선정됐다. 63빌딩(249 m)의 약 3배 높이인 버즈 두바이는 총넓이가 삼성동 코엑스몰(11만 8800 m²)의 네 배에 달하며 여의도공원(약 21만 8000 m²)보다 2배 넓고 잠실종합운동장(약 8,300 m²)의 56배 넓이에 해당하는 극초고층 건물이다."

어쨌거나 우리의 기술이 이렇게 세계에 우뚝 섰다! 160층의 건물을 세운 사람은 한국인이었고 참 자랑스럽다.

하여튼 우리 몸은 뼈와 근육이 그 주체가 된다. 키나 얼굴의 모양은 뼈가, 거기에 붙은 살점은 근육이다. 내장을 구성하는 것도 거의가 근육이고, 거기에 신경, 혈관, 상피들이 분포하며, 혈관에는 양분이 흐르고 방광과 요도에는 소변이 흐르니 건물에 깨끗한 수돗물이 들어오는 수도관이 있는가 하면 더러운 물(오수汚水)을 버리는 관도 따로 있다.

●●● 뼈

무쇠보다 딱딱하고 가벼우며 유연한 것이 뼈다. 뼈를 구성하는 35 % 정도가 콜라겐(collagen, 보통 '콜라젠'이라고 부름)이라는 단백질이고 물이 약 20 %를 차지한다. 한마디로 뼈는 쇠 무게의 1/3밖에 되지 않으면서도 강하기는 10배나 된다. 정강이뼈는 무려 300 kg의 무게를 지탱할 수가 있다고 한다. 그리고 뼈는 2~4 %까지 휘어질 수도 있다. 물론 더 심하게 굽으면 부러지고 만다. 뼈가 부러지는 것을 우리는 자주 보지 않는가? 교통사고를 조심하자! 뼈는 어머니 뱃속 태아胎兒일 때는 350개 정도 되지만 뼈끼리 달라붙는 봉합과 퇴화(없어짐)로 어른이 되면 206개로 줄어든다.

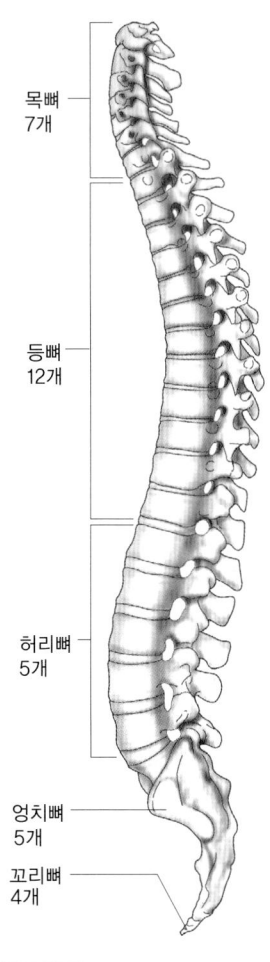

그림 16.1 척추 구조.

뼈대는 사람 몸의 형태를 결정한다. 지금 바로 당신이 취하고 있는 자세에서, 몸에 살을 모두 없앴다 생각하고, 뼈대의 모습을 상상해 보자! 뼈가 없으면 무척추 동물로 몸의 형태가 지금과 다를 뻔했다. 앉았을 때의 뼈대, 누웠을 때 뼈대의 모습이 모두 다르다. 모든 뼈는 연골(물렁뼈 軟骨)에서 생기기 시작하여 경골(굳은뼈 硬骨)로 바뀌지만 일부는 연골로 남는다. 콧등, 귓바퀴, 후두개, 모든 관절에도 연골이 들어 있다. 연골에는 혈관의 분포가 적어 피의 흐름이 줄어서 언제나 체온보다 낮고, 갑자기 뜨거운 물건에 손이 닿으면 자기도 모르게(반사적으로) 손이 귓바퀴로 달려간다.

그렇다! 우리 사람의 특징 중 하나가 바로 척추 脊椎다. 척추는 33개의 뼈가 S 자형으로 이어져 있다. 7개의 목뼈(모든 포유류, 기린, 사람, 돼지 모두), 12개의 등뼈에는 갈비뼈가 갈고리처럼 걸려 있고, 그 아래에는 5개의 허리뼈, 또 그 아래엔 5개의 엉치뼈가 연결하고, 마지막으로 4개의 퇴화한 꼬리뼈가 있다. 그래서 모두 합치면 33개가 된다(그림 16.1 참조).

사람의 몸은 그 얼개가 한 채의 건물과 흡사하다고 했다. 아니다, 집이 우리 몸을 빼닮았다! 몸이 먼저 생겼지 어디 건물이 먼저 생겼던가?

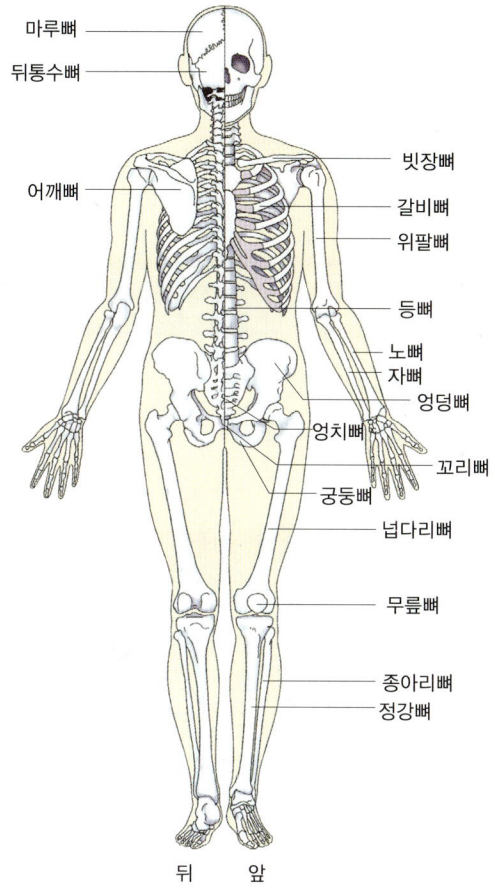

그림 16.2 사람의 뼈 얼개.

어디 돈 나고 사람 났던가, 사람 나고 돈이 났다.

뼈는 성장이 다 끝나면 길이가 일정해진다. 겉으로는 그렇게 보이지만 실제로는 뼈세포의 일부는 죽고 그만큼 다시 생기기를 반복한다. 성인의 뼈는 전체적으로 1년에 5 % 정도가 새 것으로 바뀐다. 뼈를 만드는 세포(조골세포 造骨細胞)가 콜라겐이라는 단백질을 만들고 거기에 칼슘과 인산을 집어넣어 석회처럼 굳게 만든다. 대신 뼈를 파괴하는 세포(파골세포 破骨細胞)는 뼈를 분해하여 없애버린다. 그러므로 뼈는 살아 있는 조직이다! 조골세포의 기능보다 파골세포가 더 세면 어떤 일이 일어나겠는가? 나이 먹거나 운동을 하지 않아 생기는, 뼈 안이 엉성해지는 골다공증 骨多孔症이 된다. 골다공증까지도 유전된다고 하니, 부모의 병력 病歷을 알아두는 것은 건강 유지에 참 필요한 것이다.

뼈는 우리 몸에서 가장 물의 함량이 적은 기관이다. 콜라겐 등의 유기물이 약 35 %이고, 칼슘과 인 등의 무기염류가 45 %로 가장 많으며 물은 20 % 정도다. 평균해서 몸의 물이 75 %가 넘는 것에 비하면 뼈는 바짝 마른 편이다.

여기에서 무중력 상태에서 오래 지내는 우주인들의 몸의 생리를 글을 통해 한 번 알아보자. 그들의 뼈는 어떨까?

한국 사람도 우주선을 타게 되었다니 금석지감 今昔之感*이 든다. 찌들게도 못살아 세끼 밥 먹기도 어려웠던 것이 엊그제인데 저 창공을 훨훨 난다니 말이다. 아무튼 한국 최초의 우주인이 돼 보겠다고 3만3,000명이 넘게 신청서를 냈다니 용감무쌍하기 짝이 없는 초인 超人이다. 그네 하나를 타도 어지러운 판인데 하늘 꼭대기를 빙빙 도는 것이 어디 그리 쉬운 일이겠는가? 사실 사람은 누구나 280여 일을 양수 羊水가 가득 찬 아기집(자궁) 속에서 무중력에 가까운 생활을 경험하였다. 그런데 소련의 폴리아코프는 미르(Mir) 우주선 속에서 438일이라는 긴긴 날을 모질게도 잘 견뎌 세계 최장 기록을 세운 바 있다. 성공은 고난을 먹고

---

* **금석지감**: 지금과 옛날의 차이가 너무 심하여 생기는 이상한 느낌.

그림 16.3 우주인이 우주선에서 활동하는 모습.

자란다고 했는데 이 사람이 그 긴 나날을 어떤 고통 속에 지냈는지 한 번 알아보자.

시속 2,700 km로 달리는 우주선 속은 공기의 대류對流가 없어서 지구처럼 더운(가벼운) 공기가 위로 가고 찬(무거운) 것이 아래로 내려가는 일이 없다. 그래서 공기의 확산 속도가 매우 느리다. 촛불을 켜 놓아도 산소 공급이 잘 되지 않아 10분이면 탈 초가 45분이나 걸리고 불빛도 붉다기보다는 푸르스름하다. 그리고 힘을 주지 않아도 몸이 붕붕 날고 조금만 힘을 주면 미끄러져 탁구공처럼 뱅그르르 돈다. 또 물이 접착력을 잃어서 피부에 잘 묻지 않고 물방울이 제 마음대로 떠다닌다. 훈련을 하고 또 했건만 얼마 동안은 두통에 집중력이 떨어지고 입맛을 잃으며 위胃가 뒤틀리고 구역질까지 난다.

우주선에서 여러 가지 과학실험을 시도하고 있다. 메추리 알 30개를 가지고 가서 부란기孵卵器에서 부화를 시켰더니 13 %(지구에서는 약 3 %)나 까지지 않았다고 한다. 그리고 수확 기간이 짧은 '난쟁이밀'을 심어 봤더니 잎줄기는 잘 자랐으나 씨앗은 모두 알이 들지 않은 쭉정이였다고 한다. 이렇게 동식물도 무중력에 적응하기가 쉽지 않다!

그리고 그 속에서 오래 지내면 키가 무려 5 cm 이상 커진다. 몸을 누르는 압력(중력)이 없으니 뼈와 근육이 늘어나서 키다리가 된다. 풍선처럼 가슴이 부풀어 올라 심장과 허파가 늘어나고 내장이 밀려 나오듯 힘이 든다. 방향 감각과 회전 감각이 둔해져서 상하를 구별 못하고 근육은 수축과 이완을 할 필요가 없어진다. 때문에 근육이 무력증無力症에 빠지고, 몸을 곧추세울 필요가 없으니 뼈도 있으나마나다. 그래

그림 16.4 우주선 발사 장면.

서 뼛속 칼슘은 한 달에 1 % 정도씩 녹아 소변으로 빠져나가기 때문에 뼈가 약해질 대로 약해지고, 따라서 콩팥에 요석尿石이 생기며 조직에 석회화石灰化가 일어난다. 실은 근육과 뼈의 퇴행退行을 예방하기 위해 하루에도 몇 시간씩 자전거타기를 하지만 그렇다. 정해진 시간에 초인종 소리를 듣고 깨어나고, 삼시 세끼를 둥둥 떠서 튜브에 든 음식을 짜서 먹으면서 매일 정해진 일을 개미 쳇바퀴 돌 듯 해야 하니 한마디로 지루하고 짜증이 난다. 침낭을 기둥에 묶고 그 속에 들어 잠을 잘 때까지 음악도 듣고 책도 읽고 지구의 가족에게 편지도 쓴다지만 단조로움에 객창客窓의 고독을 삭일 길이 없다. 뿐만 아니라 문화가 다른 여러 나라 사람이 섞여 있는지라 의사소통도 수월치 않다. 대소변은 어쩌고? 각오를 하고 탔지만 인내에 한계가 있어서 심리적으로 거의 병적

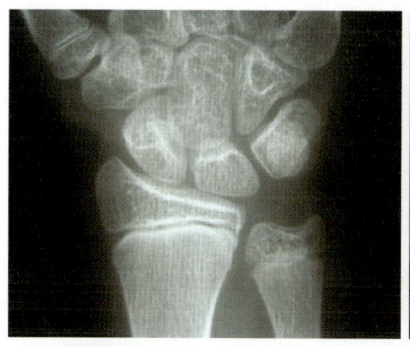 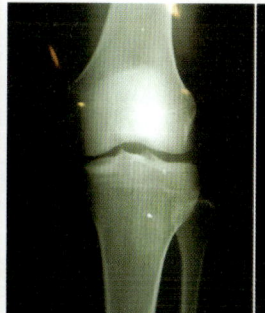 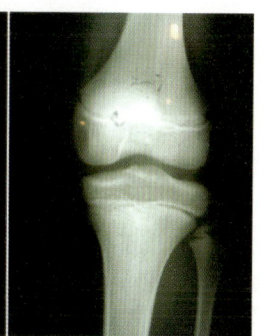

그림 16.5 성장판.

상태에 이른다고 한다.

  뼈는 성장판 成長板이 닫힐 때까지 자라고 그 다음에는 성장을 멈춘다. 성장판은 뼈가 자라는 장소로 팔, 다리, 손발가락, 어깨, 발목, 무릎 등 뼈 중에서 관절과 직접 연결되어 있는 긴뼈의 끝부분에 있으며, 이 부분이 성장하면서 키가 자라게 된다. 성장판은 뼈의 양쪽 끝에 붙어 있으며, 거기에 있는 연골 세포가 죽으면서 뼈가 만들어지고, 다시 거기에는 연골이 생기면서 뼈는 자란다. 정상적으로 뼈(키)가 자라는 데는 뇌하수체의 성장 호르몬이 작용하는 것은 다 아는 사실이다. 뛰어놀면서 성장판을 자극하여 뼈의 자람을 촉진시킨다. 뼈가 쑥쑥 자랄 때 아픈 경우가 있으니 이를 '성장통 成長痛'이라 한다. 성장에 어찌 아픔이 따르지 않겠는가. 살아가면서 힘든 일이 생기면 그것을 성장통이라고 위안을 한다. 새로운 일을 하려면 언제나 겪어 보지 못한 엉뚱한 아픔이 기다리고 있다.

  어쨌거나 우리 몸의 형태는 뼈의 얼개에 매였다. 키가 크고 작은 것도 다리뼈, 척추, 목뼈의 길이가 결정하지 않는가. 키는 주로 다리의 길이가 결정한다. 요즘은 키를 크게 하는 수술도 한다. 쉽게 말해서 뼈를 잡아당겨 늘이는 것이다. 그리고 머리 모양이라거나 얼굴의 생김새도 뼈가 어떻게 생겼나에 따라 결정된다. 게다가 뼈는 두개골이나 갈비뼈, 가슴뼈처럼 내부 기관들을 보호하는 일도 맡고 있다.

어느 누구나 키가 훨씬 크고 덩치가 우람하기를 바란다. 그러나 너무 거기에 신경 쓰지 않아야 할 통계 자료가 있다. 덩치가 크고 천천히 자라는 동물이(코끼리) 몸집이 작고 빨리 자라는 동물(생쥐)보다 수명이 길다. 그런데, 코끼리나 쥐 중에서는(같은 종에서는) 덩치가 작은 것이 오래 산다는 것이다. 남자는 여자보다 평균 8% 덩치가 크며, 8% 일찍 죽는다는 통계도 눈여겨보자. 알다시피 한 종에서(쥐를 예로) 칼로리를 한껏 섭취한 놈보다 못 먹어서 야윈 쥐가 더 오래 산다고 한다. 칼로리를 적게 섭취한 쥐가 30%나 오래 산다는 것에서 장수長壽의 지혜를 터득할 수 있다.

뼈는 몸의 운동運動과 관계있다. 내장을 제외한 근육들은 모두가 뼈에 달라붙어 있으며, 근육을 뼈에 붙이는 것은 아주 질기고 딱딱한 힘줄(건腱)이다. '아킬레스건(Achilles tendon, 아킬레스 힘줄)'은 장딴지의 근육을 발뼈에 붙이지 않는가. 그것이 다치면 장딴지 근육이 움직이지 못하기에 꼼짝달싹 못한다. 뼈에 붙은 골격근이 신경의 명령을 받아 수축과 이완을 하므로 뼈가 움직인다. 손가락 하나 움직이는 것도, 대뇌에서 명령이 떨어지면(운동 신경을 타고 전해짐) 한쪽 근육은 수축하고 반대쪽 것은 접어지면서 손가락뼈를 당기게 된다. 이때 서로 반대로 작용하는 근육을 '길항 근육'이라 한다. 이렇게 움직이는 데는 두 뼈를 잇는 관절關節이 있기 때문이며, 뼈와 뼈를 연결하는 것은 역시 질긴 인대靭帶(ligament)가 한다. 닭다리를 먹으면 관절을 잇고 있는 인대를 볼 수

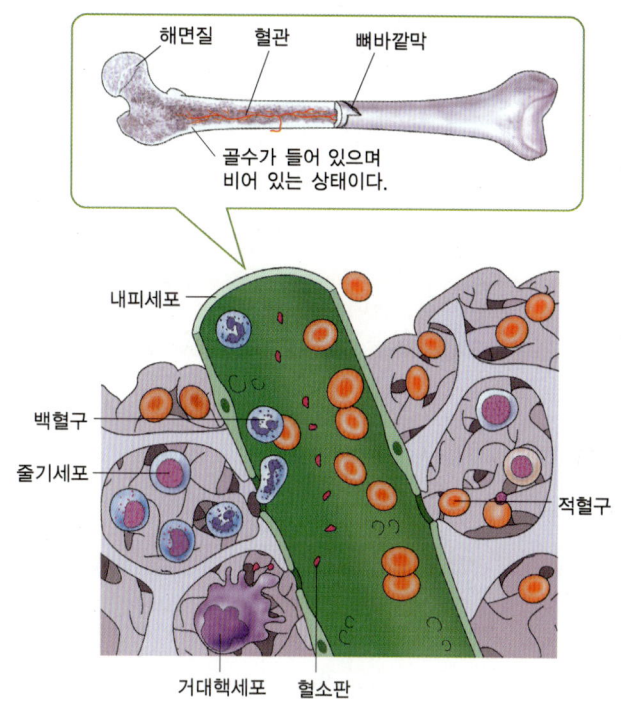

그림 16.6 골수 모양.

있다. 그것이 얼마나 질긴가?

관절(joint)은 두 뼈가 만나는 곳을 말하고, 우리 몸에 무려 187개가 있다. 관절에는 머리뼈끼리 붙어 있거나 이가 턱뼈에 붙어 있는 것과 같은 섬유성 관절 纖維性關節, 두 뼈 사이에 연골이 들어 있는(척추처럼 사이에 연골인 디스크(disk)가 들어 있음) 연골성 관절 軟骨性關節, 두 뼈가 약간 떨어져 있고 그 사이에 윤활성 액체가 들어 있어서 자유자재로 움직이는 윤활성 관절 潤滑性關節이 있다. 손가락이나 발가락, 무릎 등이 윤활성 관절이다.

뼈도 운동을 하지 않으면 약해지고 쓰지 않으면 물러지고 만다. 몸이 아파서 가만히 병상病床에 누워있는 사람은 일주일에 0.9 % 정도로 뼈가 약해진다고 한다.

　뼈는 저장 역할貯藏役割도 한다. 우리 몸 칼슘의 99 %, 인산염의 90 %가 뼈에 들어 있다. 칼슘은 뼈를 구성하는 성분이 되기도 하지만 혈액 응고, 심장 박동, 신경의 흥분 전달 등에 없어서는 안 되는 무기염류다. 뼈의 칼슘은 녹아 피로 나오기도 하고, 또 피의 칼슘이 뼈로 들어가 쌓이기도 한다. 그리고 뼈는 피를 만드는 일(조혈造血)도 한다. 적혈구, 백혈구, 혈소판은 머리뼈, 허벅지, 엉덩이뼈 등 큰 뼈에서 만든다. 뼈를 움직이면 혈구의 생성도 늘어난다. 어린이나 강아지, 망아지나 송아지도 놀지 않고는 살지 못한다. 그런데, 새끼들이 노는 것을 보면 그들의 본성本性이 보인다. 사자 새끼는 먹이 잡는 연습을 하고, 송아지는 뛰어다니면서 풀 뜯기 연습을 한다. 아이들의 놀이를 보면 소꿉놀이를 하니, 벌써 가정家庭을 꾸릴 준비를 하는 것이다. 또한 그들이 노는 것은 다름 아닌 운동이기도 하다.

　늙으면 뼈의 길이나 두께가 줄어들고 좁아지니(70살이 되면 한창 젊었을 때보다 2~3 cm나 준다) 이것도 일종의 노화다. 나이 들면서 그냥 그대로 있는 것이 없다. 척추를 구성하는 33개의 작은 뼈들이 조금씩 줄어들어 키는 작아지고, 등골이 접혀 허리가 굽어지면서 꼬부랑 할머니, 할아버지가 된다! 평생을 자식들 위해 뼈 빠지게 일한 결과 곱사등이 되고 만다. "농부가 죽으면 어깨부터 썩는다."는 말이 예사롭지 않다. 지게를 많이 진 탓이다. 나는 국민학교(지금의 초등학교) 때 국어 책에서 읽은 글이 아직도 잊혀지지 않는다. 죽기 살기로 힘들게 일하는 어머니에게 아들이 "어머니, 일 좀 덜 하세요."라고 말했을 때, 어머니는 "죽으면 썩을 살을 아끼면 무엇하리!"라고 하셨다. 살만 썩지 않는다. 오래가면 그 단단한 뼈도 녹아버리고 만다.

그래도 뼈는 단단하게 잘 보관해야 한다. 운동을 적당히 하라는 말은 어디서나 하는 것으로, 역시 쓰면 발달하고 쓰지 않으면 퇴화한다. 용불용설! (use, disuse theory!) use, or loose!(써라, 그렇지 않으면 잃을 것이다!)이 그것이다. 또 골고루, 그리고 칼슘(calcium)이 풍부한 음식을 섭취하는 것 또한 중요하다. 물론 정신적인 스트레스가 해로운 것도 어디서나 하는 말이다. 호르몬이 뼈의 단단함(뼈 밀도)을 결정하는 경우가 있으니, 폐경기閉經期에 에스트로겐과 같은 여성 호르몬이 줄어들면 뼈도 엉성해져서 부러지기 쉽다.

●●● 근육

근육筋肉 (muscle)의 다른 말은 '힘살'이다. 이름이 멋지다! 힘(에너지)을 내는 살(육)이라! '근육' 같이 일반적으로 쓰는 생물 용어는 일본어와 거의 비슷하다. 한자를 알아야 일본과 중국의 문화를 흡수하는 데 도움이 된다. 생물 어휘生物語彙도 대부분이 일본 한자를 따온 것이라 한자를 아는 것은 곧 생물을 이해하는 데 도움이 된다. 그리고 생물학(다른 과학도)의 뿌리는 서양인지라, 그래서 이 책에 한자나 영어를 많이 써넣어 두었다. 그러나 순수한 우리말도 무시하지 말아야 할 것이다. 심장의 우리말은 염통, 모세혈관은 실핏줄, 신장은 콩팥이다.

우리 몸을 구성하는 근육은 전신에 약 650개가 있으며 우리 몸무게의 약 40 %가 근육이다. 그림 16.7에 중요한 골격 근육을 표시하였으며, 몸 전체의 근육을 크게 보아 세 종류로 나눌 수 있다.

① 몸 밖에 있으면서 뼈에 붙어 있는 것을 '골격 근육骨格筋肉'이라 부른다. 팔다리, 가슴, 허리, 어깨 등의 것으로, 이 근육은 우리 마음대

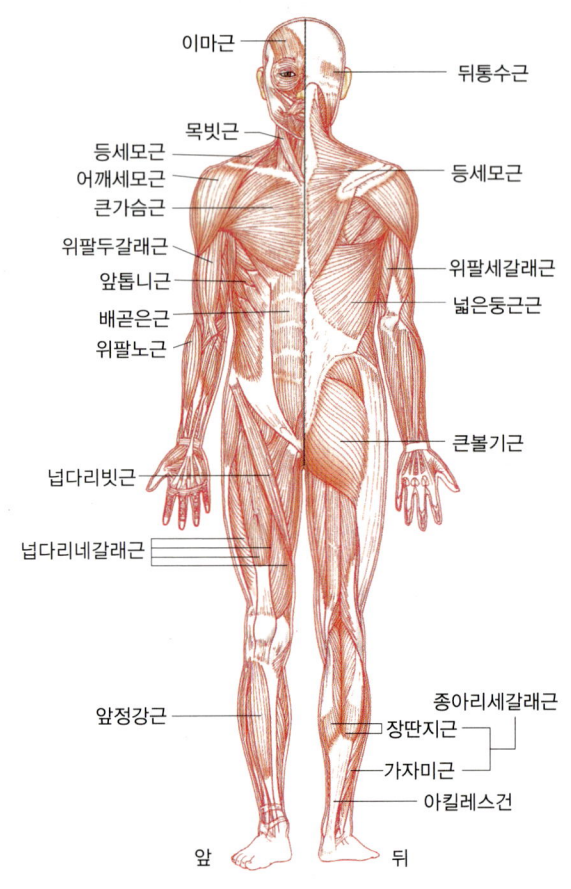

그림 16.7 근육의 종류.

로(대뇌의 명령대로) 움직일 수가 있기에 '마음대로근(수의근 隨意筋)'이라고도 하고, 현미경으로 보았을 때 가로무늬가 있어서 '가로무늬근(횡문근 橫紋筋)'이라 부르기도 한다. 이것은 힘이 좋아 빠르게 움직일 수 있으나 쉽게 피로하는 성질을 가지고 있다. 뼈에 붙은 근육을 잡아당기고 늘려서 뼈를 오그렸다 펴는 것이 '운동'이다. 그리고 뼈와 뼈는 인대라는 것이 이어주고, 근육을 뼈에 붙이는 것이 힘줄이다. 둘 다 모두 질기고 단단하다.

② 몸 안에 들어 있는 소화관, 혈관, 방광, 자궁 등을 구성하는 근육을 '내장 근육 內臟筋肉'이라 하고, 마음대로 움직일 수 없기 때문에 '제대로근(불수의근 不隨意筋)'이라 한다. 뱃속의 위장들을 구성하는 근육들이다. 그리고 내장 근육은 현미경으로 보아 아무런 무늬가 없기에 '민무늬근(평활근 平滑筋)'이라고도 한다. 민무늬근은 골격근과 달라서 운동이 느리나 아주 꾸준하여 피로가 빨리 오지 않는다. 여기서 '민'이란 글자는 '없다'라는 의미로, '민달팽이'는 껍질이 없다는 뜻이고, '민둥산'은 나무 없는 산을 의미하며, 민물, 민소매, 민저고리, 민머리(대머리), 민낯(화장하지 않은 여자 얼굴) 등 민자가 붙는 말이 많다.

③ '심장 근육 心臟筋肉'은 특이하게도 골격근과 내장근의 특징을 고루 갖추고 있다. '가로무늬근'이라 그렇게 센 힘으로 수축과 이완을 반복한다. 그런데 심장은 어찌 지칠 줄 모르는 것일까? 피로하지 않는 내장근의 특징을 가진 탓이다. 그리고 심장근은 우리 마음대로 조절하지 못하는 제대로근이다.

사실 우리는 근육의 힘으로 산다. 근육의 수축(당김)과 이완(폄)이 운동인 것으로, 웃음 하나 짓는 데도 30여 가지의 '미소 微笑 근육'이 작용한다. 한 사람의 얼굴 표정에는 그 사람이 살아온 흔적, 역사가 배어 있다고 하지 않는가. 다시 말해서 '나이테'이다. "자기 얼굴은 자기가 책임져야 한다."는 말도 있다. 자꾸만 웃자! 웃으면 얼굴의 안면 근육 顔面筋肉이 미소 진 얼굴로 굳어진다. 거울을 들여다볼 때마다 활짝 웃어 보자! 잠에 들기 전에 웃음 띤 얼굴로 잠에 들자. 괜스레 잔뜩 찌푸린 '철학자의 얼굴'을 한 사람은 어쩐지 역겹고, 주는 것 없이 밉다. 생글생글 웃는 얼굴에 예쁜 혼이 빠진다.

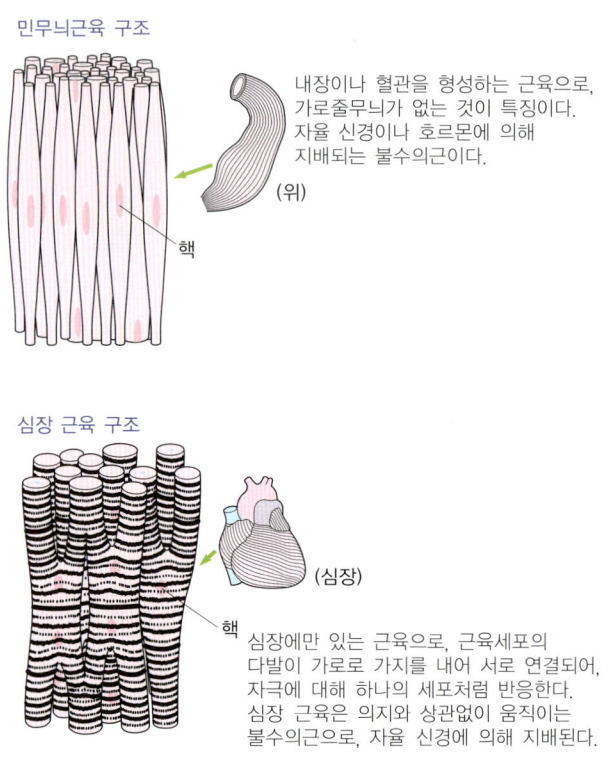

그림 16.8 민무늬근육과 심장 근육의 구조.

　근육도 당연히 쓰면 발달하고 쓰지 않으면 힘이 빠지고 만다. 쓰지 않으면 위축 萎縮(줄어든다)하니 경우에 따라서는 하루에 5 % 정도로 근육이 줄어든다고 한다. 뇌나 근육 모두를 움직이자! 명석한 두뇌에 우람한 몸매는 매력 덩어리다! 운동을 하면 근육이 부풀어 오르면서 탄탄하고 굵어지는 것은 근(육) 세포가 새로 생겨나는 것이 아니라 세포 하나하나가 불어난(커진) 것이다. 그러다가 운동을 하지 않으면 다시 세포가 쪼그라든다. 신경 세포와 근(육) 세포는 그 수가 늘어나지 않는다고 한다. 성인이 되면 그것으로 끝이다. 그리고 체중이 느는 것도 세포 수

(자)가 늘어나는 것이 아니라 세포, 특히 지방 세포에 물과 지방이 많이 들어가서 지방 세포가 커진 탓이고, 운동과 다이어트(diet, 음식조절)를 하면 지방 세포에 물과 지방이 빠져나가면서 몸무게가 준다. 그러나 조금만 방심하면 다시 지방 세포가 물과 기름을 머금어 체중이 늘어버리니 이런 현상을 '요요(yoyo) 현상'이라 한다.

여자들이 역기力器나 아령啞鈴을 들면 남자처럼 근육이 울퉁불퉁해질까? 근력筋力(근육의 힘)은 당연히 강해진다. 그러나 근육이 크게 부풀거나 '알통'이 생기지는 않고 아주 탄력 있고 매끈해진다. 알통은 남성 호르몬인 테스토스테론의 영향을 받는 것으로 여자 몸에 있는 남성 호르몬은 남자의 1~2%에 지나지 않기에 그렇다. 여성 호르몬인 에스트로겐은 되레 근육을 오그라들게 한다.

운동을 하면 근육에서 열이 난다. 그래서 운동을 하면 몸이 더워지고 땀이 나서 그 열을 식힌다. 근육이 수축收縮과 이완弛緩을 하려면 에이티피(ATP)와 같은 화학 에너지가 기계 에너지로 바뀌어야 하는데 그때 열이 난다. 운동 에너지를 내는 것은 근육(주성분은 단백질임)에 저장해둔 탄수화물의 일종인 글리코겐이라는 물질이다. 글리코겐을 분해하면 포도당이 되고, 포도당은 크레아틴인산(creatine phosphate)이 되었다가 ATP라는 에너지 물질을 낸다. 이 ATP는 곧바로 근육에 힘을 준다. 운동선수들이 탄수화물을 많이 섭취하는 것은 에너지를 빨리 얻기 위함이다. ATP가 에너지를 내면서 열이 나오기 때문에 근육을 움직이면 열이 나오는 것이다. 운동을 해서 혈당이 떨어지면 '젖산'이라는 노폐물이 생기는데, 이것이 많아지면 근육이 피로해진다. 이것을 분해할 때는 산소가 있어야 하고, 목욕도 젖산을 없애는 한 방법이다.

근육에는 적색 근육赤色筋肉과 백색 근육白色筋肉 두 종류가 있

그림 16.9 역도선수는 흰색 근육을 쓴다.

다. 적색 근육은 말 그대로 근육이 붉은 것인데 거기에는 '미오글로빈(myoglobin)'이라는 호흡 색소가 많이 든 탓이며, 그것은 헤모글로빈(hemoglobin)과 마찬가지로 철(Fe)을 가지고 있어 산소와 잘 결합한다. 쇠고기나 돼지고기, 다랑어의 살이 붉은 것은 바로 미오글로빈이 근육에 많기 때문이다. 적색 근육은 운동 속도가 느리지만 잘 지치지 않는다. 그런데 백색 근육은 산소를 이용하지 않고 근육의 에너지를 곧바로 쓰기 때문에 빠르고 강한 수축력을 가진다. 마라톤선수가 오래 견디면서 달릴 수 있는 것은 바로 적색 근육 덕분이고, 역도선수가 무거운 바벨(barbell)이나 아령(dumbbell)을 드는 것은 주로 흰색 근육을 쓰는 것이다. 일반적으로 사람은 적색 근육과 백색 근육의 비가 반반인데, 단거리선수는 백색 근육이 훨씬 많고 장거리선수는 적색 근육이 많다. 마라톤선수는 처음에는 근육에 저장된 글리코겐을 쓰지만 그것을 다 쓰고 나면(보통 80분이 지나면 고갈된다고 함) 지방을 에너지로 전환한다고 한다. 훈련을 많이 한 선수는 처음부터 이 지방을 조금씩 써서 심하게 지치지 않고 2시간 넘게 달린다.

이렇게 몸을 움직이면 뇌(정신)도 맑아지고 우울증과 같이 고인 정신을 맑게 흐르게 한다. 운동은 결코 몸에 그치지 않고 정신에 크게 영향을 미친다는 것을 알자. 더불어 뇌를 써야 할 것이다. 그것은 곧 책읽기가 아니겠는가? 머리가 맑아지면 몸도 가뿐해진다. 그렇다면, 몸이 정신을 지배하는 것일까, 정신에 몸이 따르는 것일까? 둘 다 서로에게 영향을 미친다. 영혼을 살찌우는 방법 중에 독서보다 좋은 것이 어디 있던가? 독서도 습관이니 짬만 나면 서점書店에 가 보자. 건강한 몸은 좋은 음식을 먹고 자라고, 행복한 마음은 건전한 사랑을 먹고 자라며, 명석한 두뇌는 책을 먹고 자란다. 'Reader is Leader'란 말을 잊지 말자.

17
비타민

"오! 당신은 나의 비타민!", "비타민 같은 당신!", "지친 영혼을 위한 비타민!"이라는 말처럼 생명력을 불어넣어 주는 사랑하는 사람이 비타민? 비타민이 바로 '사랑'이다. '마음의 비타민'이 말 없이 이심전심 以心傳心으로 전해진다! 그런데 사랑의 생김새를 그림으로 그려볼 수 있는 사람 없을까? 사랑의 화학구조식 化學構造式을 생각해 보자. 사랑은 둥근가? 모가 났는가? 짧은가 길쭉한가? 뭉툭한가 뾰족한가? 딱딱한가 물렁한가? 그래도 그것 없이, 먹지 않고는 못산다. 사랑을 알사탕으로 만들어 팔면 너나없이 다들 사 먹을 것이다. 그러나 입으로 먹는 비타민은 그 구조도 다 밝혀냈다. 아무튼 '가슴 속의 알사탕'을 넣어만 놓지 말고 나눠 먹자. 사랑은 나눌수록 커진다. 베푸는 것이 사랑이다!

도대체 비타민이라는 것이 뭐기에 숭고 崇高한 사랑에 비유를 한단 말인가? 비타민은 외경 畏敬*한 물질임엔 반론의 여지가 없다. vitamin!?

vitamine은 vita와 amine의 합성어다. 즉, vital amine(생기 있는 아민)이란 뜻이다. vita는 생명, 생명력, 활기, 생기나는, 중요한 등의 그런 내용이 들어 있다.

18세기로 거슬러 올라가자. 그때는 유럽이나 우리나라나 다들 찌들게 못 먹고 살았다. 그래서 영양 결핍에 수명도 더 없이 짧았던 시절이다. 필자가 어릴 때만 해도 그랬다. 지금 생각해도 어떻게 죽지 않고 살았는지 신기하다. 매우 강한 굶주림을 견뎌내는 '기아 유전자 飢餓遺傳子(hunger gene)'를 지녔기 때문일 것이다. 필자는 지금도 교단에서 나의 소원이 무엇인지 아느냐고 자주 묻는다. 뚱딴지(돼지감자)같은 내 물음에 학생들은 멀뚱멀뚱 내 눈치만 본다. 느닷없이, 내 소원은 실컷 먹다가 배가 터져 죽는 것이라고 말하면 학생들은 모두 화들짝 놀란다! 여기저기에서 구시렁거리는 소리가 파도를 탄다. 비둔 肥鈍(몸이 뚱뚱하여 행동이 둔함)한 노교수의 자문자답 치고 황당하기 짝이 없기 때문이다. 참다운 기쁨 역시 진정한 슬픔을 겪은 뒤에라야 깨달을 수 있다고, 배가 고파보지 않은 사람은 그 설움을 모른다.

아무튼 그 시대에도 영양학을 전공하는 사람들이 있었다. 긴 세월 이런 저런 시행착오를 많이 거치면서 비타민을 발견하게 된다. 18세기에, 귤을 먹었더니 치아에서 피가 자주 나는 괴혈병 壞血病(scurvy)이 낫는 것을 발견하고, 19세기에 들어와서 백미 白米 대신에 덜 정미한 현미 玄米를 먹었더니 다리가 퉁퉁 부어오르는 각기병 脚氣病(beriberi)이 낫는 것도 알아낸다. 20세기에 들어서야 비타민이라는 것이 있음을 확신한다.

---

* 외경: 경외, 공경하면서 두려워함.

1906년 영국의 생화학자 홉킨스(Sir Frederick Hopkins)가 음식에는 탄수화물, 지방, 단백질, 무기염류, 물 외에 또 다른 비타민이라는 보조 영양소가 있다는 것을 확인했다. 1912년에 풍크(Casimir Funk)는 각기병을 예방하는 현미에 질소를 함유하는 물질인 아민(amine)이 들어 있는 것을 발견하고, 그 물질을 'vital amine', 즉 'vitamine'이라 명명命名하기에 이른다. 오랫동안 풍크가 붙인 이름, vitamine을 쓰다가 다른 비타민 중에 '아민'을 갖고 있지 않은 것이 발견되면서 vitamine에서 'e'를 빼고 vitamin으로 쓰게 되었다.

그리고 1912년에 홉킨스와 풍크는 비타민이 결핍되면 몸에 괴혈병, 각기병 같은 질병이 생긴다는 가설을 발표한다. 비타민이라는 집 하나도 이렇게 차곡차곡 벽돌을 쌓아 올려서 만들어진 것이다. 로마가 하루아침에 이뤄지지 않았듯이 말이다. 세월이 가면서 여러 비타민의 화학 구조를 밝혀내고 합성合成도 하게 된다. 알고 보면 비타민은 필수 영양소라는 것이 알려진 지가 100년이 채 되지 못했다.

필자도 아침밥을 먹은 뒤에 빼먹지 않고 종합비타민 한 알을 아내와

그림 17.1 홉킨스와 풍크.

함께 먹고 있다. 30년 가까이 그렇게 해왔다. 학자들에 따라서는 우리가 먹는 음식으로는 비타민이 부족할 수 있으니 꼭 보충해 주는 것이 좋다고 주장하는가 하면 음식에 모두 들어 있으니 먹을 필요가 없다고 말하기도 한다. 필자는 전자의 의견에 동의하는 사람이다. 우리의 식단으로는 영양소를 충분히 보충할 수가 없다. 따라서 독자들도 종합비타민을 두고 먹고 싶을 때 한 알씩 먹는 것이 좋다. 크는 아이들에게 비타민을 먹이듯이, 노약자들에게 꼭 권한다. 이 글을 길게 쓰는 이유가 여기에 있음을 밝혀둔다.

그렇다면 대체 비타민이란 어떤 물질이며, 어떤 일을 할까?

① 무엇보다 비타민은 특수한 것을 제외하고는 동물의 몸에서 만들 수 없다. 그래서 식물들이 만들어서 자기들의 생존에 쓰는 그 비타민을 얻어먹는 수밖에 없다. 모든 것을 식물에서 얻는 허깨비들! 동물은 식물에 기생(종속)하는 기생충에 지나지 않는다. ② 그리고 비타민도 과유불급 過猶不及으로 모자라도 탈, 넘쳐도 탈이다. 수용성 비타민(B, C 무리)은 좀 많이 먹어도 물에 녹아 소변으로 나가버리지만 지용성 비타민(A, D, E, K)은 몸에 남아서 까탈(과비타민증)을 부린다. ③ 삼대 영양소(macro-nutrient)인 탄수화물과 지방, 단백질은 모두 에너지를 내지만 삼대 부영양소(micro-nutrient)인 물과 무기염류, 비타민은 에너지를 갖지 못한다. ④ 비타민은 몸의 구성 물질이 되지 못하고 여러 물질대사를 도와주는 일만 한다. ⑤ 물질대사를 하려면 반드시 효소 酵素(apo-enzyme)가 관여하는데, 효소는 주성분이 단백질이면서 자기를 도와주는 조효소 助酵素(co-enzyme)를 필요로 한다. 그 조효소가 되는 것이 바로 이 비타민이다. ⑥ 비타민은 식물, 동물은 물론이고 세균이나 효모까지도 필요한 유기 화합물이다. 그리고 이 생물이 필요하다고 해서 저

생물도 꼭 필요한 것은 아니다. 이 생물은 스스로 합성이 가능한 데 비해서 다른 것은 전연 불가한 경우가 있다는 말이다. 그리고 몸에서 일정한 기간이 지나면 그 기능을 잃고 말기에 음식으로나 약으로 계속 보충해야 한다. ⑦ 비타민은 음식에 소량만 들어 있어도 건강과 성장에 아무런 이상이 없다. 대략 먹는 음식의 0.00002~0.005 %면 충분하다고 한다. 어떻게 과학자들은 이런 일들을 밝혀내는 것일까? 정말 감탄이 저절로 나온다.

어쨌거나 우리가 생존하는 데는 수천 가지의 물질들이 필요한데, 그 중의 하나가 비타민이다. 물론 그 수천 가지가 모두 무엇인지는 알지 못하고 있다. '미지의 세계'에서 살고 있다는 것도 모르면서 살아가는 나!? 아무튼 비타민은 없어서는 안 되는, 꼭 필요한 '사랑'인 것이다. 사랑, 비타민이 부족하면 좋은 음식을 아무리 먹어도 살이 찌지 않는다!

앞에서도 언급했듯이 비타민은 수용성과 지용성, 둘로 나뉜다. 수용성 비타민에는 비타민 B 무리와 비타민 C가 있고, 지용성에는 A, D, E, K가 있다. 수용성 水溶性 비타민이 소장에서 흡수되어 조직에 들어와 조효소 역할을 하는데, 그 양이 너무 많으면 소변으로 나간다. 비타민 B(B_1, B_2, B_6, B_{12})는 전형적인 조효소로 작용하고 비타민 C는 조효소로 작용하는지 정확하게 밝혀지지 않았다. 이것은 뼈나 이가 성장하는 데 필수적인 것이면서 상처를 치유하는 데도 있어야 한다. 그리고 감기 등 여러 병을 예방하는 데도 필요하다고 주장하지만 정확한 과학적인 근거는 없다고 한다. 이렇게 아직도 비타민의 하는 일을 상세하게 잘 모른다. 학문은 완성된 것이 하나도 없다. 언제나 진행형이라는 것! 참고로, 비타민은 발견한 순서에 따라 A, B, C, D 등으로 순서를 매겨 나갔다.

지방에 녹아 다니는 지용성脂溶性 비타민(A, D, E, K)을 간단히 보자. 지용성 비타민은 소장에서 담즙(쓸개즙)의 도움을 받아 흡수된다. A와 D는 주로 간에 저장하고 E는 몸의 지방(체지방)에 저장되며 K는 거의 저장되지 않는다. 여기서 우리가 하나 알아야 할 것이 있다. 소나 돼지, 닭의 간에는 어떤 비타민이 많이 들어 있을까? 또 돼지비계나 버터 등의 지방을 먹으면 어떤 비타민을 얻을 수 있을까?

그리고 한 동물의 몸에서 만들어지는 비타민의 양도 주변의 환경(햇빛, 대장균)에 따라서 달라질 수가 있다. 사람도 스스로 합성할 수가 있는 비타민이 있으니 비타민 D와 K다. 그러나 오해하지 말아야 한다. 비타민 D는 식물에서 얻은 전구물질前驅物質인 베타카로틴(beta-carotene)이고, 비타민 K는 대장의 세균(대장균)이 합성하는 것이다! 아무튼 그것의 양이 여러 원인에 의해서 늘고 줄기를 한다는 말이다. 사람의 피부는 비타민 D 합성 공장이다. 햇빛(자외선)을 받으면 카로틴이 비타민 D로 바뀐다. 그래서 뼈의 성장이 빠른 어린 아이들에게 일광욕을 시키는 이유가 여기에 있다. 볕을 충분히 받지 못하면 비타민 D가 부족하여 구루병(곱사병)에 걸린다. 그래서 카로틴은 비타민의 전구물

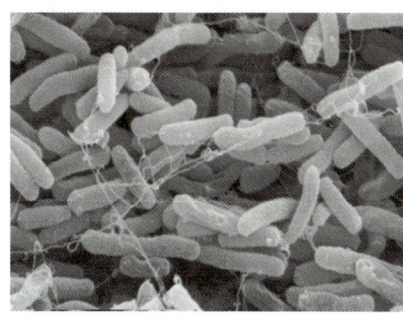 

그림 17.2 대장균을 확대한 사진과 일광욕을 즐기는 사람들.

질인 것이다. 그리고 대장(주로 결장, colon)에서 대장균들은 소장에서 내려온 찌꺼기를 이용해(먹어) 번식을 하고 부산물로 비타민 K를 합성한다. 만일 오랜 항생제 투여로 대장균이 모두 죽어버리면 우리 몸에 비타민 K 결핍이 일어나 혈액 응고에 지장을 받는다. 그리고 대장균은 소량이기는 하지만 비타민 B를 만들어 대장에서 흡수해 영양분으로 쓰인다. 달걀을 날 것으로 먹으면 아비딘(avidin)이란 단백질이 창자에서 합성한 비타민 B의 흡수를 억제한다고 한다. 위생상으로 좋지 못할 뿐더러(노른자에도 식중독균이 존재하는 경우가 있음) 비타민 흡수를 방해한다는 점에서도 달걀은 익혀 먹는 것이 좋다.

일반적으로 많은 양의 비타민은 합성하기도 하지만 식물에서 상업적으로 뽑기도 한다. 합성하기 위해서는 그 물질의 구조를 밝혀내야 하며, 그것의 세포나 조직, 기관에 어떻게 작용하는가를 여러 동물이나 미생물을 통해서 알아낸다. 세균을 배양하면서 배지培地에 어떤 비타민을 넣지 않았을 때와 넣었을 때 어떤 결과가 나오는지 관찰하고 미생물이 아닌 쥐나 병아리, 강아지 등을 이용해서도 비타민의 필요한 양, 부족할 때 나타내는 증상을 분석한다. 그러면 체중의 증가나 병적 증상을 볼 수가 있다. 반대로 병에 걸린 동물에게 특수한 비타민을 먹여서 회복하는 것을 평가하고, 또 얼마의 양이 적당한가를 알아내기도 한다.

비타민은 동물이나 식물, 미생물에게도 필요한 영양소라고 했다. 물질대사를 하는 각 과정에는 반드시 효소가 관여한다. 그 효소의 조효소가 되는 것은 당연하고, 지용성 비타민들은 생물들의 여러 가지 막(membrane) 형성에 간접적으로 관여하며, 어떤 효소의 합성에 직접 작용하기도 한다.

그럼 각 비타민의 기능, 하는 일을 간단히 살펴보자.

Vit.A(레티놀, retinol)는, 식물이 가지고 있는 카로틴은 십여 가지가 되지만 그중에서 베타카로틴(β-carotene)이 가장 중요하다. 식품에 들어있는 베타카로틴은 소화 효소에 의해서 두 분자의 비타민 A로 나눠

그림 17.3 비타민이 많이 든 과일.

지며 성장이나 생식, 눈의 기능에 중요한 몫을 한다. 특히 눈의 망막(retina)에서 시각을 형성하는 데 필요하며 비타민 A가 부족하면 어둠에 적응하지 못하는 야맹증夜盲症에 걸린다. 그리고 부족하면 특별히 상피 세포, 피부, 호흡 기관의 점액 세포, 수뇨관, 요도의 상피 세포에 경화(딱딱하게 굳음)가 일어날 수 있다. 지용성 비타민으로 생선이나 육상 동물의 간에 많이 저장되어 있다. 간유肝油는 다름 아닌 대구나 생태의 간에서 뽑은 것이다. 그러나 대부분의 사람들은 식물성 음식에서 얻는다. 당근 색을 띠는 베타카로틴은 당근은 물론이고(carrot라는 당근 이름은 카로틴 Carotene에서 유래함) 복숭아, 멜론, 망고, 수박 등의 과일에 많이 들어 있다.

Vit.B₁(티아민, thiamine)는 수용성 비타민으로 곡식이나 육류 등에 들어 있으며, 효소의 조효소가 되어서 탄수화물이나 술, 아미노산의 대사에 중요하다. 술을 분해하는 데 필요한 비타민으로 결국 알코올 중독에 걸리면 포도당 대사가 제대로 되지 못하게 된다. 다른 말로 숙취(이튿날까지 깨지 아니한 술기운)를 해소하는 데는 포도당이 으뜸인 것이다. 그래서 설탕물이나 꿀물이 술 깨는 데 특효다.

술을 많이 마셨다면 비타민을 보충해 주는 것이 옳다. 좀더 구체적

으로 말하면 티아민은 탄수화물대사에 아주 중요한 일을 한다. 특별히 포도당대사에 필요한 효소의 조효소가 되는데 부족하면 피루브산의 축적이 일어난다. 피루브산을 크렙스회로(Krebs cycle)(그림 17.4 참조)로 들어가게 하는 효소의 조효소로 티아민이 관여하기 때문이다.

그리고 부족하면 신경계에 이상이 생긴다. 신경계는 포도당대사에서 나온 에너지를 사용하는데 포도당대사에 필요한 효소의 조효소가 바로 티아민이기 때문에 부족하면 각기병에 걸린다. 그리고 다리의 신경계(운동 신경, 감각 신경)에 이상이 생겨서 운동이나 반사反射 기능이 떨어진다. 일본 군인으로 끌려가서 오키나와에서 전사한 필자의 아버지를 마지막으로 목격한 아버지 친구 분의 말씀에 따르면 아버지의 다리가 퉁퉁 부어 있었고 활동을 제대로 못하셨다고 한다. 살아 계셨으면

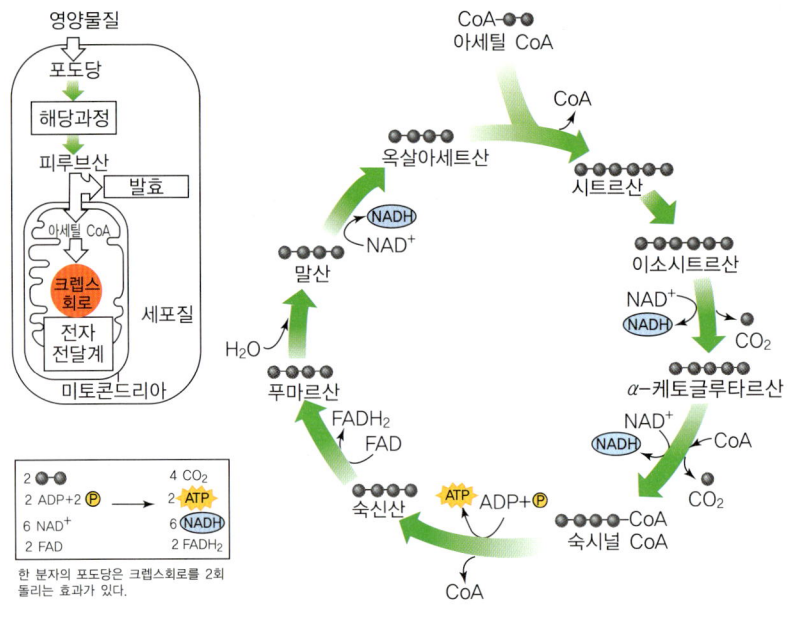

그림 17.4 미토콘드리아에서 일어나는 전자전달계와 크렙스 회로.

티아민을 한껏 드렸을 것을……. 한국인이 일본 군인으로 끌려가서 미국의 총알에 세상을 떠났으니 역사의 아이러니가 아니고 뭔가. 또한 이것이 부족하면 정신적으로도 퇴행退行이 일어날 뿐더러 눈알 운동에도 장해가 온다고 한다.

Vit.B$_2$(리보플라빈 riboflavin), 역시 수용성 비타민이다. 역시 탄소화물대사에 아주 중요하며, 황록색을 띠고 채소에 많이 들어 있다. 비타민을 먹은 다음에 소변을 보면 소변색이 노랗게 보일 때가 흔히 있다. 바로 이 비타민이 소변에 녹아 나와 그런 것이다. 우유에 특히 이 비타민이 많이 들어 있다.

Niacin(니아신)은 부족하면 펠라그라(pellagra)병에 걸린다. 이 비타민 부족으로 트리프토판 아미노산 결핍에서 오는 병으로 피부가 아주 거칠어지고 쩍쩍 갈라지며 설사를 하고, 만성피로에 뇌의 기능도 떨어진다. 수용성으로 사람의 간에서 트리프토판(tryptophan) 아미노산이 니아신으로 바뀐다. 그러므로 단백질 섭취량이 부족하면 이 비타민을 보충해야 한다

Vit.B$_6$(피리독신, pyridoxine)은 수용성 비타민으로 단백질(아미노산) 대사에 긴요한 역할을 한다. 즉, 아미노산대사에 필요한 효소의 조효소로 작용한다. 그러므로 단백질 섭취를 많이 할수록 이 비타민을 더 많이 필요로 한다.

엽산(folic acid), 역시 수용성으로 DNA 합성에 관여하고 이것이 부족하면 DNA 자기복제가 되지 않아 결국은 세포 분열이 일어나지 못한다. 세포 분열이 재빠르게 일어나 새 세포로 빨리 전환하는(죽고 새 것이 생김) 상피나 창자벽 세포 분열에 치명적일 수가 있고, 특히 임신부에게 결핍되기 쉽다. 그리고 혈구(적혈구, 백혈구, 혈소판)의 수가 감소한다. 여

기서 'folic'이란 말은 잎(leaf)이란 뜻으로 folic acid를 '엽산葉酸'이라 번역한다. 엽산은 동물의 살이나 곡식, 채소에 많으며 음식을 끓이면 성분이 파괴된다.

Vit.B$_{12}$는 수용성으로 부족하면 빈혈貧血(anemia)을 일으킬 수가 있다. 이것은 동물의 조직에만 존재하는 것으로, 순수한 채식주의자들에게 부족하기 쉽다. 주로 간에 저장되며 아주 소량을 필요로 하고 핵산 합성에 관여하기도 한다. 신경계에도 영향을 미치니, 신경 세포의 축색 돌기를 둘러싸고 있는 지방 물질인 미엘린(myelin) 유지에 필요하다.

Vit.C도 수용성으로 앞의 B$_{12}$는 동물에만 있는 것이라면 이것은 오직 식물체에만 있다. 강력한 항산화제(antioxidant)로 특히 콜라겐(collagen) 단백질 합성에 중요한 몫을 하므로 상처를 낫게 하는 데 중요하다. 무엇보다 괴혈병 예방에 꼭 필요한 비타민이다. 귤이나 풋고추 하나면 문제가 안 되는 병이지만 옛날엔 그렇지 못했다. 오래 항해航海를 하거나 전쟁 중이거나, 교도소에서도 흔했던 병이다. 잇몸이 부풀고 피가 나며, 피부나 근육에 출혈이 생기고 배 안의 복막腹膜에도 피가 난다. 위암(gastric cancer) 예방에 효과를 발휘하고 많은 양을 먹으면 감기를 예방한다는 설이 있지만 과학적으로 정확히 증명이 되진 않았다. 엽산과 마찬가지로 열에 매우 약하고, 많이 먹어도 소변으로 나가버리지만 부작용으로 수뇨관에 요석尿石을 형성한다.

Vit.D(cholecalciferol)는 열 가지가 넘는 화합물들이 비타민 D의 기능을 하지만 그중에서 제일 중요한 것이 Vit.D$_2$(ergocalciferol)와 Vit.D$_3$(cholecalciferol)이다. 이 두 비타민은 쥐나 사람에게는 필요하나 닭은 거의 이용하지 않는다. 한마디로 하나의 비타민이 동물에게 똑같이 이용되는 것은 아니란 뜻이다. 지용성으로 주된 역할은 창자에서 칼슘과 인산의 흡수를 촉진시키며 피부 아래에 존재하는 에르고스테롤 (콜레스테롤에서 만들어짐)이 자외선을 받아 비타민 D로 바뀐다. 그래서 피부를 '비타민 합성 공장'이라 부른다. 태양광선을 제대로 받지 못하는 북극권의 사람들은 비타민 D 알약을 일부러 먹어야 한다. 뼈의 형성에 관여하기 때문에 부족하면 등이 굽어버리는 구루병佝僂病(곱사병)에 걸린다. 옛날에는 꽤나 흔했으나 근래는 우리나라에 거의 없다. 이것은 우유나 버터, 돼지비계 등에 많이 들어 있다. 비타민 D를 과하게 섭취하면 혈액에 칼슘 농도가 짙어지고 구토嘔吐(vomiting)를 하는 경우가 있다. 그리고 성인이(유아는 아님) 우유를 너무 많이 먹거나 햇빛을 너무 과하게 받으면 비타민 D가 몸에 쌓여서(지용성 비타민이라 축적이 일어남) 되레 콩팥 등에 석회화石灰化(calcification)를 일으켜 요석尿石을 만들고, 뼈가 부스러지는 등 여러 부작용이 일어난다. 이것이 곧 비타민 D의 독성毒性이다. 결론적으로 강렬한 태양에서 지내야 하는 흑인들의 피부가 검은 것은 피부암(melanoma) 예방에도 관련이 있겠지만 그보다는 이 비타민의 부작용을 예방하는 장치다. 검어지고 싶어 그런 것이 아니라 살자고 그런 것이다!

Vit.E(α-tocopherol)는 비슷한 구조를 하고 있는 것이 여덟 가지나 있지만 그중에서 가장 활발한 기능을 보이는 것이 바로 알파토코페롤이며 불포화지방을 먹으면 충분히 얻을 수 있다. 지용성 비타민이며 세포막에 항산화제로 작용하는데, 부족하면 유산流産 내지는 조산아早産兒 출산을 하는 경우가 있고, 노인들은 지방의 흡수에 지장을 받는다.

Vit.K는 지용성으로 혈액 응고에 관여하는 비타민이다. 특히 간에서 만들어지는 프로트롬빈(prothrombin) 합성에 필수적인 것이다. 부족하면 상처를 입었을 때 출혈이 멈추지 않고 이따금 몸속에서 일어나는 내출

혈도 생기기 쉽다. 그래서 병원 생활을 오래하여 항생제를 장기간 투여한 환자(대장균이 모두 죽어 이 비타민을 합성치 못함)에게 알약을 일부러 먹인다. 여기서 'K'라는 말은 독일어의 *Koagulationsvitamin*이란 단어의 첫 K자를 딴 것이라 한다. 비타민 K_1은 식물성 음식에 있지만 비타민 K_2는 대장의 세균들이 합성을 하고 그 일부를 숙주(사람)가 흡수한다. 갓 태어난 유아는 대장에 세균이 없어 비타민 K를 얻을 수 없기 때문에 혈액 응고가 일어나지 않아 이 비타민을 먹이는 경우도 있다. 이렇게 비타민이 우리 몸에 꼭 필요하므로 사람 몸에 필요한 양(단위, 기준)을 정했으니 그것이 국제 단위 IU(International Unit)라 부른다.

북한을 포함한 아프리카, 중남미 등지의 극빈한 나라의 어린이들, 앙상하고 바싹 마른 그들에서 옛날의 나를 만난다. 빈곤국에서는 단백질 부족은 물론이고, 따라서 비타민 결핍도 커다란 문제다. 음식에 단백질이 부족할 정도면 당연히 비타민도 모자랄 수밖에 없다.

필자도 뼈에 사무치게 체험體驗했지만 뭐니 해도 배고픈 서러움보다 더한 것이 없다. 절실하면 꿈을 꾼다고, 언제나 먹는 꿈만 꾸었던 우

그림 17.5 영양 결핍에 시달리는 어린이.

리들이 아니었던가. 하여튼 단백질이 부족하면 비타민이 있더라도 흡수가 되지 못한다(대표적으로 비타민 A). 제대로 먹어도 부족하기 쉬운 것이 비타민인데 말해서 무엇하겠는가. 차라리 사람이 아닌 푸나무草木(풀과 나무)로 태어났다면 제대로 비타민이나 만들어 먹을 수가 있었을 것을······.

18
노화와 죽음

한 번 떠나버리면 다시 돌아오지 않는 것에는 입 밖으로 나가 버린 말, 활시위를 떠난 화살, 그리고 흘러가버린 세월歲月이 라 한다. 말로 말 많으니 말言을 가려할 것이며, 시간의 소중 함을 알자는 것이다. 세월은 당신을 기다리지 않는다고 한다. 시든 꽃 도 다시 피지 못한다. 하여 '시작이 끝' 아닌 것이 없으니, 참 서럽고 아쉽기 그지없다. 호흡지간 呼吸之間*, 들숨과 날숨 사이에 죽음이 들었 다고 하지 않던가. 아무리 애를 써도 소용없다. 갓 태어난 저 사람도 얼 마간 이 지구에 머물다 저승으로 가지 않을 수 없는 일, 이를 두고 생자 필멸 生者必滅**이라 한다. 한 번 태어나면 죽지 않는 것이 없다. 과연 늙음(노화老化)이란 어떻게 해서 일어나는 것일까? 다음 필자의 글이 도움을 줄 것이다.

---

* **호흡지간**: 숨 한 번 내쉬고 들이마실 사이라는 뜻으로, 매우 아슬아슬한 순간을 이르는 말.
** **생자필멸**: 생명이 있는 것은 반드시 죽음. 삶의 무상을 이르는 말이다.

태어난 생명은 언젠가 반드시 죽는다. 맞는 말이다. 몇백 년이 된 노거수老巨樹도 때가 되면 죽으니, 어디 인간이 영생을 바랄 수 있단 말인가. 생로병사生老病死라 한다. 태어나면 누구나 늙고 병들어 죽는다. 인간이란 동물이 무소불위無所不爲*로 못하는 일이 없으나 늙고 병들어 죽는 일은 아무도 피하지 못한다. 하긴, 죽지 않고 무한히 산다면 삶이 얼마나 지루하겠는가? 죽음이 오는 것을 느끼고 살기에 적선積善도 하게 되는 것이리라. 그래서 종교가 존재하는 것이다.

단도직입적으로 보자. 무엇보다 노화老化의 초기 증상은 시력視力의 저하에서 느끼게 된다고 한다. 불혹의 나이, 사십 고개를 넘고 나면 많은 사람들의 눈이 침침하고 신문의 활자가 흐려 보이니, 눈을 구성하는 여러 근육과 수정체의 탄력(수축과 이완)이 줄어든 탓이다. 어디 눈의 근육만 그런가? 팔다리의 근육도 탄력이 줄어들고 힘이 빠진다.

"사람은 동맥과 함께 나이를 먹는다."고 한다. 늙어가면서 동맥을 구성하는 근육의 힘이 빠져 버린다. 동맥의 역할은 양분이나 산소, 비타민, 무기염류가 들어 있는 피를 조직의 구석구석까지 전달하고 노폐물을 그때그때 내다 버린다. 혈관이 튼튼하여 혈액 순환이 잘 되어야 건강한 것이다. 어디 동맥뿐인가? 정맥과 모세혈관도 튼튼하여 터지지 않는 것이 중요하다. 탄력성이 저하되면 고혈압이 되어 뇌혈관이 터지는 경우가 있으니 늙으면 늙을수록 그 확률이 늘어만 간다. 혈관이 굳어져 버리니 피가 조직 구석구석에 양분과 산소를 제대로 공급하지 못하여 노화가 촉진된다. 그래서 일을 하고, 운동을 하여 혈관을 젊게 유지하라는 뜻이다.

---

* 무소불위: 하지 못하는 일이 없음.

나이를 먹으면 어디 하나 성한 게 없다. 늙음은 가장 먼저 피부에 나타난다. 기름기가 없어져 퍼석퍼석해지는 것은 물론이고 진피眞皮나 피하지방皮下脂肪이 얇아지면서 피부가 거칠어지고 동시에 체온유지도 어렵게 된다. 추위를 심하게 타는 것은 당연하고 여름에도 열기를 잃어서 수족手足이 차갑다. 그래서 여름에 '장갑 낀 노인'이 되고 피부가 쇠가죽처럼 거칠어진다. 이는 콜라겐(collagen)이란 단백질이 과다하게 축적되기 때문이다. 핏기 하나 없는 쇠약하면서도 창백한 노인 얼굴은 나를 슬프게 한다. 기름기 자르르 흐르던 때가 엊그제였던 것 같은데 말이다.

늙으면 면역 기능도 떨어진다. 그래서 감기에도 잘 걸리고 잔병을 여러 차례 하게 된다. 가슴샘(흉선)이 퇴화하면서 림프구(톨)의 형성이 줄고, 따라서 항체 형성도 옛날과 비할 수 없이 떨어진다. 옛날 같으면 쉽게 나을 병들이 빨리 낫질 않는다. 암도 늙으면서 더 많이 걸린다. 다 면역력이 떨어진 탓이다. 면역 기능을 잃으면서 엉뚱하게도 제 세포를 죽이는 경우가 생기니 대표적인 예가 관절염(류머티스)이다. 면역 체계가 치매에 걸려서 피아彼我(아군과 적군)를 구별 못하는 현상이 일어난

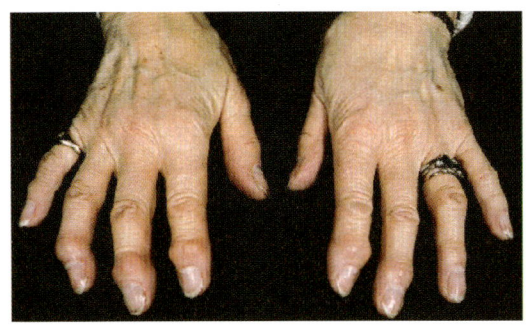 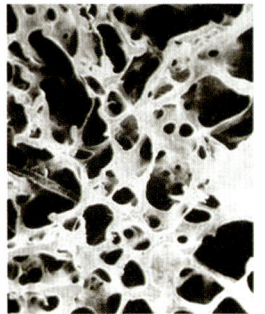

그림 18.1 관절염과 골다공증.

것이다.

그리고 우리 몸에서 한 번 만들어진 것이 새로 재생을 못하는 것으로 대표적인 것이 뇌를 구성하는 신경이다. 때문에 나이를 먹을수록 그 수가 끊임없이 줄어들고, 결국에는 신경이 둔해지며 기억을 잃어 건망증이 생긴다. 너무 오래 살면 건망증이 도를 넘어서 노망老妄하게 된다. 건강하게 오래 살지 않는 한 장수는 치욕적인 것임을 알아두자. 병이 들어, 똥오줌이나 받아내는 신세가 되면 불행 중 불행이다.

건강하게 살다 죽겠다는 것이 모두의 소원이다. 늙으면 넘어져 다치는 낙상落傷이 아주 위험하다. 노인이라면 대부분 골다공증을 앓기 때문에 낙상하면 약한 뼈를 다치기 쉽다. 뼈 안에 들어 있는 조골세포造骨細胞의 수나 기능은 점점 줄어들고 대신 뼈세포를 부수는 파골세포破骨細胞가 늘어나서 뼈를 약하게 한다. 뼈도 근육도 쓰지 않으면 약해지고 만다. 그러므로 늙을수록 몸을 움직여야 한다. 천수天壽(타고난 수명)를 다한 노인들은 하나같이 일을 하고 있었다. 그리고 낙천적이면서 천진스러움을 잃지 않았고, 즐겁게 웃으며 산다. 엔도르핀(endorphin)을 펑펑 솟게 하는 미소微笑, 샘도 자꾸 퍼줘야 새 물이 솟는다. 화는 화를 낳고 웃음은 웃음을 낳는다고 하던가. 울다보면 슬퍼지고 웃다보면 즐거워진다!

또한 늙으면 내장도 함께 낡아간다. 허파만 해도 점점 폐활량肺活量이 줄어들면서 호흡량이 감소하게 된다. 담배를 피우는, 피워온 사람들은 허파의 기능 상실 속도가 빠르다. 그래서 밭은 숨을 쉬게 되고 심한 호흡 장해를 가져오기도 한다. 폐포(허파꽈리)도 많이 죽어 줄어들고 기관지의 섬모纖毛도 망가져서 가래 뱉기도 수월치 않게 된다. 결국 산소 교환이 원활치 못하여 기관지염이나 폐렴에 쉽게 걸린다.

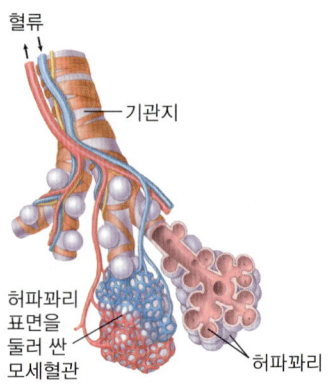

그림 18.2 흡연은 무엇보다 허파꽈리를 많이 죽게 한다.

지금까지 설명한 것보다 그래도 늙는 속도가 느린 것이 있으니 위, 소장, 대장 등의 소화 기관들이다. 육십이 넘어도 위胃의 기능은 75 %를 그대로 유지한다니 말이다. 노인이 되면 식량食量이 좀 줄기는 하지만 딴 기관들에 비하면 아주 좋은 편이다. 소식장수小食長壽, 적게 먹어야 오래 산다는 것은 다른 동물 실험에서도 확인된 일이지만, 누구나 늙으면 저절로 적게 먹게 된다. 콩팥이나 방광도 꽤나 건강을 유지하는 편이라고 한다.

남녀는 평등하되 늙어가는 것은 동등하지 않다! 늙음도 남녀가 다르다. 여자는 자궁암이나 유방암이 으뜸이라면 남자는 전립선前立腺에 탈이 생긴다. 모두 오래 살아서 생기는 장수병長壽病이다. 그리고 남자는 나이를 먹어도 생식 능력을 유지하는데 여자는 폐경 후에 난소가 반이나 줄어버린다. 그래서 남자가 곁에 오는 것이 싫어진다. 그리고 사람에 따라서 같은 나이인데도 겉늙어버리는 사람이 있는가 하면 정정한 사람도 있다. 유전 인자와 살아온 환경의 차에서 오는 것으로, 달력 나이(calendar age)는 같아도 생물 나이(biological age)가 다르다는 것이다. 주어진 유전자야 어쩔 수 없으니 오래 살고 싶으면 장수 집안에 태어나야 한다. 그러나 생활환경을 잘 다스리면 수壽를 다할 수 있다. 과음과 흡연 등을 삼가야 한다는 말이다. 그러니 알고 보면 명命도 다 자기에게 매였다. 특히 마음 씀씀이가 중요하다. 우리 모두 건강하게 살다 깨끗하게 죽자.

세상의 모든 것들이여! 어디에서 와서 어디로 간단 말인가? 정녕 영생이란 없는 것일까? 그렇구나. 떠나야 할 때를 알고 떠나는 이의 뒷모습은 더 없이 아름답다. 생사불이 生死不二, 죽음과 삶은 둘이 아니다! 번영과 쇠퇴함이 어찌 그리도 덧없는지 모르겠다. 한 번 오면 반드시 한 번 간다.

그림 18.3 인간의 노화 진행 과정.

19
사람의 유전

멘델(G.J. Mendel)은 유전학 遺傳學의 대명사이다. 멘델은 1865년에 완두콩을 재료로 한 실험 결과를 학회에 발표한다. 잎이 덩굴손으로 바뀐 완두콩은 많은 종자가 열리기에 통계 처리가 가능했고, 1년이면 실험 결과가 나와서 좋으며, 콩과식물이라 기름지지 않은 땅에서도 잘 자라서 아주 좋은 실험 재료다. 사람을 실험 재료로 썼다면 이런 유전 법칙을 얻을 수 없었을 것이다. 자식을 적게 낳고 수십 년이 지나야 결과를 확인할 수 있으며 기르기에 까다로운 사람은 유전 실험 재료로는 빵점이다. 그런 점에서 멘델은 재수 좋은 행운아 幸運兒였다!

암튼 서로 대립 對立되는 형질을(줄기의 키가 큰 것에 작은 것, 씨가 둥근 것과 주름진 것, 떡잎의 색이 노란 것과 녹색 등을 '대립 형질'이라 함) 가진 것을 심어서, 그 꽃들을 서로 교배(타가수분)하여 얻은 씨를 심었을 때 우성 형질 優性形質만 나타난다. 다시 말하면 줄기의 키가 큰 것이 우성 優

性(TT)이고 작은 것이 열성 劣性(tt)인데, 이 둘을 심어 꽃가루받이를 하여 얻은 씨앗을 다시 심었을 때 잡종 제1대(F_1, 여기에서 F는 Filial의 약자로 후손이란 뜻을 가짐)에 모두 키가 큰 우성(Tt)들만 나타났다. 씨앗이 둥근 것은 주름진 것에 대해 우성이고 노란 것이 녹색에 대해 우성이므로 역시 잡종 제1대에는 모두 다 둥글거나 노란색의 것이 나타난다. 이것을 '우성의 법칙 優性法則' 또는 '우열의 법칙 優劣法則', '멘델 제1법칙'이라 부른다. 그런데 Tt가 큰 것은, 겉으로 나타난 '표현형 表現型'으로, 이렇게 표현형은 우성 형질이 나타났지만 '인자형 因子型'에는 t라는 열성 인자가 들어 있다. 다시 말하면 TT, Tt는 인자형은 다르지만 표현형은 우성으로 같다. 열성 인자 劣性因子 t는 우성 인자 優性因子인 T에 가려서(눌려서, 잠재되어) 형질은 나타나지 않았지만 잠재되어 살아남아 있다.

F_1의 키가 큰(씨앗이 둥근, 떡잎이 노란) 형질(Tt×Tt)의 씨앗을 심어 자가 수정 自家受精을 시켜 얻은 씨앗들을 다시 심어 봤더니, TT(큰 것), 2Tt(큰 것), tt(작은 것)로, 키가 큰 것(씨앗이 둥근 것, 노란 것)과 작은 것의 비가 잡종 제2대 雜種 第2代 (F_2)에 3:1로 나왔다. 즉, TT(큰 것), 2Tt(큰 것), tt(작은 것)에서 우성(큰 것)과 열성(작은 것)의 표현형의 비가 3:1로 나오며, 인자형은 1:2:1로 3가지가 나온다. 이것이 '멘델 제2법칙'인 '분리의 법칙 分離法則'이다. 다시 말하지만 여기에서 3:1이라는 것은 표현형이며 통계 처리를 한 것으로, 멘델 실험에서 줄기의 키가 큰 것이 787포기, 작은 것이 277포기가 나와서 그 비가 2.84:1이었고, 종자에서 둥근 것이 5474개에 주름진 것이 1850개로 그 비는 2.96:1이었다. 떡잎의 색, 꼬투리의 모양과 색 등도 통계 처리했더니 그것이 3:1에 아주 가까웠던 것이다. 정확하게 딱 떨어지는 3:1이 아니었다.

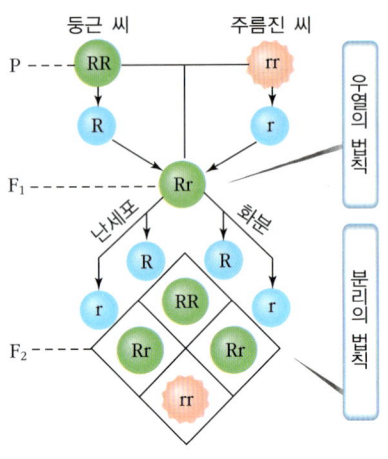

그림 19.1 멘델 법칙 설명(단성 유전).

멘델 제3법칙은 '독립의 법칙獨立法則'이다. 대립 형질을 하나씩 따져본 단성 잡종單性雜種(대립 형질이 하나로 큰 것에 작고 둥근 것에 주름지다)은 F_2에서 우성과 열성이 3:1로 분리하는데, 양성 잡종兩性雜種(둥글고 노란 것과 주름지고 녹색 등)은 F_2에서 그 분리의 비가 9:3:3:1로 나온다.

그런데 앞에서 본 것처럼 키가 크다 작다, 둥글다 주름지다와 같이 대립 형질의 하나인 단성 잡종은 이해가 쉽다. 그런데 키가 크고 둥근 것에 키가 작고 주름진 두 유전자를 다루는 양성 잡종의 F_2는 꽤나 복잡하여 그 분리의 비가 9:3:3:1로 나온다. 그런데 그것은 알고 봤더니 단성 잡종의 제곱인, $(3:1)^2$이 아닌가! 다시 말하면 양성 잡종이 아주 복잡해 보이지만 실은 두 개의 단성 잡종이 혼합混合된 것으로, 즉 유전인자들이 자기의 특성을 잃지 않고 독립적으로 작용하고 있으니 이것이 독립의 법칙이다. 대립 형질이 셋인 삼성 잡종 또한 단성 잡종 셋이 규칙성을 잃지 않고 고스란히 3:1씩 분리한다. 분리의 법칙은 고등학교

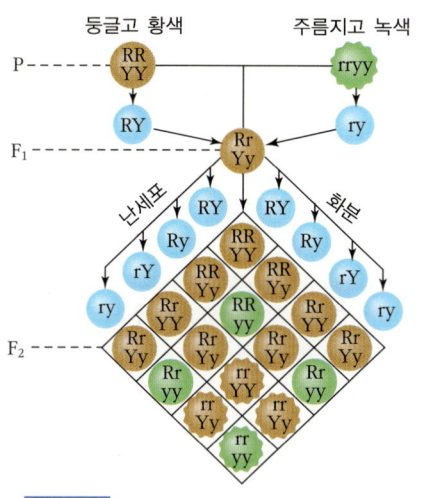

그림 19.2 멘델 법칙 설명(양성 유전).

에서 다루는 것이 옳다.

 흔히 생물학은 외우는 과목이라 싫어하는 학생들이 있다. 절대로 그렇지 않다. 차근차근 풀어가는 학문이며, 특히 멘델 유전학도 풀어보면 재미가 나니 흥미를 잃지 말자.

 사람의 유전도 일반적으로 '멘델 법칙(Mendelian law)'을 따른다. 머리카락은 검은색이 금발이나 갈색보다 우성이라서, 그런 두 사람이 아기를 낳으면 검은색 머리카락을 가진 아이가 태어난다. 내림물질(유전인자, DNA)이 이렇게 대물림을 하고 내림을 한다. 또 머리카락은 고수머리가 곧은 머리에 비해 우성이기 때문에 역시 결혼을 하면 고수머리 아이가 태어나니 이것이 우성의 법칙에 따른 것이다. 사람에서 일반적인 대립 형질의 우열優劣을 보면, 머리카락은 검은색>갈색>금발, 고수머리>곧은머리, 눈꺼풀은 쌍꺼풀>외꺼풀, 피부색은 검은색>황색>백색, 지능은 우수>열등, 혈액형은 A=B>O, Rh^+>Rh^-, 혀끝을 둥글게 감는 것이 감지 못하는 것에 우성이다. 지금 당장 거울 앞에서, 혀 양 끝을 위로 오므려서 말아 보아라. 거의 끝이 동그랗게 말리는 사람이 있는가 하면 뻣뻣하게 그대로인 사람도 있다. 아무리 힘을 써 봐도 혀끝은 그대로다. 사람이란 이렇게 알 수 없이 많은 3~4만 개의 유전자가 아주 복잡하게 얽혀 있으니 안팎으로 같은 사람이 없다. 생물에서 말하는 다양성多樣性이라는 것이다.

앞에서도 말했지만 사람을 상대로 유전 실험을 하는 것은 참 어렵다. 근친결혼을 시킬 수도 없는 일, 아이 수가 적으니 통계 처리도 어려우며, 또 태어나 죽는 한살이(일생)가 너무 길다는 약점이 있다. 이런 점에서 사람의 유전을 연구하기가 어렵지만, 가계家系(family line)를 조사하거나 통계 자료, 일란성 쌍생아의 연구들로 추리를 한다. 멘델의 법칙을 찾아낼 수 있었던 것은 멘델이 과학적이고 체계적인 연구를 한 것은 말할 것도 없고, 실로 '완두'라는 좋은 실험 재료를 만난 탓도 있다. 완두야 말로 유전 실험에 필요한 모든 요건要件을 다 갖췄기에 하는 말이다. 무슨 일이든 대업大業을 이룬 그 뒤 배경에는 우연성과 운이라는 것이 있다. 노력과 운이 만날 때 노벨상도 받을 수 있는 것이다! 물론 노력하는 사람에게만 운이라는 행운이 찾아든다. 완두가 식물 유전의

그림 19.3 유전 실험 재료로 많이 쓰였던 완두와 초파리.

대명사라면 동물 유전엔 초파리(fruit fly, *Drosophila* sp.)가 많이 쓰이게 되었으며 근래에는 대장균 大腸菌(*Escherichia coli*)도 많이 쓰인다.

암튼 앞에서 말한, 잡종 제1대에 생긴 '고수머리 가진 아이'가 자라, 역시 고수머리를 가진 사람과 결혼하여 아기를 낳았을 때, 고수머리인 아이가 태어나지만 경우에 따라서는 곧은 머리를 가진 아이도 태어날 수 있다. 열성 인자가 잠재潛在되어 있었거나 완전 우성이 아니기에 그렇다.

우스개 소리로, 아버지는 눈꺼풀이 열성인 외꺼풀(single eyelid)이고 어머니는 우성인 쌍꺼풀(double eyelid)이었다. 그런데 아이들은 하나같이 외(홑)꺼풀의 눈썹을 가졌다면? 아마도 어머니의 눈썹은 가짜일 가능성이 있다. "씨는 못 속인다."는 말은, 유전 인자는 거짓말을 하지 않는다는 것이다! 씨, 유전자, DNA는 아주 정직하다!

사람의 유전에서 멘델 법칙을 따르는 것도 있지만 그렇지 않은 비非멘델성 유전도 많다. 1개의 유전 인자가 한 가지 특성에만 작용하지 않는 것이 많은가 하면, 하나의 형질이 나타나는 데 여러 가지 유전 인자가 복합적으로 작용하기에 그렇다. 잘 알다시피 사람은 하나의 세포(핵)에 46개의 염색체染色體를 가지고 있으며 남자는 44+XY, 여자는 44+XX다. 이때 각각 44의 염색체는 반반씩 어머니와 아버지에서 받은 것으로 그것을 상염색체常染色體라 하고, 나머지 XY와 XX는 성性(sex)을 결정하는 염색체이기에 '성염색체性染色體(sex chromosome)'라 부른다. 남자의 세포들이 갖는 성염색체인 XY에서 X는 어머니에서 Y는 아버지에게서 받는다. Y라는 이 꼬마 염색체(X염색체 길이의 약 1/3임, 그림 19.5 참조)에 남자를 결정하는 유전 인자가 들었다. Y염색체는 할아버지, 아버지, 손자로 이어지며, 그래서 Y염색체를 들여다보면 아버지와 할아버지, 바로 조상이 보인다. 그것이 피血라는 것 아닌가.

그러므로 친자親子(친자식) 확인이나 범인의 관계를 알기 위해 Y염색체에 들어 있는 DNA의 염기서열鹽基序列을 알아본다. 물론 어머니의 미토콘드리아는 외할머니, 어머니, 자식들로 내려가는 것이라 모계母系성으로 역시 염기서열을 비교하여 친자 감별, 범인 체포를 한다. 묘하게도 세포질에 든 이 미토콘드리아를 찾아 또 거슬러 올라갔더니 인류의 뿌리(root)가 아프리카였다!

색맹色盲(color blind)이나 혈우병血友病(hemophilia)은 보통 염색체(상염색체常染色體, 44개)가 아닌 성염색체(X염색체)가 그 유전을 결정한다. 즉, 그것을 결정하는 유전 인자가 X염색체에 들어 있다. 이런 유전을 반성 유전伴性遺傳이라 한다. 다행히 이들 유전자는 정상 인자에 비해서 열성 인자다. XX'라 표시하면 X는 정상으로 우성이고(우성 인자를 앞에 씀) X'는 색맹이거나 혈우병 인자를 의미한다. 그러므로 여자는 XX'는 잠재(멘델 제1법칙을 따름)로 정상이며 X'X'는 색맹이고, 혈우병인 경우는 치사(죽음)한다. 남자에서 X'Y는 색맹이고 혈우병이다. 그러므로 색맹은 남자에게 많고 여자에게는 적다. 이래저래 여자는 남자보다

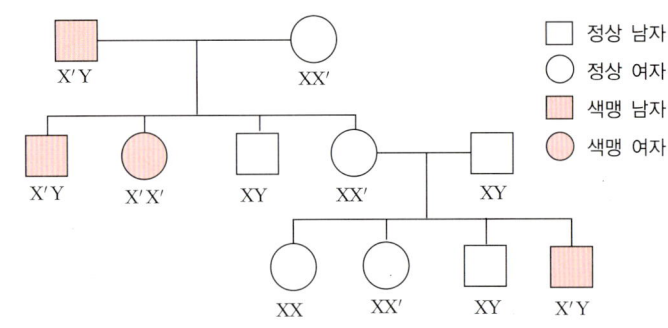

그림 19.4 색맹 가계도.

생존에 유리하게 태어났다. 세계적으로 여자가 남자보다 7~8년을 오래 사는 것만 봐도 알 수 있다.

사람에게서 이상異常 형질 유전을 간단히 보면, 색맹은 방금 본 것처럼 정상이 우성이고, 손가락이 6개인 다지증多指症, 손가락 마디가 하나 적은 단지증短指症, 손가락이 붙어버리는 합지증合指症(그래서 아기를 가졌을 때 오리고기나 오리 알을 먹지 말라고 하는데, 과학적으론 맞지 않음) 등은 모두 정상에 비해 우성이다. 사람에게 생기는 기형적인 특징을 들자면 한도 끝도 없다. 주로 염색체나 유전자의 돌연변이突然變異에 의해 생기는 것으로, 21번 상염색체가 하나 더 많은(45+XX 또는 45+XY) 다운증후군(Down's syndrome), 성염색체가 하나 없는(44+X) 터너증후군(Turner's syndrome), 44+XXY인 클라인펠터증후군(Klinefelter's syndrome) 등등이다. 정상적으로 46개의 염색체를 갖는 것만도 행운 중

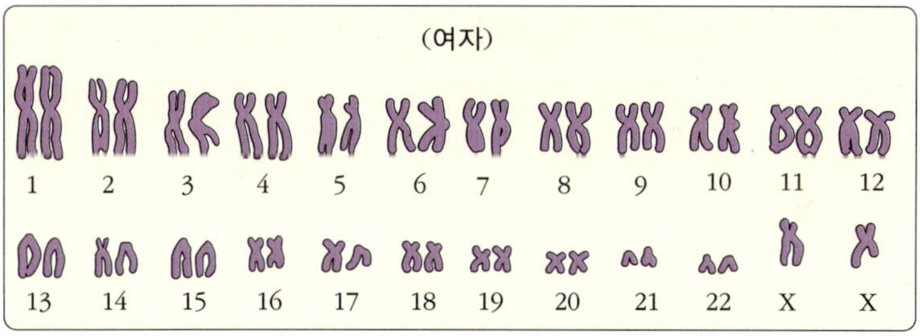

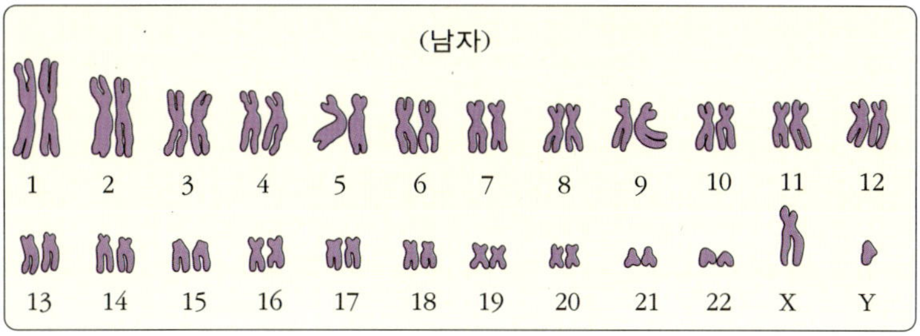

그림 19.5 사람의 핵형.

의 행운임을 알자! 46개는 각각 부계와 모계에서 23개씩 받은 것으로, 그 염색체를 모양과 크기가 같은 것을 모아 배열해 놓은 것이 '핵형 核型'이다. 46개의 염색체 중에서 어느 부위가 어떤 형질을 결정하는 유전 인자(DNA염기서열)인지를 하나씩 밝혀 가고 있다. '사람유전자지도'를 그리고 있는 것이다!

다음 글은 근래 인터넷에 게시되었던 글의 일부다. 참고하자.

지난 5월 말 멕시코시티에서 열린 2007년 미스 유니버스 선발대회에서 2위를 차지한 브라질 미녀가 3일 현지 언론과의 인터뷰에서 자신이 다지증인 '육손이'로 태어난 기형아였다는 사실을 털어놓았다. 미스 브라질로 이 대회에 참가했던 나탈리아 기마랑이스는 이날 일간 오디아(O Dia)와의 인터뷰에서 "나는 태어날 때 양손의 손가락이 6개씩 붙은 '육손이'였다."고 말했다. 어린 시절 수술을 통해 손가락을 1개씩 제거했다는 기마랑이스는 "아버지도 손가락이 6개였으며, '육손이'로 태어났다는 사실이 전혀 부끄럽지 않았다."고 말했다. 기마랑이스는 이어 "손가락이 1개가 더 있다는 사실 때문에 좌절한 적은 없었다."면서 "미스 유니버스 대회를 통해 세계 모든 사람들에게 수술 자국을 자랑스럽게 보여 주고 싶었다."고 덧붙였다.

여러 가지 유전 현상을 알고 나면 정녕 사지 四肢가 멀쩡하게 태어나 행복한 삶을 누리는 것이 기적적인 행운이라는 것을 깨달을 수 있다. 튼실하고 좋은 유전 물질을 주신 조상님께 감사하자. 작은 일도 소홀히 하지 않으며 내 할 일을 다 하면서 건강하고 탈 없이 살아가야 할 것이다.

20
사람의 진화

진화進化(evolution)란 말만 나와도 두드러기가 솟는 사람들이 많다. '닭이 먼저냐, 달걀이 먼저냐?'로 논쟁을 벌인다. 사실 달걀이 먼저라고 여기는 것은 진화설進化說에 가까운 생각이고, 닭이 먼저라면 창조설創造說(creationism)에 가깝다. 단세포單細胞인 알에서 차근차근 진화하여 닭이 되었다는 생각은 진화설이고, 수리수리 마수리! 갑자기 닭이 생겼다고 믿으면 그것은 창조설이다. 둘 다 부족함이 있어 보이는 것은 사실이다. 사실 수수께끼라 해도 무방無妨하다. 그러나 생물에서는 진화를 빼고는 학문이 성립하지 못한다. 찰스 다윈(C. Darwin)이 없는 생물학은 소 없는 만두요 보쌈김치 꼴이다. 단언컨대, 서로의 주장이 옳다고 막무가내莫無可奈로 다툴 일이 아니다. 어느 신학자神學者의 주장대로 "진화라는 그것도 하나님이 만들었다."고 생각하면 될 것이다. "좋아하면 닮는다."고 하던가. 과학과 종교는 대립對立의 존재가 아니라 공존共存하는 것이 옳다. 과학자라고,

생물학자라고 교회나 성당을 가지 않던가? 둘이 대적 對敵 관계라면, 적과 나를 알아야(지피지기 知彼知己) 백 번을 싸워도 위태롭지 않다(백전불태 百戰不殆)는 것이니, 진화의 정체 正體(참된 본디의 형체)를 알아보는 것도 좋다.

도대체 진화가 무엇인가? 진화를 하지 않은 생물은 어떻게 되었을까? 그렇다! 진화란 뜻하지 않게 갑자기 바뀐 여러 어려운 환경을 이기고 살아남기 위해 투쟁한 결과의 산물이다. 물이 마르니 잎을 잃어버리고 뿌리를 길게 뻗었으니 사막에 적응한 선인장들이다. 만일 그렇지 않았다면 선인장들은 분명히 죽고 말았을 것이다. 갈라파고스의 핀치새 (finch bird)가 원래는 한 종이었다고 하지 않는가? 어떤 놈은 곡식을 먹는 환경으로 바뀌니 부리가 곡식 먹기에 편리하도록 단단한 부리를 가지게 되었고, 벌레를 먹어야 하는 놈, 선인장을 뜯어먹어야 하는 놈으로 모두 편리하게(다르게) 부리가 바뀐 것을 다윈은 찾아냈다. 만일에 빨리 바뀌지 못한 놈은 적응 適應(adaptation)하지 못하고 죽고(도태) 만다. 진화란 바로 생존 生存을 위한 투쟁의 산물로 환경에 잘 적응한 생물은 살아남고 그렇지 못하면 죽는다. 이것을 적자생존 適者生存(survival for the fittest)이라 하는 것이다.

그렇다. 여러분들도 새로 만난 환경에 빨리 적응할 줄 알아야 한다. "로마에 가면 로마인이 되라!"고 하는 것은 무턱대고 "진화하라!"는 타이름인 것이다. 그리고 어려서부터 어려운 환경을 이겨낸 사람은 어떤 고난이 닥쳐도 극복한다는 것을 여러분들은 잘 알 것이다. 만일 지금 여러분들이 어려운 환경에 처해 있다면 되려 여러분은 지금 바로 '진화 중'인 것임을 알자. 지금 힘들고 고되다고 서러워하지 말자. 크게 성공한 사람치고 '눈물 젖은 빵'을 먹지 않은 사람 있던가? 어려움을 이기고 일어서지 않은 영웅은 없다. 영웅英雄 또한 진화산물이다! 도대체 우리 동물과 저기에 우뚝 서 있는 나무와 어느 쪽이 더 적응력이 강한가? 그 가혹하게 내려치는 풍상풍우風霜風雨* 다 견디고 한 자리에서 끄떡 않고 늘 꿋꿋이 버티고 있는 저 나무가 우리의 스승이 될 수도 있다. 저 나무들의 삶의 고귀함과 그 끈질김을 배우자. 다시 강조하지만 진화란 변화, 즉 바뀜인 것이다.

"영웅과 위인은 가난 속에서 태어난다."는 에이브러햄 링컨의 말이 정곡正鵠(과녁의 한가운데 되는 점)을 찌른다. 그리고 추사 김정희金正喜 선생은 일평생 벼루 10개를 구멍 내고 붓 1,000개를 몽당붓으로 만들었다고 한다! 대기大器(훌륭한 인재)도 긴 세월 갈고 닦음이 있었다.

아무튼 진화학자들은 사람도 진화를 해왔고, '진화의 흔적'이 사람에게도 많이 발견된다고 말한다. 원생동물原生動物의 아메바(amoeba)를 닮은 백혈구白血球가 우리 몸에서 병원균을 퇴치하고, 섬모충류纖毛蟲類를 닮은 섬모 등도 진화의 흔적으로 보는 것이다. 그리고 사람의 눈구석에 생기는, 낙타에서 발달하는 순막瞬膜이라든가 대장의 충수돌기 등도 진화의 흔적痕迹으로 본다.

그럼 여러 동식물에서 진화가 일어났다는 증거를 찾아보자.

(1) 화석化石(fossil)에서 진화의 증거를 발견한다. 여러 지층地層에 있는 화석을 보면 아래에서 위로 갈수록(현재와 가까운 지층일수록) 점점 복잡한 구조인 것을 발견할 수 있다. 진화는 일반적으로 간단한 것에서 복잡한 것으로 변하는 것을 말한다.

(2) 분류分類를 해보면 파충류와 포유류의 중간형인 단공류單孔類

---

* 풍상풍우: 바람과 서리, 바람과 비란 말이니 힘든 환경(세월)을 일컬음.

그림 20.1 낙타의 눈에 발달한 순막도 진화의 증거이다.

(가장 하등한 포유류) 같은 중간생물 中間生物이 흔히 있다. 오리너구리, 바늘두더지 같은 단공류는 파충류처럼 알을 낳아 그것을 품어 부화시킨 다음 새끼를 젖으로 키운다.

(3) 비교 해부학 比較解剖學을 바탕으로 진화의 증거를 발견할 수 있는데, 이를테면, 포유류(개·소·박쥐)의 앞다리의 구조와 새의 날개의 골격 등은 상동 기관 相同器官이다. 발생 근원은 같으나 그 기능이 달라진 것으로 조상 생물이 긴 세월을 거치면서 다르게 변해(진화)감을 암시한다. 완두의 덩굴손과 선인장의 가시는 둘 다 잎이라는 발생 근원이 동일하지만 그 기능은 다르다. 서로 다른 생물 무리의 어떤 기관들이 비슷한 환경에서 비슷한 기능과 모양을 나타내지만 기본적인 발생 근원이 다른 경우가 있어 이런 기관들을 상사 기관 相似器官이라고 한다. 새의 날개(앞다리)와 곤충의 날개(피부)가 그 예로 같은 환경에 적응하니 구조가 비슷한 방향으로 변함을 나타내는 것이다. 완두의 덩굴손은 잎이 변했고, 호박의 덩굴손은 줄기가 바뀌었으나 '덩굴손'이라는 모양과 기능이 같다.

그림 20.2 진화를 설명하는 지층, 선인장, 암모나이트 화석.

　(4) 발생학상의 증거로 환형동물과 연체동물의 어떤 것들은 담륜자 膽輪子(trocophora)라는 비슷한 모양의 유생을 함께 가진다. 헤켈이 주장한 "개체 발생은 계통 발생을 반복한다."고 한 '반복설'은 오늘날에는 그대로 받아들여지지 않고 있지만, 이런 발생학상의 사실들은 생물들이 공동조상에서 유래하여 갈라지면서 변해 왔음을 암시한다. 이 외에도 유전학상의 증거, 생물 지리학적 증거 등을 제시하면서 '생물의 진화'를 설명한다.

　더불어 수많은 학자들이 '진화설'을 제창하였다. 다시 말해, 왜 생물은 진화를 해야 하는 것일까? 멋으로 하는 것이라고? 아니다. 진화, 즉 바뀜(변화)은 환경이 변화하고, 그 환경에 적응하여 살아남자고 발버둥친 결과이다. 자 그럼, 여러 학자들의 주창 主唱을 들어보자.

　옛날 사람들은 창조론, 즉 신(God)에 의해서 창조된 자연과 생물은 창조된 이래 언제까지나 영원불변 永遠不變하는 것으로 생각하였다. 그러나 18세기에 이르러 과학이 발달하게 되자 생물은 진화하는 것이며, 그것들의 종류도 점차 많아진다는 것을 알게 되었다.

●●● 라마르크설(Lamark theory)

생물이 진화한다는 생각을 구체적으로 정리하여 발표한 최초의 사람이 라마르크다. 여러 기관器官(organ)은 사용할수록 발달하게 되며, 그렇게 획득(얻은)한 형질은 자손에게 전해진다고 말했다. 라마르크의 '용불용설 用不用說*(use, disuse theory)'의 예로, 기린은 높은 나무에 달린 잎을 먹고 살기에, 발돋움을 하거나(다리가 길어짐) 목이 더 길어져야만(목이 길어짐) 했다. 그리하여 기린의 목은 점차 길어져서 현재와 같이 진화하였다는 것과 같은 이론으로, 용불용설의 개념은 맞으나 "획득 형질은 유전한다."는 것은 틀린 이론이다. 기린의 목과 다리가 길쭉해진 것은, 기린들이 새끼를 많이 낳았는데, 그중에 목과 다리가 긴 변이개체가 태어나고, 그놈들은 높은 나무의 잎

그림 20.3 라마르크.

기린의 조상은 원래 짧은 목을 가지고 있었다.

많은 잎을 따 먹기 위하여 목을 자꾸 높게 뻗어서 목이 길어졌다.

긴 목은 자손에게 유전되었고 세대를 거듭함에 따라 결국 기린의 목은 길어졌다.

그림 20.4 라마르크의 용불용설.

---

* 용불용설: 자주 사용하는 기관은 세대를 거듭하면서 잘 발달하며, 그렇지 못한 기관은 점점 퇴화하여 소실되어 간다는 학설.

을 따 먹고 살아남았으며 짧은 것들은 도태되었다고 해석한다(다윈설에 가까운 해석).

●●● 다윈의 자연도태설
   (自然淘汰說, 自然選擇說, natural selection)

19세기 후반 영국의 찰스 다윈은 '종의 기원 種의 起源(Origin of Species)'이라는 책을 통하여 생물의 진화를 설명하고 있다. 생물의 종에는 개체 간의 차이(변이)가 있는데 이런 변이가 대부분 유전에 의해 자손에게 전해지고, 생물은 세대가 거듭됨에 따라 개체가 무한히 늘어나며, 개체수가 증가됨에 따라 서로 먹이와 공간을 놓고 생존경쟁 生存競爭(struggle for existence)을 벌인다. 그중에서 환경에 적응한 것은 살아남고('적자생존') 그렇지 못한 것은 도태되고 만다('자연도태'). 그러면서 새로운 종(신종 新種, new species)이 생겨난다고 생각한다. 진화설에서 가장 중요한 개념 중의 하나가 '신종 생성'이다. 즉, 새로운 종이 만들어지면서 생물은 진화한다고 보는 것이다. 다음 필자의 글을 읽고 다윈과 조금 더 가까워지기 바란다.

그림 20.5 다윈.

"갈라파고스 섬(Galapagos island)의 동식물은 원래 남미대륙의 것과 같은 조상이었으나 다른 환경에 적응하여 변한 것이다.", "살아있는 생물은 결코 하느님이 만든 것이 아니라는 것은 불변의 진리다."

1831년 12월 27일, 영국의 데본포트(Devonport)를 떠나는 비글호

기린은 원래 목이 짧았으나 목이 긴 일부 변이 개체도 생겨났다. → 목이 긴 변이 개체는 충분히 잎을 먹고 살아남아 자손을 낳을 수 있었다. → 이 형질을 이어받은 자손만 살아남는 과정이 반복된 결과 오늘날 기린의 목은 길다.

그림 20.6 다윈의 자연선택설.

(Beagle)에는 23살의 어린 다윈이 타고 있었다. 비글호는 길이가 27 m에 지나지 않는 작은 돛단배였다. 그래서 5년간이나(1836년 10월 2일 귀국함) 항해하면서 탐사, 채집하는 데 갖은 고생이 따랐을 것이다.

찰스 다윈은 의사가 되라는 부모의 권고를 무릅쓰고 케임브리지 대학교에서 목사가 되기 위해 공부를 하였고, 10등이라는 우수한 성적으로 졸업을 한다. 그러나 다윈의 머릿속에는 생물이 그대로 있지 않고 변화가 일어난다는 생각에 젖어 있었다. 하느님이 만든 모든 것은 변하지 않는다는 불변의 종교사상에 대해, 종은 변하고 변하지 않는 것은 없다는 생각엔 변함이 없었다. 이것은 세상에 어디 하나 그대로 머물고 있는 것이 없다는 제행무상諸行無常* 과 일치하지 않는가?

아리스토텔레스(B.C.384~322)가 이미 종의 변화와 종의 자연선택 개념의 씨앗을 뿌려 놓았으나, 기독교의 융성隆盛으로 진화라는 말을 입에 올리는 사람은 죄다 반역자, 이단자로 취급받아 전혀 싹이 자라지 못하고 있었다. 그러다가, 아리스토텔레스 이후 2000여 년이 지난 후에야 라마르크(Lamark, 1744~1892)가 용불용설에서, 모든 생물은 자기가

---

* 제행무상: 우주의 모든 사물은 늘 돌고 변하여 한 모양으로 머물러 있지 아니함.

처해 있는 환경에 적응하려 애쓰고 그 결과 얻은(변한) 형질, 즉 획득 형질이 다음 대에 전해진다고 주장하기에 이르렀다. 여기에서도 "적응하여 변한다."는 개념이 들어 있다.

다윈 사상에 영향을 미친 것은 라마르크뿐만이 아니다. 지질학자 리엘(Lyell)은 화석 연구에서 얻은 결론을 가지고, 기원전 4004년을 생명의 창조 시간으로 잡았던 대주교 우셔(Usher)의 이론에 도전하고 나섰다. 생명의 탄생 나이는 수천 년이 아니라 수백만 년 전이라고 주장하기에 이르렀다. 다윈은 이런 이야기에 귀가 솔깃했던 것은 물론이다. 인구론人口論을 주장한 멜서스(Malthus)의 수필도 다윈을 솔깃하게 했고 지대한 영향을 받는다. "동식물뿐만 아니라 사람도 환경이 허락하는 능력 이상으로 후손의 수를 늘리는 경향이 있다."고 수필에 쓴 글을 읽고 소위 말하는 먹이는 산술급수로 늘고 인구는 기하급수로 늘어간다는 이론이다. 결국 생물들은 과잉 생산으로 '생존경쟁'이 일어난다는 이론을 믿게 된다. 당연히 이외에도 다윈의 사상에 영향을 준 논문이 많이 있었다. 무엇보다 다윈이 그 시대, 그 시절에 하느님께서 만든 것은 어느 것도 바뀌지 않는 것이라는 종교(창조설)에 도전하는 진화설을 믿었다는 것은 보통사람은 엄두도 못 내는 혁명적 사고임을 알아두자.

1835년 12월 중순경 비글호는 갈라파고스 섬에 도착하여 5주간 거기서 머문다. 4년이라는 긴 탐사 후 화산섬인 이곳에 도착하여, 여러 생물을 보고 틀림없이 생물은 진화한다는 확신을 갖게 됐다. 자기가 관찰한 덩치 큰 거북, 이구아나, 핀치새 등이 신념을 굳히는 데 한몫을 한다(모두 섬 위에 사는 동물임). 이미 방문하여 관찰했던 남미의 본토 동식물과 갈라파고스의 것이 겉으로 아주 달라 보였다. 그래서 "갈라파고스 섬의 동식물은 원래 남미대륙의 것과 같은 조상이었으나 섬이라는

그림 20.7 갈라파고스거북.

특수 환경에 적응하여 변화된 것이다."라고 믿게 된다. 역시 '적응과 변화'가 다윈의 '자연선택설 自然選擇說'의 근간이 되게 만든다. 적응과 변화란 말은 결코 기독교적인 말이 될 수가 없다.

먼저 말할 것은 '갈라파고스'란 이름은 스페인어로 '땅에 사는 큰 거북(giant land tortoise)'이라는 뜻이다. 아무튼 1968년에 에콰도르 정부는 이 섬을 국립공원으로 공포하였고, '다윈 생물연구소'까지 들어섰다. 물론 관광객을 받아들인다고 한다. 그러나 철저하게 동식물 보호를 하고 있어서 종 보존에 큰 문제가 없다. 17세기 해적들의 소굴일 때, 19세기에는 고래나 물개 잡는 기지로 쓰였던 것을 생각하면 지금의 갈라파고스 섬은 잘 대접을 받고 있다. 300여 년간 주인 없는 땅으로 내팽개친 섬이 아닌가? 대부분의 섬은 전혀 사람 손이 닿지 않고 있으나, 큰 섬에는 낚시하는 관광객이 들어오고, 에콰도르 농부들 몇몇이 커피나 목축을 하느라 상주한다고 한다.

갈라파고스는 에콰도르(Equador)에서 1000 km 떨어져 있는 19개의 작은 섬이며 적도 赤道 위에 있다. 가장 큰 섬인 이사벨라(Isabela)가 전체 섬의 거의 반을 차지한다. 갈라파고스 섬에는 고등식물만 700여 종이 살고, 그중의 40 %가 거기에만 살고 있는 고유종 固有種(특산종, endemic species)이라고 한다. 흔히 특산종이라고도 하는 고유종이 아주 많은 편이다. 동물은 양서류는 아주 드물고, 파충류가 3~4종, 포유류

그림 20.8 갈라파고스 섬에 사는 핀치새의 진화.

는 7종의 설치류와 2종의 박쥐가 산다. 그런데 새는 꽤 많아서 80여 종이 서식한다. 그중에서 핀치새('다윈새, Darwin's bird'라고도 함)가 유명하다. 이 새 또한 다윈의 믿음과 주장에 크게 영향을 미쳤다. 섬에서는 몰랐으나 귀국하여, 채집해온 핀치를 실험대 위에 쭉 늘어놓고 보니 조금씩 다른 것을 발견했다. 특히 부리의 모양과 크기에 따라 분류를 해봤더니 간단히 13종으로 나눠졌다. 다시 말하지만, 이 새는 원래 한 종種(species)이었으나 서식棲息하는 환경과 먹잇감에 따라 부리가 변하면서 종이 분화한 것임을 확신하게 된다. 긴긴 세월 그렇게 바뀜으로 그 13종의 새는 서로 교배(교잡)가 일어나지 않는 새로운 신종으로 진화를 한 것이다.

진화進化(evolution)란 다름 아닌 바뀜이다. 바뀌지 않으면 변하지 않는 것이다. 바뀜, 변화, 진화는 한 통속이다. 귀국 후 20여 년간의 긴 준비 끝에, 1859년에 '종의 기원'이란 책을 내놓기에 이른다. 인류의 사상 혁명을 가져온 역사적인 사건이 아닐 수 없다. 인간의 모든 사고방식과 지적 영역에 변화를 가져온 책은 이렇게 해서 만들어졌다.

이것이 바로 다윈의 진화설을 요약한 것이다. 생물은 모두 변이가 나타나 다음대로 전해짐→생존 가능한 개체보다 더 많은 후손을 남김→때문에 치열한 생존경쟁이 일어남→적자생존하는 자연선택이 일어나서 강한 변이종만 살아남음→환경변화에 잘 적응한 신종이 생김……

신종 생성이 곧 진화다. 진화는 혁명에서 이루어진다! (Evolution is Revolution!)

●●● 격리설(隔離說, isolation theory)

같은 종의 한 생물이 오랜 세월 동안 '지리적 격리'가 일어나 결국에는 둘이 교잡이 일어나지 못하는 '생식적 격리'가 되어서 새로운 종이 형성된다고 보는 설이다. 서로 교잡 交雜이 가능할 때만 같은 종이므로, 교잡 불가능한 두 생물체는 서로 다른 종이라고 보는 것이다. 이렇게 진화는 하루아침에 불쑥 일어나는 것이 아니라 긴긴 시간이 필요하다.

●●● 돌연변이설(突然變異說, mutation theory)

네덜란드의 드브리스(de Vries)가 주창하였던 설인데, 유전자나 염색체의 돌연변이로 새로운 종이 생긴다는 것은 아주 정설 定說로 받아들이게 되었다. 그는 왕달맞이꽃이나 사탕무 등에 인위 도태 실험을 하던 중 진화는 갑자기 나타난 변화에 의해 일어나는 것이라고 생각하였다. 이를 돌연변이설

그림 20.9 왕달맞이꽃.

이라 한다. 이것에 의하면 생활과정에서 생긴 돌연변이는 생존경쟁에서 이겨 살아남고 그 변이 특질은 자손에게 전하여져 새로운 종을 만든다는 것이다.

●●● 생화학상의 증거

사람과 침팬지의 혈청단백질을 분석한 결과 아미노산 3633개 중에서 19군데만 다르게 나타났다거나, 염색체들의 DNA 염기쌍의 배열이 98 %를 닮았고, 영장류인 고릴라 침팬지의 염색체가 48개인데, 사람은 46개로 이들 동물의 12번과 13번 염색체가 융합하여 사람의 2번 염색체가 되었다는 등의 연구는 서로의 닮음(유사함)과 다름(차이)에서 진화의 증거를 찾기도 한다.

그리고 여기에서 본 예들 말고도, 말馬의 화석을 보면 덩치가 점점 커져 왔고, 어금니도 점점 복잡해지며, 발굽도 4개에서 점점 줄어 하나로 바뀌니 이런 것이 정향 진화설定向進化說이다.

진화에는 비교적 염색체나 유전자의 돌연변이와 같은 작은 진화(소

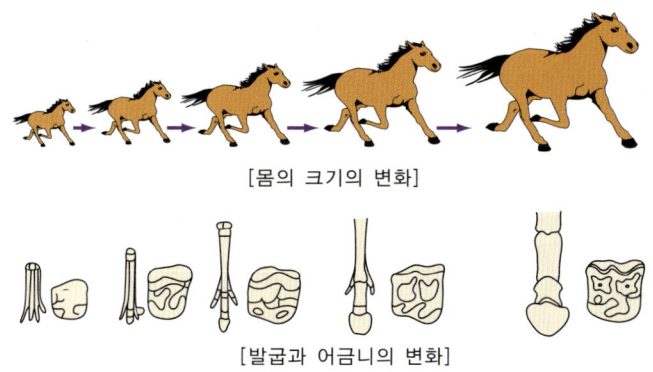

[몸의 크기의 변화]

[발굽과 어금니의 변화]

그림 20.10 말의 진화.

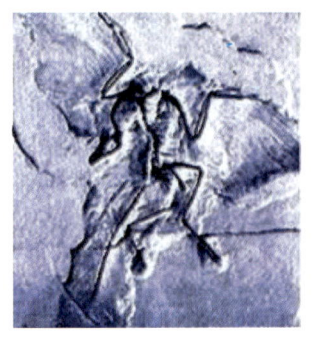 

그림 20.11 시조새의 화석과 복원도.

진화)나 시조새나 조류와 같이 큰 차이가 나는 진화(대진화)로 나누기도 한다. 대체적으로 지금은 진화를, 작은 진화인 돌연변이에 의하여 나타난 생물의 변종變種이 자연도태하여 환경에 적응한 생물만이 살아남아 신종들이 생겨난다고 본다.

그런데 무엇보다 어떻게 인간이 서서 다니게(진화하게) 되었을까? 직립보행直立步行을 하게 된 결정적인 동기動機가 있었을 것이다. 인류의 조상은 아프리카에서 시작하였다는 것은 이제 어느 누구도 정설定說로 받아들인다. '케냐의 검은 사람들'이 우리의 조상과 아주 가까운 큰집(종가) 사람들이다. 초기에는 그들이 나무에서 수상생활樹上生活을 하였는데, 기후의 변화로 나무가 사라지고 평원平原인 초원지대(사바

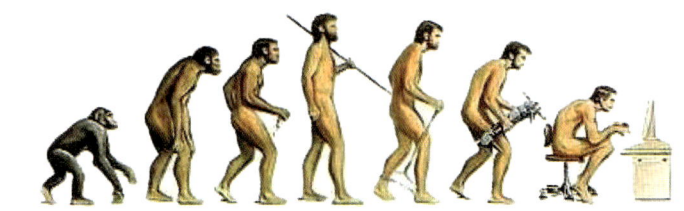

그림 20.12 사람의 진화.

나, savannah)가 되어 버렸고, 거기에서 적응하면서 살아야 했던 것이다. 초원생활을 하다 보니 사자 등 맹수의 공격을 대비하기 위해 똑바로 서서 주위를 살펴봐야 했고, 먹이를 모아 오는 데 팔을 효율적으로 쓰지 않으면 안 되었다. 긴 세월 그러다가 보니 두 다리로 서서 다니게 되었다고 하는데, 하나의 가설 假說이지만 믿지 않을 수도 없는 형편이다.

이제 사람의 몸에 여러 가지 변화(살아남기 위해 환경에 적응하며 바뀜, 진화)가 생겼으니, 우리와 조상이 같은, 거기에서 가지를 친 원숭이와 비교하면서 읽으면 좋을 것이다(원숭이가 조상이 아님). 척추(등뼈)를(옆에서 보면) S자 모양으로 휘어서 일어설 수 있고 네 다리로 걷다가 뒷다리로만 걸으므로 앞다리인 손을 자유자재로 쓸 수 있게 되었다. 대신 다른 동물에서는 볼 수 없는 병, 예를 들면 항문에 치질(치루)이 생기거나 허리 아픈 병에도 걸린다. 이마가 앞으로 튀어나오면서 얼굴의 넓이가 줄어들었고, 결과적으로 뇌의 양이 늘어났다. 눈알 위쪽 부분이 평평해지고, 눈알과 눈알 사이(미간 眉間)가 가까워지면서 코가 우뚝 솟았으며 턱뼈의 끝이 앞으로 튀어나오고 예리해졌다.

몸무게에 비해서 뇌의 용량이 늘어난 것은 곧 지능의 발달을 의미한다. 그래서 '만물의 영장'이 된 것이다. 뿐만 아니라 두개골의 두께가 얇아지면서 역시 뇌가 들어찰 수 있는 자리가 늘어났다. 머리통이 크면 클수록 일반적으로 지능이 높다고 했다. 그리고 치아가 다른 동물에 비해서 작아졌는데, 특히 송곳니가 작아졌다. 꼬리뼈는 퇴화하여 태아 때만 생겨난다(간혹 3 cm에 달하는 꼬리를 가지고 태어나는 아이도 있음). 발뒤꿈치가 발달하여 발바닥이 납작해지고, 엄지발가락과 새끼발가락이 서로 맞닿을 수 없게 되었다. 팔의 길이가 짧아졌으며, 무엇보다 가장 중요한 것은 엄지손가락과 다른 손가락이 서로 닿을 수 있게 된 것이 큰 특징이다. 그래서 정교한 물건을 만들고 도구를 다룰 수 있게 되었다. 영장류(원숭이 고릴라 침팬지)도 손가락이 서로 닿을 수는 있지만 사람만큼 정교하지 못하다.

인류의 진화에서 손을 마음대로 쓸 수 있게 된 것이 가장 중요하다. '손끝재주'라는 것이다. 손은 걷는 것을 다리에 맡기고 물건을 잡거나 정밀하게 집어내거나 물건을 옮기고 글을 쓰고 기구(tool)를 다루게 된다. 성인의 뼈 206개 중 손에 54개의 뼈가 있으니 전체 뼈의 1/4이 손에 있다. 한 손에는 14개의 손가락뼈, 5개의 손바닥뼈, 8개의 팔목뼈 모두 27개로 두 손의 것을 합하면 54개가 된다. 발에는 손보다 1개가 적은 26개다. 그리고 손과 손목은 팔과 일직선으로 배열하여 잘 움직이지만 발과 발목은 다리와 수직으로 되어 있다. 태아 때는 발가락도 손가락처럼 쥐는 힘이 있었으나 걷기 시작하면서 그 기능을 잃는다. 그러나 손을 쓰지 못하여, 발만을 쓰게 되면서 굳은 살 박힌 발이 손과 똑같은 기능을 한다.

중국의 어느 두 팔을 잃은 여인이 두 발을 손처럼 사용하는 것을 동영상으로 본 적이 있다! 정말, 놀랍게도 그 여인의 발은 발이 아니라 바로 우리의 손과 똑같았다! 열쇠로 대문의 자물쇠를 여는 것은 누워 떡 먹기고, 재봉틀의 바늘에 실을 꿰고, 달걀을 굽고, 가족과 트럼프(trump) 놀이도 자유자재로 했다! 두 팔이 없는 것은 절대로 불행의 조건이 되지 않았다는 것이다.

뭐니 해도 대뇌의 발달과 엄지손가락이 다른 손가락과 맞닿을 수 있게 변화된 것이 다른 동물과 구별되는 아주 중요한 차이다. 손이 발처럼 손가락이 닿을 수 없었다면 어떻게 되었을까? 발가락으로 물건을 쥐어 보면 손이 얼마나 정교한가를 알게 될 것이다. 발가락으로 연필을 쥐고 글을 써 보자! 그리고 손으로 연필을 잡아 보자! 이렇게 손으로 물건을 쥐어서 그림을 그리고 기록을 남겨서 인류 최상의 자랑인 문화의 축적이 가능했던 것이다. 물론 대뇌의 발달은 손의 정교함을 더욱 북돋아 주었다. 우리 모두 만물萬物의 영장靈長인 인간(사람)으로 태어난 것을 무한한 영광으로 생각하자!

drug and addiction

21
약물과 중독

미리 말할 것은, "약 주고 병 준다."는 말이 있듯이, 어느 약이나 부작용 副作用(뒤탈, after effect, side effect)이 있다. 그리고 약藥은 독毒이 될 수 있다는 것을 명심하고, 약에 의존하는 사람이 되지 말자. 그리고 약이란 그것 자체가 병을 고치는 것이 아니고 그저 도와주는 도우미(helper)라는 것도 잊어서는 안 된다. 근본적으로 우리 몸속의 백혈구, 림프구, 항체들이 도맡아 병원균 病原菌을 무찌르는 것이고 약은 그것을 도와주는 것으로 "병은 자연이 고치고 사례는 의사가 받는다."고 하기도 한다.

그리고 "병이 있는 곳에 약이 있다."는 말이 있다. 그것이 바로 민간요법 民間療法이다. 아스피린이란 약도 민간요법에서 시작했다. 영국은 음습한 곳이라서 감기나 신경통을 앓는 사람이 많아, 그럴 때는 버드나무 껍질을 벗겨 달여 먹었다고 한다. 그런데 나중에 알고 보니 그 나무에는 살리실산(salicylic acid)이라는 성분이 들어 있었는데 그것을 개량

한 것이 지금의 아스피린이다. 해열진통만이 아니라 심장병 등에도 좋은 효과를 내는 '신비의 약'이 아스피린이었다. 또한 생약을 여러 식물에서 찾을 수 있다. 우리의 한약 韓藥이 허준 선생의 이론을 많이 따른다고 하는데, 그 약재가 산야 山野에 자생 自生하는 푸나무(풀과 나무)가 아닌가? 그뿐만이 아니다. 많은 약들을 아마존 지역 등의 숲에 사는 잡초(풀)나 나무에서 생약 生藥을 찾고 있다. 우리나라 은행잎에서 혈액순환에 좋은 생약을 얻고, 겨우살이나 주목 朱木에서 항암제를 찾는다. 어느 나무와 풀에 어떤 좋은 약 성분이 들어 있는지 다 모른다. 그래서 우리는 야생초 하나도 귀하게 여겨 잘 보살피고 보호해야 한다. 세계적으로 '식물 도둑놈'들이 설치는 것은 바로 그런 이유이다.

약(drug)의 해독성 害毒性을 잘 아는 의사와 약사들은 가족에게 약을 잘 쓰지 않는다. 그들의 집안은 '무의촌 無醫村'이라고 한다. 명심 銘心할 지어다! 물론 약이 우리 건강의 지킴이로 그 고마움을 무시하거나 잊자는 것은 절대 아니다. 병원에 입원한 수많은 사람들에게 약이 없었디면 이떻게 되겠는기? 그리고 평균 수명이 늘어나는 데도 의학과 약학의 공헌은 이루 말할 수 없다. 세월의 무게를 이길 자 없으니 말이다. 필자의 나이에 혈압 약이나 당뇨 약, 콜레스테롤 약 등 한두 가지 약을 먹지 않는 사람이 드물다. 다시 말하면 그분들이 그 약을 먹지 않으면 머지않아 죽으니 약이 명을 고무줄처럼 늘려 주는 것이다. 그러나 남용 濫用하거나 과용 過用하는 것은 해로우니 오용과 남용을 삼가는 것이 옳다.

배 아플 때 소화제 消化劑를, 두통 頭痛에 진통제를 먹는다. 그럼 약이라는 물질은 어떻게 그 효과(약효)를 내는 것일까?

① 약의 물리화학적 성질을 이용하는 것이다. 위염이나 위궤양이라

는 병에 걸리면, 위에서 나오는 강산인 위산 胃酸이 엉뚱하게 자기 세포(조직)를 공격하여 조직을 헐게 하기 때문에 무척 쓰리고 아프다. 이럴 땐 약으로 제산제 制酸劑를 쓰는데, 그것은 알칼리성으로 위산을 중화 中和시킨다. 그리고 혈압 약은 콩팥의 세뇨관에서 물의 재흡수를 억제하게 하는 것이다. 결국 몸에서 물(소변)을 많이 뽑아내어 혈압을 낮추니 이것 또한 약물의 물리화학적 성질을 이용한 것이다.

② 약은 생물체 내에서 몇 가지 효소 酵素의 기능을 억제하여 약효 藥效를 나타낸다. 해열 解熱, 소염 消炎, 진통 鎭痛에 사용하는 아스피린(aspirin)이나 타이레놀(tylenol)과 같은 약은 열을 내고 아픔을 유도하는 프로스타글란딘(prostaglandin)이란 효소의 활동을 억제한다.

③ 약은 가짜 대사 산물처럼 작용하여 세포를 속이기도 한다. 대부분의 항암제 抗癌劑가 그 원리를 이용한다. 핵산(RNA)을 합성하는 데는 우라실(uracil)이 필요한데, 플루오로우라실(fluorouracil)이라는 우라실과 비슷한 물질을 투여하면 암세포들이 그것이 우라실인줄 알고 핵산 합성에 쓴다. 결국 핵산 합성이 되지 않아 세포 분열이 일어나지 못하고 암세포가 죽는다. 그런데 이런 물질이 암세포만이 아니고 정상 세포의 핵산 합성도 방해를 하니 그것이 항암제의 부작용인 것이다. 그래서 요즘은 암세포만 표적 標的(과녁, target)하여 죽이는 약 개발에 최선을 다하고 있다. 암이 정복되는 날이여 어서 오라!

④ 약은 우리 몸에 부족한 것을 보충해 주는 것이다. 비타민 공급을 포함하는 영양제들이 모두 여기에 속한다. 그럼 우리가 먹는 음식은 뭔가? 영양을 보충해 주는 최고의 약이 아니던가! 약 중에서 가장 보약 補藥이 되는 것이 바로 음식, 식보 食補라는 것을 잊지 말자.

그런데 일반적으로 이런 약들은 정상 세포의 세포막을 공격한다. 그것이 바로 부작용副作用이다. 만일에 아기를 가진 산모産母가 약을 이것저것 먹는다면 어떤 일이 일어나겠는가? 부작용으로 기형아를 출산하게 된다. 특히 산모는 약물 복용服用에 신중을 기해야 하고, 반드시 전문의專門醫의 지도를 받아야 한다. 특별히 여학생 독자들은 명심, 명념銘念해 둘 것이다. 약은 그렇다 치고, 술을 많이 마신 산모에게는 태아알코올증후군(fetal

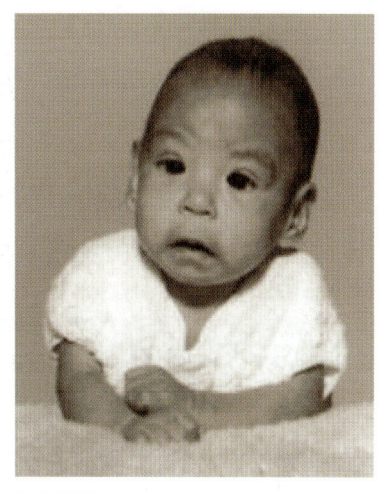

그림 21.1 태아알코올증후군 아이.

alcohol syndrome)이라는 것이 생기니, 이 아이는 정신적으로 다른 아이들보다 못한 것은 물론이고, 머리가 작은 소두증 小頭症, 얼굴이나 심장, 뇌에까지 이상이 생긴다. 태교胎敎에 힘써야 할 어머니가 술을 마시고 담배를 피우다니, 말이 안 된다.

 근래 일본에서 있었던 실화이다. 한 할머니가 몹쓸 병에 걸렸다. 그 병을 낫게 하는 아주 유명한 의사가 있었는데, 그 사람에게서 진찰을 받는 것이 소원이었으나 몇 개월씩을 기다려야 얼굴 한 번 볼 수 있었다. 기다리고 기다려 드디어 진찰을 받고, 처방전處方箋을 받아서 집에 와 그것을 태워 재를 정성을 들여 먹었다고 한다. 처방전을 가지고 약국에 가는 것을 몰랐던 할머니! 그러나 그 종이를 태운 재를 먹고 할머니는 멀쩡하게 나았던 것이다. 환자의 마음, 정신, 자신감이 병에 어떤 작용을 하는지 말하고 있지 않는가? 실제로 환자에게 진짜 약이 아닌 가짜를 주어도 70 %까지 낫는다. 옛날 군대에서, 배가 아프면 배에다 빨간 물약인 옥도정기沃度丁幾(머큐로크롬)를 발라 주었다. 이와 같이 가짜약이 효과를 보이는 것을 '플라시보 효과(placebo effect, 위약 효과, placebo는 "즐겁게 한다."는 뜻임)'라 한다. 얼마나 정신력이 중요한가를 말해 주는 예이다. 마음으로 병病을 극복한다! '병은 친구'란 말이 있다. 누구나 다 걸리고, 낫는 것이 병이다. 육신肉身을 가졌으니 병 없기를 바라지 말자!

어쨌거나 약은 남용하지 말고, 필요할 때만 쓰고 바로 끊어야 한다. 그런데 몇몇 약은 의존성이 있어서 끊지 못하고 자꾸만 써야 하는 경우가 있으니 그것이 마약痲藥이다. 모르핀(morphine), 히로인(heroine), 코카인(cocaine), 필로폰(philopon), 그 외의 여러 가지 향정신성의약품(각성제, 환각제) 등이 여기에 속하고, 한 번 중독中毒되면 여간해서 끊기가 힘든다. 끊으면 무서운 금단 현상 禁斷現象(불안, 초조, 긴장, 긴장, 투통, 정신혼란, 집중력감소 등)이 나타나니 술과 담배도 그렇다. 이것들은 같은 약을 계속 쓰면 약효가 줄어들기 때문에 효과를 보기 위해서는 점점 그 양을 높여 가야만 하는 성질도 있다. 결과적으로 몸과 정신이 피폐疲弊해지고 만다. 때문에 사람이 게을러지게 마련이다. "실패의 반은 게으름에 있다."고 했다. 게으른 사람에게는 백약 百藥이 무효無效하니 부지런하자. "흙에서 멀어진 연장에 녹이 슨다."고 하지 않는가? 무릇 꾸준히 밭을 맨 호미는 반짝반짝 광택이 나는 법이다!

담배의 해악害惡을 간단히 이야기하지 않을 수 없다. 담배 한 모금에 포함된 화학 물질은 무려 4,000가지가 넘을 것으로 추정推定하는데, 그 실체實體가 밝혀진 것만도 1,100종류가 넘는다고 한다. 그리고 그 속에는 수십 종의 발암 물질發癌物質이 들어 있다는 것이 알려졌다. 담배 연기에는 일산화탄소(CO)가 많이 들어 있어서 뇌와 심장에 해롭고,

산모가 담배를 피우면 태아가 산소 결핍증 酸素缺乏症에 시달릴 수 있다. 약물도 그렇지만 태아 胎兒에게 술과 담배가 치명적이다. 담배에 들어 있는 니코틴(nicotine) 성분은 신경계, 순환계, 소화계 및 내분비계에 심각한 영향을 준다. 여러 가지 통계에서 흡연 吸煙을 하는 사람들은 비흡연자에 비해 암을 포함하는 각종 질병의 발생률이 훨씬 높다. 부디, 사랑하는 학생들이여 금연 禁煙!(No Smoking!) 하자. 될성부른 나무는 떡잎부터 알아본다고 했다. 엇길 끝엔 어김없이 낭떠러지가 있음을 명심해야 할 것이다.

단원별 용어풀이

세포소기관細胞小器官, organelle 세포 내의 세포질의 분화로 생긴 일정한 구조와 기능을 가진 부분이다. 원생동물에서 볼 수 있는 운동, 소화, 배설, 감각에 관여하는 것으로 미토콘드리아, 엽록체, 골지체 따위이다.

소포체小胞體 세포질에 있는 주름 잡힌 주머니 모양의 세포소기관. 단백질 합성, 지방질 대사 및 세포 내 물질 수송의 기능을 한다.

상피 조직上皮組織 동물에서 몸의 외표면이나 체강 및 위·장과 같은 내장 기관의 안쪽을 싸고 있는 세포 조직.

교감 신경交感神經 척추에서 나와 내장, 혈관, 분비샘에 뻗어 있는 자율 신경. 아드레날린을 분비하여 심장 박동 촉진, 내장 작용 억제, 피부 혈관 수축, 동공 확대 따위의 작용을 한다.

부교감 신경副交感神經 교감 신경과 더불어 자율 신경계를 이루는 신경. 교감 신경이 촉진되면 억제하는 등 교감 신경과 반대로 일을 하고, 심장 박동을 억제하며 소화기의 작용을 촉진한다.

오관五官 다섯 가지 감각 기관. 눈, 귀, 코, 혀, 피부를 이른다.

수정체水晶體, lens 안구의 동공(눈동자) 뒤에 붙어 있는 볼록 렌즈 모양의 탄력성 있는 투명체. 거리의 원근에 따라 표면의 곡률(曲律)을 조절하여 눈에 들어온 광선을 적당한 각도로 굴절시켜 망막에 물체의 실상(實像)을 만든다.

유리체琉璃體 수정체와 망막 사이의 공간을 채우고 있는 유리(glass)처럼 맑은 조직으로, 안구의 형태를 유지하고 빛을 통과시킨다.

시각중추視覺中樞 시각에 관여하는 신경 중추. 대뇌 피질의 좌우 후두엽(後頭葉, 뒤통수엽)에 있다.

전뇌前腦 척추동물의 발생 초기에 형성되는 뇌포(腦胞)의 앞부분. 이 부분의 전반은 대뇌를 이루며 후반은 간뇌가 된다.

안포眼胞 척추동물의 배(胚)에서 장차 눈을 형성하는 부분. 전뇌(前腦)의 양쪽이 주머니 모양으로 부풀어 나와 있으며 후에 망막이나 색소층, 시신경 따위로 분화한다.

삼 피곤할 때 눈동자에 좁쌀처럼 생기는 희거나 붉은 점.

공막鞏膜 각막(角膜)을 제외한 눈알의 바깥벽 전체를 둘러싸고 있는 흰자위. 희고 튼튼한 섬유질로 되어 있다.

순막瞬膜 눈의 각막을 보호하는 얇고 투명한 막. 상하의 눈꺼풀 사이를 늘이고 줄이면서 눈알을 덮고 있는데, 사람은 붉은 살점으로 눈구석에 작게 작게 흔적만 남아 있다.

누점淚點 아래위 눈꺼풀에 있는, 비루관의 입구가 되는 부분. 눈을 씻어 내린 눈물이 잠시 괴었다가 여기를 통하여 비루관으로 흘러 들어간다.

망막網膜 안구벽의 가장 안쪽에 위치한 얇고 투명한 막으로서, 빛에 의한 자극을 받아들이는 시세포(원추세포, 간상세포)가 분포한다.

맥락막脈絡膜 눈알의 뒷부분을 둘러싸고 있는 어두운 적갈색의 얇은 막. 혈관과 색소 세포가 많아 빛을 차단하여 눈알 속을 어둠상자(암실)같이 해 주며, 눈알의 영양 공급을 담당한다.

동안근動眼筋 눈알을 움직이게 하는 근육. 세 쌍의 근육이 있어 눈알을 제자리에 고정하는데 어느 하나가 힘이 세어지거나 약해지면 눈이 한쪽으로 치우치는 사시(斜視)가 됨.

도립상倒立像 볼록 렌즈 초점의 밖에 있는 물체의 상처럼 상하 좌우가 거꾸로 뒤집어진 상.

간상세포桿狀細胞 눈의 망막에 있는 막대 모양의 세포로 명암(明暗)을 느끼는 일을 한다.

원추세포圓錐細胞 눈의 망막에 있는 원추형의 세포로 빛을 받아들이고 색을 구별하는 시세포(視細胞).

단일 근섬유單一筋纖維 동물의 근육 또는 근조직을 구성하는 단위구조로, 가늘고 긴 형태로 존재하며 '실무율'이 적용된다.

외호흡外呼吸 생물이 외계의 산소를 몸 안으로 받아들이고 이산화탄소를 배출하는 일을 한다. 피부 호흡, 아가미 호흡, 허파 호흡들이다.

세포 내호흡細胞內呼吸 세포가 산소를 얻어 양분을 이산화탄소와 물로 분해하여 에너지(ATP)를 발생하는 과정.

미토콘드리아 mitochondria 세포소기관의 하나로 세포 호흡에 관여한다.

따라서 간(肝)세포처럼 호흡이 활발한 세포일수록 많은 미토콘드리아를 가진다.

늑간근 肋間筋 늑골(갈비뼈) 사이에 있는 근육으로 늑골을 움직여 호흡을 도와준다.

호흡 중추 呼吸中樞 호흡 운동을 맡은 신경 중추로 연수(숨골)를 말한다.

연구개 軟口蓋 입천장 뒤쪽의 연한 부분으로 코로 음식물이 들어가는 것을 막으며, 끝 중앙에 목젖이 있다.

후두개 喉頭蓋 혀뿌리의 뒤쪽과 갑상 연골의 윗부분에 돌출한 부분으로 음식물이 후두로 들어가는 것을 막는 구실을 하는 연골성 덮개다.

세기관지 細氣管支 기관지에서 분지(가지치기)한 작은 기관지를 말하며 지름이 1 mm 이하이고 주위를 지지하는 연골이 없는 것이 기관지와 구분되는 특징이다. 마지막 부분은 폐포(허파꽈리)와 연결되어 있다.

섬모 纖毛, cilium 포유류의 기관상피 등에 널리 존재하고 움직일 수 있는 세포소기관이다. 아주 작은 현미경적인 털.

갑상 연골 甲狀軟骨 후두의 앞면과 좌우에 있는 연골로 성대를 둘러싸고 있다.

기문 氣門 기관(숨관) 호흡을 하는 곤충이나 무척추동물들의 몸의 측면이나 배 쪽에 열려 있어 호흡을 돕는 호흡문이다.

오르니틴 회로 ornithine cycle 간에서 암모니아를 요소로 전환하는 화학 반응으로 암모니아와 이산화탄소를 결합시켜 요소를 만들면서 순환하는 과정이다.

요소尿素 포유류의 오줌에 들어 있는 질소 대사물이다. 다시 말해서 단백질이 분해하여 생긴 것이다.

수축포收縮胞 원생동물의 몸 안에 있는 액포의 하나. 주기적으로 늘어났다 줄어들었다 하면서 삼투압을 일정하게 조절하는(배설 작용을 하는) 작은 세포 기관이다. 아메바, 짚신벌레 등 원생동물에서 볼 수 있다.

원신관原腎管 체강(體腔)을 가지지 않는 후생동물의 배설 기관 중 가장 원시적인 배출 기관으로 편형동물, 유형동물, 윤형동물 등에서 볼 수 있다.

신관腎管 거머리, 지렁이의 각 몸마디에 있는 배설기. 한끝은 깔때기 모양으로 배설물을 받아들이는 구실을 하고 다른 한끝은 이웃한 체절(體節, 몸마디)의 표면에 열려 있다.

말피기관Malpighian tubule 곤충류, 거미류, 다지류의 배설 기관. 길쭉한 실 모양이며, 장 뒤쪽까지 연결되어 있어 체강의 노폐물을 배설하는 구실을 한다. 이탈리아의 해부학자 말피기가 발견하였다.

액포液胞 늙은 식물 세포 안에 있는 큰 거품 구조로 액포막에 싸여 있고, 안에는 세포액이 차 있으며 여러 가지 당류, 색소, 유기산 따위가 녹아 있다.

육봉肉峰 낙타의 등에 있으며 지방(脂肪)이 모여서 이룬 큰 혹. 낙타에 따라 혹이 하나인 단봉(單峰), 둘인 쌍봉(雙峰) 낙타가 있다.

보먼주머니Bowman capsule 사구체를 에워싸는 신관의 확장된 끝 부분. 사구체에서 혈구나 단백질 이외의 성분을 걸러서 세뇨관으로 내려보낸다.

사구체絲球體 콩팥 피질의 모세 혈관(실핏줄)이 실로 만든 공 모양을 이룬 작은 조직체. 혈액을 여과하여 혈구나 단백질 이외의 성분을 보먼주머니로 보내 오줌을 만든다.

신동맥腎動脈 심장에서 나와 복부 쪽으로 가는 대동맥에서 갈라져 나와 양쪽 콩팥으로 들어가는 커다란 한 쌍의 혈관. 콩팥에 산소와 양분 등을 공급한다.

요붕증尿崩症 오줌이 지나치게 많이 나오는 병. 뇌하수체 후엽의 기능이 잘못되거나 대사 장애로 생긴다.

기화열氣化熱 액체가 기화할 때 외부로부터 흡수하는 열량.

결정화結晶化 용액이나 융해물로부터 결정을 이루거나 그렇게 되게 하는 것.

신장결석腎臟結石 신장(콩팥)에 염류 결정(結晶) 또는 결석(結石)이 생기는 질환. 발작성 복통이 때때로 일어난다.

헴 heme(haem) 헤모글로빈의 색소 성분으로 산소 분자와 결합하여 여러 기관에 산소를 운반하는 일을 한다.

혈색소血色素 혈액이나 혈구 속에 존재하여 산소의 운반에 관여하는 물질로 척추동물의 혈색소는 모두 적혈구 속에 들어있는 헤모글로빈(hemoglobin, Hb)이다.

가수 분해 효소加水分解酵素 생물체 안에서 가수 분해(소화) 반응의 촉매로 작용하는 효소를 통틀어 이르는 말. 미생물이나 고등 동식물의 조직에 널리 분포하며 소화, 발효, 부패 따위에서 중요한 구실을 한다. 다른 말로 '소화 효소'라 부른다.

과립구顆粒救(顆粒 白血球) 세포질 속에 둥글고 잔 알갱이를 많이 갖고 있는 백혈구. 전체 백혈구의 60~70 %를 차지하고 있다.

단핵구單核球 백혈구의 하나. 백혈구 가운데 가장 큰 것으로, 둥근 모양이나 말굽 모양의 핵을 가지고 있으며, 식세포 작용을 한다.

림프구lymph球 백혈구의 하나로, 골수와 림프 조직에서 만드는 둥근 세포. 면역 반응에 직접 작용한다.

대식 세포大食細胞 아메바 모양의 대형 백혈구를 말하며 생체 내에 침입한 세균 등 이물질을 잡아 소화하면서 그 이물질(異物質)에 대항하기 위한 면역 정보를 림프구에 전달한다.

용균溶菌 항체가 세균과 반응하여 그 세균을 죽여 녹이는 일.

혈소판血小板 혈액의 고형 성분의 하나. 핵이 없는 불규칙한 모양으로, 골수에 있는 거대 핵 세포(큰 핵을 가진 세포)에서 만들어진다.

혈병血餠 혈액이 엉기면서 섬유소가 혈구(血球)를 감싸고 만들어지는 검붉은 덩이. 우리말로는 '피떡'이라 한다.

혈청血淸 피가 엉기어 굳을 때, 혈병에서 분리되는 황색의 투명한 액체. 면역 항체나 각종 영양소, 노폐물이 들어 있다.

혈장血漿 혈액에서 혈구를 제외한 액상 성분. 수분 외에 단백질, 당질, 지질, 무기 염류, 대사 물질이 들어 있으며, 세포의 삼투압과 수소 이온을 일정하게 유지하는 역할을 한다.

쌍시류雙翅類 곤충이면서 뒷날개가 퇴화하여 한 쌍의 날개(만)를 가짐. 파리, 모기, 각다귀 등 곤충 중에서는 고도로 특수화된 종이다.

평형곤平衡棍 파리나 모기와 같은 쌍시류 곤충은 뒷날개가 몸의 평형(균형)을 유지하는 작은 기관(돌기)으로 바뀜. 그 모양이 곤봉, 막대기를 닮았다. 그래서 평형곤 또는 평형간이라 부름.

양성주화성陽性走化性 어떤 화학물질이 좋아 그 쪽으로 달려가면 양성(+)주화성이고 반대로 피하면 음성(−)주화성이라 한다.

제충국除蟲菊 국화과의 여러해살이풀. 높이는 30~60 cm이며 잎은 잘게 갈라지고 작은 잎은 쐐기 모양이다. 5~6월에 줄기 끝이나 가지 끝에 흰 두상화(頭狀花)가 핀다. 꽃의 분말은 살충제로 쓴다.

응집원凝集原 응집소에 의하여 응집되는 물질. 적혈구, 세균에 있는 항원으로 응집소와 결합하여 응집 반응을 일으키게 한다.

응집소凝集素 응집 반응을 일으키는 항체. 적혈구, 세균의 응집원과 반응하여 그것들을 응집시킨다.

항원 항체 반응抗原體反應 항원을 체내에 넣었을 때 항원과 항체 사이에서 일어나는 반응. 응집 반응, 용혈 반응, 침강 반응, 알레르기 반응들이 있다.

인자형因子型 표현형(表現型)과 대비되는 말로 생물이 지니고 있는 유전자의 조합(유전자형).

길항 작용拮抗作用 생물체의 어떤 현상에 대하여, 두 개의 요인이 동시에 작용하면서 서로 그 효과를 줄이는 작용. 심장 박동에 대한 교감 신경과 부교감 신경의 작용이나, 두 개의 약물을 함께 사용했을 때 서로 약효를 약화시키는 작용.

동방 결절洞房結節 (동결절 洞結節) 상대정맥 입구쪽 가까운 우심방벽에 붙어 있으며 전기 자극을 생성하여 심장이 수축되게 하며 심장 박동의 리듬을 결정한다.

방실 결절房室結節 우심방과 우심실의 경계에 붙은 삼첨판 부분에 있는 심근 세포의 덩어리. 심방의 흥분을 심실로 전달하는 길이다.

삼첨판 三尖瓣 심장의 우심방과 우심실 사이에 있는 판막. 앞, 뒤, 안쪽의 세 판으로 이루어져 있는데, 우심방의 정맥혈(정맥피)을 우심실로 흘러 들어가게 하며 거꾸로 흐르는 것을 막는다.

이첨판 二尖瓣 심장의 좌심방과 좌심실 사이에 있는 두 개의 판막. 역시 피가 거꾸로 흐르는 것을 막는다.

반월판 半月瓣 우심실과 폐동맥, 좌심실과 대동맥 사이에 있는 반달 모양으로 된 판막. '반달판'이라고도 하며 혈액의 역류(거꾸로 흐름)를 방지하며 좌우 세 개씩 있다.

관상동맥 冠狀動脈 심장벽을 위에서 아래로 둘러싸고 있는 좌우 두 줄기의 대동맥. 심장 조직에 산소와 영양을 공급한다.

수용체 受容體 세포막이나 세포 내에 존재하며 호르몬이나 항원, 빛 따위의 외부 인자와 반응하여 세포 기능에 변화를 일으키는 물질.

내분비 기관 內分泌器官 내분비샘이라고도 하는 호르몬(내분비물)을 제조, 분비하는 기관. 호르몬은 혈관 속에만 흐른다.

시상 하부 視床下部 시상의 아래쪽에서 뇌하수체로 이어지는 부분이다. 사람 뇌의 아랫면에 보이는 시신경 교차에서 유두체에 이르는 사이가 시상 하부이다.

표적 기관 標的器官 특정한 호르몬의 작용을 받는 일정한 기관. 부신 피질의 경우 부신 피질 자극 호르몬의 작용을 받는다.

부신 피질 자극 호르몬 副腎皮質刺戟 hormone 뇌하수체 전엽에서 분비되는 호르몬. 부신 피질에 작용하여 호르몬의 합성과 분비를 촉진함.

부신 수질副腎髓質　부신의 중앙부를 형성하는 내분비 조직. 아드레날린 (adrenalin)을 분비하여 혈관을 수축하고 혈압을 유지하는 일을 한다.

여포(난포) 자극 호르몬濾胞 刺戟 hormone　뇌하수체 전엽에서 분비되는 생식샘 자극 호르몬. 자성(雌性)의 난포 발육과 성숙을 촉진하고 크기를 늘린다.

황체 형성 호르몬黃體形成 hormone　뇌하수체의 전엽에서 분비되는 생식샘 자극 호르몬. 여성의 성숙한 난포(卵胞)에 작용하여 배란 및 황체 형성을 촉진하고, 남성에서는 고환을 자극하여 남성 호르몬의 분비를 돕는다.

자성2차성징雌性二次性徵　태어날 때부터 가지고 있는 1차적 성징이 아니라 자라면서 호르몬 작용으로 나타나는 여성의 성적인 증상으로 유방이 커지는 등의 증상을 말한다.

웅성2차성징雄性二次性徵　남성이 자라면서 2차적으로 나타나는 특징으로 수염이 나거나 목소리가 걸걸해지는 것 등이다.

랑게르한스섬　인슐린을 분비하는 척추동물의 췌장(이자) 안에 흩어져 있는 내분비선 조직. 1869년에 독일의 병리학자 랑게르한스(Langerhans)가 발견하였다.

핵산마멸가설核酸磨滅假說　세포가 여러번 분열하면 핵산(DNA)의 끝이 마멸(마모, 닳아 짧아짐)하여 생명을 단축한다는 가설.

유리기遊離基　짝을 짓지 못한 활성 전자(電子)를 말하며 그것은 불안정하여 산소와 반응해 세포에 해로운 과산화물을 만든다. 자유라디칼(free radical)이라 한다.

항산화 물질抗酸化物質　산화를 방지하는 물질의 총칭인데, 이는 각종 질환에 활성 산소가 관여한다는 것이 알려져 주목을 받기 시작했다. 식품 중에는 폴리페놀, 비타민 C, 비타민 E, β-카로틴 등이 있다.

수상 돌기 樹狀突起 신경 세포에 있는 짤막짤막한 나뭇가지 모양의 돌기(突起). 외부로부터 흥분을 받아들이는 작용을 한다.

신경(축색) 돌기 神經(軸索)突起 신경 세포에서 뻗어 나온 긴 돌기. 다음 신경 단위나 효과기와 접합하여 신경 세포의 흥분을 전달한다.

유수 신경 有髓神經 유수 신경 섬유라고도 한다. 신경 세포에서 나온 축색 돌기가 수초와 신경초로 덮인 신경 섬유. 흥분의 전도 속도가 빠르며, 척추동물의 운동 신경, 지각 신경의 대부분 및 부교감 신경이 유수 신경이다.

무수 신경 無髓神經 무수 신경 섬유라고도 한다. 둘러싸고 있는 껍질이 없는 신경 섬유로 척추동물에서는 감각 신경의 일부와 교감 신경의 대부분이, 무척추동물에서는 거의 모든 신경 섬유가 여기에 속한다.

변연계 邊緣系 대뇌 피질 아래 부위로 하등한 행동에 속하는 본능적인 행동에 관여한다.

진균류 眞菌類 보통 세균류(細菌類)와 점균류(粘菌類)를 제외한 세균을 통틀어 이르나 고등 균류(곰팡이)를 이르기도 한다.

종성 유전 從性遺傳 개체의 성별(암수)에 따라 유전자의 형질이 다르게 나타나는 현상.

피지선 皮脂腺 진피(眞皮)에 있는 분비선으로 모낭(털주머니)의 옆에 있으며, 지방을 분비하여 표피와 털에 광택, 유연성, 탄력성을 준다.

청소골聽小骨 가운데귀의 속에 있는 세 개의 작은 뼈. 망치뼈, 모루뼈 등 자뼈로 고막의 진동을 속귀에 전달한다.

청세포聽細胞 달팽이관에서 림프액의 진동을 전기적 신호로 바꾸어 청신경으로 전달하는 감각 세포.

청신경聽神經 내이(속귀)에 분포되어 있는 감각 신경.

전정계前庭系 속귀에서, 달팽이관의 바깥 부분.

고실계鼓室系 겉귀와 속귀 사이에 있는 방으로 세 청소골이 들어 있어 소리의 전달을 조절한다.

기저막基底膜 속귀의 고실과 달팽이관 사이에 있는 막. 외림프에 의한 음파의 진동을 달팽이관에 전달한다.

코르티기관 organ of Corti 포유류의 속귀에 있는 관으로 가운데귀를 거쳐 온 소리의 진동을 청신경에 전달하여 준다.

유스타키오관 Ustachian tube 중이(가운데귀)와 인두를 연결하는 관으로 귀 내부와 외부의 압력을 같도록 조절한다.

삼체三體 물질의 세 가지 상태. 기체, 액체, 고체를 이른다.

세반고리관 반(半)고리관(管) 세 개가 서로 수직으로 위치하는 관으로 회전 감각을 느낀다. 속귀에 있다.

이석耳石 동물의 내이(속귀)에 있는 먼지 같은 작은 골편.

비강鼻腔 콧구멍에서 목젖 윗부분에 이르는 코 안의 빈 곳. 냄새를 맡고, 공기 속의 이물을 제거하며, 들이마시는 공기를 따뜻하게 하는 작용을

한다.

부비강 副鼻腔 비강에 이어져 있으며 두개골에 있는 공기 구멍. 상악동, 전두동, 사골동 따위로, 얇은 막으로 싸여 있다.

코선반(비갑개鼻甲介**)** 비강 바깥 벽에 있는 수평으로 된 융기를 말하는데 상코선반, 중코선반, 하코선반으로 구분하며, 아래쪽 것일수록 크다.

공명 共鳴 발음체(소리를 내는 물체)가 외부로부터 온 음파에 자극되어 이와 동일한 진동수의 소리를 내는 현상.

지음 知音 소리를 알아듣는다는 뜻으로 자기의 속마음을 알아주는 친구를 이르는 말.

비루관 鼻淚管 누점에서 코로 통하는 눈물길로 길이는 약 1.5 cm이다.

외배엽 外胚葉 포배의 밖에 위치하는 부분인데, 신경계를 형성하는 것 외에 피부의 표피가 되며, 여기서 유래된 상피는 침샘, 땀샘, 감각 상피 등으로 분화한다.

내배엽 內胚葉 발생(난할) 과정에서 가장 안쪽의 배엽을 내배엽이라 한다. 소화기의 주요 부분이나 호흡기가 이곳에서 발달한다.

중배엽 中胚葉 낭배기 이후에 외배엽과 내배엽 사이에 형성되는 배엽으로 혈관이나 근육이 여기에서 생겨난다.

기저 세포 基底細胞 상피 조직과 진피 조직이 닿는 곳에 늘어서 있는 상피 세포. 상피 세포가 낡아 없어지면 그것을 보충하는 역할을 한다.

미뢰 味蕾 미각(味覺)을 맡은 꽃봉오리 모양의 기관으로 미각 세포와 지지 세포로 이루어져 있으며, 주로 혀의 윗면에 분포한다.

상피 上皮 몸의 바깥쪽을 둘러싼 겉껍질.

진피 眞皮 척추동물의 상피 아래에 있는 섬유성 결합 조직. 상피와 함께 피부(살갗)를 형성하며, 모세 혈관과 신경이 들어와 있다.

침윤 浸潤 염증이나 악성 종양(惡性 腫瘍) 따위가 번져 인접한 조직이나 세포에 침입하는 일.

전구물질 前驅物質 (**전구체** 前驅體) 어떤 물질에 선행(先行)하는 물질로, 예를 들어 카로틴은 비타민 A의 전구체이다. 즉, 간에서 카로틴은 비타민 A로 바뀐다.

요석 尿石 오줌 성분이 가라앉아 굳어진 결석(돌). 신우, 수뇨관, 신장에 생긴다.

수상 手相 손금이나 손의 모양 따위를 보고 그 사람의 운수와 길흉(吉凶)을 판단하는 점.

치식 齒式 동물의 이빨 종류, 수 및 배열 순서를 나타내는 식. 대개 한쪽의 위아래 이빨의 수를 종류별로 나누어서 분수식(分數式)으로 나타낸다.

반추위 反芻胃 되새김위라고도 한다. 한 번 삼킨 음식물을 다시 입 안으로 토하여 잘 씹은 후에 삼키는 것을 반추라고 하고, 이런 위를 반추위라고 한다. 소, 염소, 노루, 사슴, 낙타 등이 반추 동물이다.

가수 분해 加水分解 쉽게 말해서 소화 효소가 음식을 소화시키는 작용을 말한다.

제산제制酸劑 위산이 너무 많아 발병한 위산 과다증, 위궤양, 십이지장 궤양을 치료하는 약. 위산의 분비를 억제하거나 위산을 중화 또는 흡착(빨아드림)하여 그 작용을 감소시키며, 위장의 점막(粘膜)에 생긴 궤양(潰瘍) 면을 싸서 산의 자극을 완화한다.

장간막腸間膜(**창자간막**) 복막에 있는 얇은 반투명 막. 복막(腹膜)에 창자를 고정하는 역할을 하며, 신경과 혈관이 통한다.

분절 운동分節運動 포유류의 작은창자에서 볼 수 있는 소화 운동의 하나. 일정한 간격을 두고 수축과 이완이 교대로 일어나 마디를 형성함으로써 음식물과 소화액이 잘 섞이게 한다.

저분자 물질低分子物質 아주 작은 분자로, 물에 녹아서 세포에 흡수될 수가 있다.

우제류偶蹄類 척추동물 포유강의 한 목(目)을 이루는 동물군으로 발굽이 둘(짝수)인 동물들이다. 소, 염소, 돼지 등이 여기에 속한다.

기제류奇蹄類 척추동물 포유강에 속하며 발굽이 있고 발가락 수가 홀수인 동물들로 말, 당나귀, 코뿔소 등이 여기에 포함된다. 지방 소화에 관여하는 쓸개가 없는 것이 특징이다.

부종浮腫 몸이 붓는 증상. 심장병이나 신장병 또는 몸의 어느 한 부분의 혈액 순환 장애로 생기며 단백질이 부족하여도 생긴다.

문맥門脈(**문정맥**門靜脈) 장간막(腸間膜)에서 서로 만나 간으로 들어가는 장 속의 정맥. 장에서 흡수한 양분을 간에 전달하는 일을 한다.

정원 세포精原細胞 동물의 정소에 있는 생식 세포. 유사 분열(有絲分裂)을

반복하여 정모 세포가 된다.

세정관 細精管 정소에서 정자를 생산하는, 가느다랗고 꼬불꼬불한 긴 관으로 정세관(精細管)이라고도 한다.

정모 세포 精母細胞 동물의 정원 세포로부터 성장하여 정세포를 만든다.

정세포 精細胞 유성 생식을 하는 동식물의 웅성 생식기 안에 생성되는 세포. 정자가 되기 직전의 세포를 말한다.

자성선숙 雌性先熟 암수한몸의 동식물에서 난소(암술)가 정소(꽃가루)보다 먼저 성숙하는 일.

웅성선숙 雄性先熟 암수한몸의 동식물에서 정소(꽃가루)가 난소(암술)보다 먼저 성숙하는 일.

수정소 受精素 수정할 때 알에서 분비하여 정자의 운동을 활발하게 하고 정자가 알에 잘 붙게 유도한다고 여겨지는 물질.

첨체 尖體 정자(精子)의 앞부분에 있는 세포 기관으로 그 속에 가수 분해 효소가 들어 있다. 수정 시에 난막을 녹이는 일을 함.

낭배기 囊胚期 동물의 초기 발생 과정에서 낭배를 형성하는 시기.

난할 卵割 단세포인 수정란(受精卵)이 다세포가 되기 위하여 연속하여 일어나는 세포 분열의 과정. 세포의 수는 늘어도 전체의 부피는 늘지 않음.

배반포 胚盤胞 수정란이 난할을 계속하여 자궁벽에 붙을 단계가 된 배(배아 胚芽)로, 특히 사람에게 쓰는 용어며, 낭배기에 해당하는 배이다.

상실배 桑實胚 다세포 동물 개체 발생 초기의 배. 세포가 마치 뽕나무 열매인 오디를 닮았고 내부에 틈이 거의 없으며, 이것이 발달하여 포배가 된다.

포배 胞胚 다세포 동물의 발생 초기에 나타나는, 속이 빈 둥근 공 모양의 배.

숙주宿主 기생 생물(츪生生物)에게 영양을 공급하는 생물로, 반대말은 '기생충(기생생물)'이다.

염기서열鹽基序列 유전자를 결정하는 염기(base)들의 순서를 말한다.

비교 해부학比較解剖學 여러 동물 기관의 형태나 생리를 비교하여 분화, 변이, 진화를 연구하는 학문.

상동 기관 相同器官 형태나 기능은 다르나 본디 기관의 원형(발생 근원)은 같은 것이었다고 생각되는 기관. 사람의 팔과 고래의 가슴지느러미, 식물의 잎과 꽃, 식도의 일부가 변화한 물고기의 부레와 사람의 허파가 서로 상동 기관이다.

상사 기관 相似器官 서로 종류가 다른 생물은 발생적으로 기원(起源)이 다르나 모양이나 기능, 작용이 서로 닮은 기관. 잎이 변하여 된 완두의 덩굴손과 줄기가 변하여 된 포도의 덩굴손, 선인장의 가시와 장미의 가시가 상사 기관이다.

담륜자 膽輪子, trocophora 환형동물과 연체동물의 유생. 형태는 공 모양, 팽이 모양이고, 몇 줄의 섬모띠가 몸을 둘러싸고 있는데, 섬모 운동으로 몸을 회전시키면서 물속을 헤엄쳐 다닌다. '담륜자'란 '바퀴 모양의 섬모띠'를 갖는다는 뜻이다.

찾아보기

가로무늬 274
가수분해 174
가스트린 88, 216
가슴샘 296
가시광선 24
가운데귀 117
각기병 288
각막 13
각질층 145
간 205
간경화 205
간뇌 92, 111
간니 166
간상 세포 21, 24
간유 287
간흡충 215
갈라파고스 310
갈라파고스 섬 315
갈락토오스 181
감각 기관 148
감각점 149
감수 분열 222, 223
갑상샘 95

갑상연골 38
거대 세포 64
겉귀 117
격리설 320
결장 188
결핍증 87
경골 130, 264
겉콩팥 95
고동 80
고막 122
고실체 125
고지혈증 199
고혈압 168
고환 98, 221
곧창자 188
골격 근육 273
골다공증 266
골지체 237
곱사병 291
공막 13
공생세균 152
공장 182
과다증 98

과당 181, 209
과립구 64
과산화수소 63
관상동맥 86
관절 270
관절염 296
괄약근 170, 171, 175
괴혈병 281
교감 신경 83
구루병 291
구아닌 227
구토 291
국명 176
굳은뼈 264
귀 116
귀밑샘 162
귀지샘 121
극핵 236
근시 23
근육 273
근친결혼 242
글루카곤 199
글리세린 174

349
찾아보기

글리코겐 100, 206
금단 현상 330
기관 36
기관 발생 258
기관지 37
기도 170
기름샘 121
기아 유전자 281
기저막 125
기제류 203
기화열 51
길항 작용 99
꿈틀 운동 171

내호흡 29
냉점 148
네프론 47
노폐물 55
농도 42
뇌 110
뇌하수체 91
누점 15
뉴런 105
늑골 33
능동적 흡수 186
니아신 289
니코틴 331

다당류 164
다양성 304
다운증후군 307
다이옥신 103
다정자침입 249
다지증 307
단백질 174, 209
단성 잡종 302
단세포 241
단지증 307
단핵구 64
달력 나이 298
담관 61
담낭 61, 184
담도 214
담륜자 313
담석 214
담석증 52
담즙 61, 184, 214

당뇨 201
당뇨병 100
당단백질 207
당질코르티코이드 95, 100
대뇌 110
대동맥 55
대류 72
대립 형질 300
대순환 84
대장 181, 187
대장균 189
대장암 189
대정맥 55
데본포트 315
도파민 94
독립의 법칙 302
돌막창자판막 190
돌연변이 146, 307, 320
돌창자 182
동결절 84
동공 16
동물녹말 209
동방결절 84
동안근 19
되먹임 현상 84
되새김위 191
디스크 271
딸세포 223
땀샘 50, 145

라놀린 153
라마크설 314
라이소자임 163

나팔관 242
낙산균 189
난관 232
난막 248
난소 96, 236
난시 13
난자 236
난할 249
남성 생식기 221, 240
남성 호르몬 221
남성 2차 성징 38, 230
낭배 253
낭배기 249
낭세포 223
내배엽 137
내분비 197
내분비 기관 88
내분비물 88
내장 근육 275

락타아제 218
랑게르한스섬 100, 199
레티넨 25
레티놀 287
로돕신 25
류머티스 296
리보솜 237
리보플라빈 289
리소좀 63
리엘 317
리트머스 151
림프 64, 211
림프관 212
림프구 64
림프액 123

마음대로근 274
마찰적 파동 195
막창자 188
말초 신경 112, 145
말타아제 198
망막 16
맥락막 16
맥박 80
맹장 188
맹장염 190
맹점 21
머큐룸 330
메탄 192
멘델 300
멘델 법칙 303
멘델 제1법칙 301
멘델 제2법칙 301

멜라닌 16, 144
면역 65
면역글로불린 65
모계성 유전 238
모근 158
모낭 145
모래주머니 172
모르핀 330
모세포 223
모세혈관 34, 55
모양체 23
목젖 170
무력증 268
문맥 212
문신 157
문정맥 219
물렁뼈 264
뮤신 174
미각 143
미네랄 154
미뢰 142
미세포 142
미소 근육 275
미엘린 290
미오글로빈 278
미토콘드리아 30
민간요법 326
민무늬근 275

바깥코 131
바소프레신 49
박동 80
박동원 84

반복설 313
반성 유전 306
반월판 84
반추위 172
발기 232
발생 249
발성 140
발암 물질 330
발효탱크 191
방광 50
방실결절 84
배란 236, 248
배반포 252
배설 42
배아 251
배아줄기세포 252
백내장 19
백색 근육 277
백신 65
백혈구 63
베타카로틴 285
변연계 110
변종 322
병원균 164
보먼주머니 47
보상 작용 167
복강 228
복강경수술 243
복막 290
복식 호흡 33
복제 인간 251
부고환 222, 231
부교감 신경 83

부동액 206
부란기 267
부비강 131
부신 95
부신 수질 100
부신 피질 100
부작용 326
부종 209
분류 311
분리의 법칙 301
분문 173
분문괄약근 175
분절 운동 184
불가소성 252
불수의근 275
불임률 235
비강 37, 131
비글호 315
비음 134
비타민 280
비타민 A 287
비타민 D 146, 291
빈창자 182
빈혈 290
빌리루빈 60, 212

사구체 47
사냥 172
사시 20
사정 222, 232
산소 결핍증 330
산소유리기 102
산화 30

살리실산 326
살모넬라 189
살해 세포 64
삼첨판 84
삼투압 42
상동 222
상동 기관 312
상사 기관 312
상실배 253
상염색체 306
상피 137, 144
상피 세포 193
상행 결장 188
색맹 25, 306
색약 25
샘창자 61, 182
생물 나이 298
생식 세포 223
생식소 236
생식적 격리 320
생약 327
생존경쟁 315
샴쌍둥이 251
석회화 147, 268
설치류 47
설탕 209
섬모 297
섬모충류 311
섬유성 관절 271
섬유소 190
성염색체 305
성장통 269
성장판 269

세기관지 37
세뇨관 47
세반고리관 126
세정관 222
세크레틴 88
세크리틴 216
세포 분열 223
세포 호흡 29
세포설 1
세포소기관 3, 237
셀로비아제 191
셀로비오스 191
셀룰라아제 191
소뇌 111
소동맥 55
소두증 329
소순환 84
소염 328
소장 181
소정맥 55
소포체 237
소화 174
소화액 196
소화제 327
속귀 117
수뇨관 50
수란관 242
수상 돌기 106
수용성 184
수용성 비타민 284
수의근 274
수정 244
수정관 222

수정란 249
수정막 249
수정소 246
수정체 16
수초 106
수축 277
수축포 43
수태 256
수혈 76
숨골 36
숨관 169
슈크라아제 218
스카톨 192
스테로이드 87
스트레스 호르몬 259
시각기 36, 132
시냅스 107
시상 하부 99
시토신 227
식균 작용 63
식도 170
식도내시경 171
신경 105
신경초 106
신관 43
신단위 47
신부전 52
신우 50
신장 44
신장 이식 52
신장결석 52
신장염 48
신종 315

실무율 27
심방 84
심실 84
심장 79, 80
심장 근육 275
십이지장 61, 88, 182
쌍꺼풀 305
쌍시류 71
쓸개 61
쓸개관 61, 214
쓸개액 61, 184
쓸개주머니 184

아담의 사과 38
아데닌 227
아드레날린 83
아미노산 181
아밀라아제 184
아비딘 286
아세틸콜린 83
아킬레스건 270
아포크린샘 153
안면 근육 275
안토시아닌 45
알도스테론 96
알레르기 75
알부민 174, 209
알코올분해효소결핍증 213
알파토코페롤 291
암 146
암모니아 43
암죽관 211, 212

압점 148
액포 44
야맹증 26, 287
양성 잡종 302
양수 260
어미세포 223
얼음물고기 207
에나멜 166
에르고스테롤 147
에스트로겐 96
에이즈 바이러스 64
에이티피(ATP) 31
에콰도르 318
에피네프린 96
엔도르핀 94
여과 48
여성 생식기 240
역류 35
역반응 59
역연동 운동 171
역치 26
연골 119, 264
연골성 관절 271
연구개 36
연동 운동 50, 170
연수 39, 111
연합중추 110
연가시 256
열성 78, 301
염기서열 306
염산 175
염색체 223
염통 80

엽산 290
엿당 164, 209
영구치 166
오관 132, 148
오르니틴회로 43, 211
옥시토신 91, 94
온점 148
옵신 25
외꺼풀 305
외배엽 137
외분비 197
외분비물 88
외호흡 29
요도 50, 232
요붕증 50
요산 43
요소 43
요소 대사 211
요소회 211
요요(yoyo) 현상 277
용균 65
용불용설 314
우라실 328
우성 300
우성 형질 300
우셔 317
우열 303
우열의 법칙 301
우제류 203
울혈증 69
웅성 221
웅성선숙 242
웅성2차성징 97

원뇨 48
원생동물 311
원시 20
원신관 43
원추 세포 21, 24
위 172
위궤양 176
위산 179
위식도역류 171
위암 290
위액 173
위염 176
위-대장 반응 188
유두 142
유문 173
유문반사 173
유사 분열 223
유산균 189
유선형동물 256
유스타키오관 126
유전 인자 54, 225
유전자 101
유전자시계가설 101
유전학 300
유치 166
유화 185
육봉 47
육손이 308
윤활성 관절 271
융모 185
융털 185
융합 248
음경 222

음낭 221
음순 222
음핵 222
응집소 74
응집원 74
이뇨제 50
이당류 164
이란성 쌍둥이 250
이목구비 130
이비인후 120
이사벨라 318
이석 129
이석증 129
이완 277
이자 88, 196
이자아밀라아제 198
이자액 181
이첨판 84
인공 항문 193
인구론 317
인대 270
인두 36, 143
인슐린 88, 174
인자 301
인자형 77
일란성 쌍생아 250
일산화탄소 330
임신 253
임파구 64
임플란트 167
입덧 257
입모근 145
입술 138

자가 불임성 242
자가 불화합성 242
자가 수분 242
자가 수정 301
자궁 249
자성선숙 241
자성2차성징 97
자연도태설 315
자외선 146
자율 신경 83
작은창자 181
잘룩창자 188
잠복고환 228
잠재 306
장간막 183
장수병 298
재흡수 48
저분자 물질 184
적색 근육 277
적응 310
적자생존 310
적혈구 56
전구물질 147
전립선 51, 222
전신순환 84
전이 146
전정 기관 129
전정계 125
정관 232
정관 수술 232
정낭 222, 232
정모 세포 222
정세포 222

정소 98, 221
정액 98, 231
정원 세포 222
정자 221, 230
정자 저장형 255
정자부족증 248
정집 221
정핵 248
정향 진화설 321
젖니 166
젖당 209
젖산 277
제꽃가루받이 242
제대로근 275
제산제 175, 328
제충국 72
제1난모 세포 236
조건 반사 164
조건 반사 중추 165
조골세포 265
조효소 283
족문 154
종 319
종성유전 121
종의 기원 315
줄기세포 252
중간생물 312
중뇌 111
중독 330
중배엽 137
중심체 237
중추 신경 112
지라(비장) 197

지리적 격리 320
지문 154
지방 210
지방간 211
지방산 174
지용성 비타민 285
직립보행 322
직장 188
진대 23
진통 328
진통제 327
진피 145
진화 309
진화설 309
질 245
집합관 50

착상 252
착상 지연 255
찰스 다윈 309
창자액 181
창조설 309
척수 110, 111
철 57, 60
첨체 248
청각 기관 116
청세포 125
청소골 123
체세포 분열 223
초파리 305
축색 돌기 106
출산율 241
충수 190

충치 167
췌장 88, 196
췌장암 197
췌장염 197
치루 193
치식 167
치질 193
침 162
침샘 162
침윤 146

카로틴 45, 287
케라틴 145
코르티기관 125
코르티솔 95
코카인 330
콜라겐 145
콜레스테롤 168
콜레시스토키닌 216
콩팥 44, 47
쿠퍼선 232
크레아틴인산 277
크렙스회로 288
크산토필 45
큰창자 181, 187
클라인펠터증후군 307
키모트립신 199

탄산무수화효소 59
탄성연골 130
탄수화물 164
태교 259
태몽 242

태반 77, 241, 259
태생 259
태아 258
태아알코올증후군 329
터너증후군 307
턱밑샘 162
테스토스테론 94, 229
통점 148
트롬보키나아제 66
트롬빈 67
트립토판 289
트립신 184, 197
티록신 88
티민 227
티아민 287, 288

파골세포 266
파블로프 164
판막 84
페로몬 93
펠라그라 289
펩신 174
펩티다아제 219
편모 179
평활근 275
폐경기 273
폐순환 84
폐포 34, 297
폐활량 33, 297
포도당 181
포배 253
포유동물 139
포화지방 291

폴리염화비페닐 103
폴립 189
표준A혈청 74
표준B혈청 74
표현형 77, 301
풍크 282
프로게스테론 96
프로스타글란딘 328
프로트롬빈 67
프티알린 164
플라시보 효과 330
플루오로우라실 328
피떡 66
피루브산 288
피리독신 289
피부 144
피부암 146
피브리노겐 67
피브린 67
피지선 121, 153
피하지방 154
피하지방층 145
핀치새 310
필로폰 330

하지정맥류 84
하행 결장 188
학명 176
한약 327
할구 250
합지증 307
항균 163
항문 193

항산화제 290
항상성 42
항암제 328
항원 64
항이뇨호르몬 49
항체 65
해면 조직 232
해상력 2
해열 328
핵산마멸가설 102
핵산 224
핵형 308
허파꽈리 34, 297
헤모글로빈 57
헤모시아닌 62
헤켈 313
헤파린 67
헬리코박터 파일로리 176
헴 57
혀 139
혀밑샘 162
혀뿌리 169
혀유착증 140
혀주름띠 141
혈당 168
혈당량 99
혈병 66
혈색소 62

혈소판 65
혈액 응고 66, 67
혈액 투석 52
혈액형 73
혈우병 306
혈장 56, 66
혈전 67
혈청 66
호르몬 87
홉킨스 282
홍채 17
화석 311
화청소 45
황달 77, 215
황반 21
황화수소 192
횡격막 33
횡문근 274
횡행 결장 188
효소 164, 174, 283, 328
후각기 36, 132
후감대 134
후두 36
후두개 36, 143
흉선 296
흉식 호흡 33
흔적 기관 15

히로인 330
히루딘 67
히스타민 71
힘줄 270

2중 지배 112
3대 영양소 183
ABO식 혈액형 74
AIDS 64
ATP 277
B림프구 64
DDT 103
DNA 224
DNA 감별법 227
Niacin 289
Rh 혈액형 75
S 결장 188
T림프구 64
Vit.A 287
Vit.B_1 287
Vit.B_{12} 290
Vit.B_2 289
Vit.B_6 289
Vit.C 290
Vit.D 290
Vit.E 291
Vit.K 291

권오길 교수의 구석구석 우리 몸 산책

지은이 • 권오길
펴낸이 • 조승식
펴낸곳 • 도서출판 이치SCIENCE
등록 • 제9-128호
주소 • 142-877 서울시 강북구 수유2동 258-20
www.bookshill.com
E-mail • bookswin@unitel.co.kr
전화 • 02-994-0583
팩스 • 02-994-0073

2009년 6월 25일 1판 1쇄 발행
2011년 1월 15일 1판 3쇄 발행

값 13,000원
ISBN 978-89-91215-64-1

* 잘못된 책은 구입하신 서점에서 바꿔 드립니다.

· 이 도서는 (주)도서출판 북스힐에서 기획하여 도서출판 이치사이언스에서 출판된 책으로 (주)도서출판 북스힐에서 공급합니다.
142-877 서울시 강북구 수유2동 258-20
전화 • 02-994-0071 팩스 • 02-994-0073